U0150090

绿色过程制造发展报告

何鸣元　主编
张锁江　韩布兴　副主编

绿色催化专家智库
中国科学院绿色过程制造创新研究院

科学出版社
北　京

内 容 简 介

本书介绍了我国绿色过程制造的内涵和重大战略意义，概述了绿色过程制造的发展现状及趋势，讨论了其变革发展模式。在此基础上，以煤、生物质、新能源、新材料及资源循环为主线，重点评述了煤基芳烃、生物基材料绿色合成、二氧化碳聚合物、染料精细化学品、先进电池储能、电子封装材料、"安卓幸"药物、生物医用材料、PET(废旧聚酯)循环、电池回收等10个绿色制造前沿技术，包含技术的概要、重要意义、主要内容和未来趋势。

本书适用于绿色化学化工及过程工程领域的科研工作者，以及过程制造业的工程技术人员参考阅读。同时，本书评述了系列绿色前沿技术，可供科研院所的师生参考学习。

图书在版编目（CIP）数据

绿色过程制造发展报告 / 何鸣元主编. —北京：科学出版社，2022.4
ISBN 978-7-03-072050-4

Ⅰ. ①绿… Ⅱ. ①何… Ⅲ. ①化工过程-无污染技术-研究报告-中国 Ⅳ. ①TQ02

中国版本图书馆 CIP 数据核字（2022）第 057775 号

责任编辑：翁靖一 李丽娇 / 责任校对：杜子昂
责任印制：师艳茹 / 封面设计：耕者设计工作室

科 学 出 版 社 出版
北京东黄城根北街 16 号
邮政编码：100717
http://www.sciencep.com

北京九天鸿程印刷有限责任公司 印刷
科学出版社发行　各地新华书店经销

＊

2022 年 4 月第 一 版　　开本：720×1000　B5
2022 年 4 月第一次印刷　　印张：15
字数：293 000

定价：149.00 元
（如有印装质量问题，我社负责调换）

本书编写人员名单

主　编：何鸣元

副主编：张锁江　韩布兴

参编人员(以姓氏笔画为序)：

马光辉　马隆龙　王献红　叶　茂

朱朋莉　刘海超　汤效平　孙　蓉

杜令忠　李　泓　李　垚　李奇峰

杨　震　辛加余　张香平　张海涛

陈仕谋　曹　瀚　彭孝军　樊江莉

魏　飞　魏　炜

校对人员(以姓氏笔画为序)：

王薪薪　田　媛　巩莉丽　齐　超

李　斌　吴志星　赵慧敏

序言

　　物质科学致力于研究自然界物质的微观结构、运动及其相互作用和转化的一般规律，化学与化工作为揭示物质本源、创造和制造新物质的科学，为人类社会发展做出了巨大贡献，是物质转化的中心科学。然而，在传统的化学工业生产过程中，不可避免地对自然环境和人类健康造成危害，凸显了人类与环境的矛盾。目前，人类对生态环境的保护意识不断增强，各国政府出台了一系列环保政策，企业生产活动向低碳可循环的方向转变，国际科学界掀起了"绿色化学化工"研究的热潮，中国科学家提出了"绿色碳科学"等理念。因此，以可持续发展为主旨的"绿色"理念，成为过程制造业未来发展的主导方向，而传统工业向绿色过程制造的变革迫在眉睫。

　　在当今贸易战大背景下，中国化学工业等过程制造业面临着诸多的"卡脖子"难题，重要的战略资源如石油、铁矿石等原材料极度依赖进口，电子化学品等高端产品和技术也被外国企业把持。如何在高效利用国内有限自然资源、保护脆弱生态环境的同时，在短板产业有所突破，是过程工程行业发展的巨大挑战，也是突破技术壁垒、创造绿色发展变革性技术的契机。最近，我国提出了"2030碳达峰、2060碳中和"的战略要求，碳减排大趋势倒逼过程制造业进行绿色变革。"千里之行，始于足下。"推动绿色过程制造变革是循序渐进的发展历程，值得政府、企业、研究机构及社会团体携手推进。在当前形势下，有以下几个关键点，值得重点关注。

　　人类社会的有序健康运行离不开碳元素，以煤炭、石油、天然气为代表的烃类能源贯穿了人类发展史。目前新能源的开发利用如火如荼，以氢能为代表的新能源体系展现出诱人的前景，但不宜夸大。含碳资源(包括 CO_2)的利用仍是最重要、应用最广泛的基础能源。因此，迫切需要通过绿色创新技术强化现有含碳资源的转化利用，加快新型 C、H、O 能源体系的构建，开发油气资源低碳高值利用路线，形成碳资源清洁利用的技术体系。

　　自然生态系统中物质皆可循环，这是地球生态系统延续至今的根本。可持续发展的绿色制造业，也需要贯彻"物质循环、物尽其用"的理念。循环既可以达到资源的高效和完整利用，也在一定程度上促进了"低消耗、低排放、高效率"的实现，对解决过程工业的瓶颈制约问题具有重要的现实意义。原子经济性的反应、废弃资源的开发利用都是未来研发的重点。

目前科研和工业界脱节严重,集中体现在基础研究蓬勃发展,但能用于生产高价值产品、变革传统工艺路线的新技术却很少。科研人员忽视了对新技术的工程转化,科研院所也忽视了对工业化技术的引导和工程人才的培养,导致新技术产业化的滞后。在未来过程工业绿色化变革的进程中,务必重视系统集成和设备放大等工程问题,完善工程人才培养体系,时刻铭记"工程"这一核心目标。

绿色催化专家智库专注于西部资源的绿色高值利用与绿色化学领域前沿课题研究,考虑到以上问题,经过多次研讨,认为编写一本以绿色过程制造为核心的发展报告十分必要,旨在阐明绿色发展理念,展示绿色创新技术,为过程制造绿色健康发展添砖加瓦。发展报告的编写由绿色催化专家智库和中国科学院绿色过程制造创新研究院共同承担,对绿色过程制造行业进行了深入调研,选择了 10 项具有代表性的前沿技术,邀请相关专家编写了评述报告,具体体现在第 4~13 章中,虽未能覆盖绿色制造的全部范围,但也涵盖了能源、环境、材料、生物工程等重要领域的创新突破。在此感谢兰州高新技术产业开发区管理委员会对本书编撰给予的大力支持,也感谢参与编写各个章节的多位专家的贡献!期待通过本书宣扬绿色发展理念,推动绿色制造变革,同时为以兰州为代表的西部地区的科学发展提供借鉴和帮助。

何鸣元

中国科学院院士

2021 年 9 月

前　言

　　2019 年我国过程制造业产值占 GDP 的 12.4%，在国民经济可持续发展和国防安全方面具有重大战略意义。然而，巨大的体量也导致其能耗物耗占比居全国工业首位，碳排放、环境污染、资源匮乏等问题严重。习近平总书记提出中国在 2060 年前实现碳中和，国家"十四五"规划建议中要求加快推动绿色低碳发展，要实现这些目标，迫切需要以化学工业为代表的传统过程制造业进行绿色变革，开发适合我国工业发展的低碳技术，为构建人与自然生命共同体做出贡献。在此背景下，绿色过程制造的理念应运而生，其核心是通过介质/材料（如催化剂、溶剂等）的原始创新、工艺创新、反应器创新和集成创新，形成变革性绿色技术并实现其产业化，推动过程制造业的绿色发展。

　　发展绿色无污染的变革性技术是绿色过程制造发展的必由之路，任何单元技术的突破都是不可或缺的。绿色过程制造也是一个系统学科，不仅要重视单个无污染技术的创新，还需考虑原料和生产过程绿色化，以及全流程生态系统的物质资源循环利用，在此基础上带动化学化工学科的发展及相关生产方式的变革。二十年来，许多科研人员已投入相关研究中，绿色过程制造在中国已初显峥嵘，涌现出了一批绿色发展新理论、新技术和新产业，形成了绿色发展的新业态。以何鸣元先生为代表的科学家提出了绿色碳科学的概念，科学地关联了可持续发展、含碳能源、二氧化碳的三元关系。在推动绿色过程制造全产业链发展的关键时期，有必要撰写一部《绿色过程制造发展报告》，汇集并阐明绿色过程制造的发展理念，总结并评述前沿绿色技术，以期为绿色过程理论发展和绿色技术创新提供重要的依据和参考。

　　本书围绕绿色过程制造这一核心，阐述了战略意义与发展现状，讨论了未来创新升级的发展模式，重点评述了 10 项绿色前沿技术，包括煤基芳烃制备技术、多元醇、生物航油和生物基材料的绿色合成进展，CO_2 制备聚合物技术，染料精细化学品，先进电池与储能技术，电子封装材料，基于"安卓幸"药物先导化合物的研发，生物医用材料，PET(废旧聚酯)循环回收技术发展，电池回收等。希望通过报告的实例介绍，推动来自化学、物理、材料、生物、信息等领域的科学家交叉协作，助力过程制造业绿色变革；同时宣扬绿色过程制造的价值和愿景，改变"谈化色变"的社会现象，扭转政府和舆论对过程制造业的片面认知，引入更多力量携手促进绿色过程制造发展。

　　本书分为上下两篇，上篇为绿色过程制造概述，包含 3 章，由中国科学院过程工程研究所负责撰写。下篇为绿色过程制造的前沿技术，分为 10 章，分别由来自清华大学、华电电力科学研究院有限公司、北京大学、中国科学院广州能源研究所、中国科学院长春应用化学研究所、大连理工大学、中国科学院物理研究所、中国科学院过程工程研究所、中国科学院深圳先进技术研究院等科研院所的专家撰写，列举并评述了一系列绿色过程制造的前沿技术实例。编写过程中由 *Green Chemical Engineering* 编辑部和过程工程学报编辑部协助进行统稿审核。

　　诚挚感谢兰州高新技术产业开发区管理委员会、绿色催化专家智库、中国科学院绿色过程制造创新研究院对本书的大力支持！感谢参与撰写和审议工作的各位专家！感谢科学出版社和各位编辑的辛勤付出！感谢所有编写人员的贡献！

　　限于作者的时间和精力，书中不妥之处在所难免，敬请读者不吝赐教。

张锁江

中国科学院院士

2022 年 2 月

上篇　绿色过程制造概述

下篇 绿色过程制造的前沿技术

上　　篇
绿色过程制造概述

第1章 绿色过程制造的重大战略意义

1.1 过程工程的内涵及重要性

化学工程经过归纳、综合和与其他知识的交叉，形成了以传递和反应为主且不断发展的"三传一反+X"的学科基础。这一学科基础的应用对象已远远超过了化工最初的定义和范畴，覆盖了所有物质的物理和化学加工工艺，也将化学工程提升为过程工程。过程工程的内涵基础如何成长，21世纪我国将如何走在建立过程工程的前沿，发挥过程工程在国民经济中的巨大作用，将成为今后的热点[1]。

过程工程在工业中的体现即为过程工业。过程工业是国民经济的基础和支柱产业。经过半个多世纪的持续快速发展，中国的过程工业已扩展成为在能源、材料、冶金、环境、生物、医药、食品等诸多领域进行物质与能量转化的产业，并不断与其他工业进行交叉融合，具有品种多、层次多、服务面广且配套性强等特点，在满足国民经济发展的重大需求方面，占据了不可替代的战略地位。

过程工业涉及的市场规模宏大，主要包括以下两类：全属过程工程，如石油、化学过程工业，在我国共有13种；与其他工业交叉融合的过程工业，如烟草、自来水工程等。我国过程工业具有品种多、层次多、服务面广且配套性强等特点，对汽车、家电、电子、电器、建筑、纺织等相关产业的发展有重大影响，也为国防、航空、航天、信息等产业提供了有力支撑，在社会发展和国民经济中占有举足轻重的地位。

过程工业经济拉动效应明显，解决了众多人口的就业问题。截至2019年底，过程工业中占比最大的石油和化工行业规模以上企业26271家，资产总计13.46

万亿元，占全国规模工业总资产的 11.3%；2018 年我国石油和化学工业注册从业人员已达 1380 万人以上，联动相关产业人员规模上亿。过程工业属于劳动力密集型和技术密集型产业，解决了大量人口就业问题。

过程工业为保证农业发展和国家粮食安全做出了重大贡献。过程工业为农业生产提供化肥、农药、农用塑料薄膜，以及农业现代化发展所需要的各种化工产品，是支持农业发展的重要动力。化肥作为确保粮食增产、农民增收的重要物质基础，已成为现代农业生产中不可或缺的战略性物资；化学防治以其快速、高效、经济和方便的突出优点，在农业有害生物的综合防治体系中仍然占有主导地位。

强国必先强军，过程工业为国防提供了必不可少的工业基础，尤其是在新材料领域。世界各国对新材料技术的发展给予了高度重视，拥有新材料技术是保持军事先进的重要前提。中国正面临日益复杂的环境，地缘风险有所上升，装备升级意义显著。军队改革完成后，中国产业现代化明显提速，《关于加快推进国防科技工业科技协同创新的意见》提出打造一批国防科技工业创新中心。2015 年以来，我国关键装备的更新换代正在快速进行之中，钛合金、高温合金等材料需求量将持续增长，新材料能为国防安全提供有力保障。

过程工业对信息安全极具保障作用，主要体现在对硬件设备生产的支撑上。芯片、存储器、光纤、平板显示器件等产品的生产，均需要超高纯的特种化学品。但是我国电子化学品生产技术尚在积累当中，多数高端产品仍然依赖进口，再加上半导体制造工业相对落后，导致我国的运算芯片、硬盘等产品对外依存度非常高。在未来，物联网、云计算、智能工业机器人、智能设备等需要强大的算力、海量的存储器、动力转换/控制部件，将带动新型过程工业尤其是半导体制造业快速发展。过程工业能否提供足够的电子化学品或材料，将决定这一进程的速度。

过程工业为经济发展供应了必要的能源。过程工业生产的许多产品均与我国能源的供应相关。部分产品可作为汽车、飞机、轮船等交通运输燃料；部分用作化工生产原料，生产数万种下游化工产品，用于支撑国民经济各个领域的可持续发展。充分利用过程工程的特点，发挥过程工业的优势，提高传统能源转化效率，发展或推广新能源对国民经济的发展具有十分重要的意义。

1.2　绿色过程制造的概念及战略意义

绿色过程工程是在综合考虑环境因素与社会可持续发展的前提下，通过介质/

材料(如催化剂、溶剂等)的原始创新、反应器结构创新和新工艺的集成创新，形成变革性绿色原创技术并实现产业化。20世纪90年代初，美国学者提出了绿色化学的12条原则[2]，其中涉及原料、合成、催化剂、溶剂、工艺、成本、产品等重要问题，经过几十年的发展以及与其他学科的交叉融合，扩展了"可再生能源、酶催化体系、非共价键分子体系、自分离体系、废物综合利用"等新内涵[3]，这些基本原则已被化学和化工界普遍接受。将绿色化学原理与化学工程相结合，形成了绿色化工学科，其显著特征是面向工业应用，追求高转化率、高选择性和高能源利用效率，在保证原料、介质和产品的无毒或低毒，以及可观的经济效益的前提下，实现废弃物的排放和副产物的产率最小，追求的总体目标是经济效益和环境效益的协调最优。

进入21世纪以来，绿色过程与工程迅速成为重要的研究方向和热点。1996年美国设立了总统绿色化学挑战奖，2004年欧盟创建了可持续化学欧洲技术平台(SusChem，2004)，目标是为未来的可持续化工和生物技术提供解决方案，日本也提出了绿色可持续化学的路线图(2008~2030年)。1997年，国家自然科学基金委员会和中国石油化工集团公司(简称中国石化)启动了"环境友好石油化工催化化学与化学反应工程"重大基础研究项目，重点开展无毒无害原料、催化剂和"原子经济"反应等新技术的基础研究。中华人民共和国科学技术部(简称科技部)也围绕绿色过程设立了多个重大研发计划，如"973"计划——"石油炼制和基本有机化学品合成的绿色化学""大规模化工冶金过程的节能减排的基础"，国家重点研究计划"废物资源化科技工程""可再生能源与氢能技术""新型锂浆料储能电池研究"等。2016年，《国家自然科学基金"十三五"发展规划》明确将"可持续的绿色化工过程"列为化学科学部优先发展领域，该方向也获得多项自然科学基金项目的支持[4]，在"十四五"规划的制定过程中，绿色过程制造也是专家建言献策的重点[5]。《中国制造2025》明确提出，加快制造业绿色改造升级，积极推行低碳化、循环化和集约化，提高制造业资源利用效率；强化产品全生命周期绿色管理，努力构建高效、清洁、低碳、循环的绿色制造体系。

从学科发展方向来看，绿色过程与工程已成为我国科学研究和学科布局的新热点，许多单位纷纷成立了与绿色过程制造相关的研究机构，如中国科学院绿色过程与工程重点实验室、中国科学院绿色过程制造创新研究院、上海市绿色化学与化工过程绿色化重点实验室、离子液体清洁过程北京市重点实验室、山东省绿色制造工程技术研究中心、江苏省先进催化与绿色制造协同创新中心、动力电池绿色制造安徽省重点实验室、甘肃省镍钴及稀贵金属工业废弃物资源化再利用重点实验室等。国内外一些大学已将绿色化工列为研究生课程。在应用方面，工业界如中国石油天然气集团有限公司(简称中国石油)和中国石油化工集团公司等制定和实施了明确的清洁生产机制和具体措施。对绿色化学与化工的重视也体现在新的学术期刊纷纷涌现，如 *Green Chemistry* 是较早的代表性期刊，1999 年创刊后迅速成为绿色化学与化工的主流期刊。创刊于 2008 年的 *Energy & Environmental Science* 期刊，目前其影响因子已升至 30.3。2013 年，美国得克萨斯大学奥斯汀分校化工系的 David T. Allen 教授作为主编创办了期刊 *ACS Sustainable Chemistry & Engineering*，与前述期刊相比，该期刊具有明确的"工程"特色，注重报道绿色化学和工程的国际最新研究成果。2016 年英国皇家化学学会(Royal Society of Chemistry，RSC)创办的期刊 *Molecular Systems Design & Engineering*，则重点报道基于分子层次认识的过程系统设计，力争缩小科学和工程的差距。2015 年，中国科学院过程工程研究所创办了 *Green Energy & Environment* 期刊，旨在从能源、资源及环境等诸多领域报道基础及工程研究的最新成果，该期刊推出后受到广泛关注，目前已入选 SCI 期刊，最新影响因子为 6.4。2020 年，中国科学院过程工程研究所创办了 *Green Chemical Engineering* 期刊，其以绿色化工为学科基础，聚焦"绿色"，立足"工程"，注重学科交叉与绿色过程工程前沿问题，努力搭建科研与工程成果交流展示的平台。

纵观几十年的发展，绿色过程与工程的一个重要的特点是两个维度的研究模式，一个维度是从分子到系统的思路，不仅要考虑原料、溶剂和催化剂以及单元设备的创新，还需从系统的角度，通过从分子→纳微→界面→设备→系统的多尺度调控，将理论方法用于实际技术研发链，即实验室研究、工艺设计、设备优化和工程放大全过程；另一个维度是从传统的单一的经济目标向经济、环境和安全等多目标的模式转变，综合两个维度的研究成果为绿色技术的创新和产业化提供重要科学基础。

随着全球性环境和资源严重匮乏等问题的加剧，过程工业的绿色化成为推动工业可持续发展的重要途径，其核心则需要通过介质/材料(如催化剂、溶剂等)的原始创新、反应器创新和工艺的集成创新，形成变革性绿色技术并实现其产业化。

习近平总书记在十九大报告中提出，"建立健全绿色低碳循环发展的经济体系，构建市场导向的绿色技术创新体系"。因此，发展从源头消除污染的绿色过程制造技术是过程工业可持续发展的必然趋势，任何单元技术的突破对过程工程的绿色化都是不可或缺的。然而，绿色过程工程又是一个系统科学，不仅要重视单个技术的创新，同时还要考虑从原料替代、介质创新到单元强化及系统集成的整个链条，通过绿色材料/介质的原始创新和工艺的集成创新，实现过程工业的绿色化。

本书围绕绿色制造这一核心，结合实例，论述现代煤化工、生物质化工、CO_2 化工、精细化工、新能源、信息材料、生物医药、生物医用材料、PET 循环回收技术发展、电池回收等 10 项技术进展，以期为绿色过程工业理论发展和绿色化工技术创新提供重要的依据和参考。

参 考 文 献

[1] 中国科学院过程工程研究所组, 李洪钟. 过程工程: 物质·能源·智慧[M]. 北京: 科学出版社, 2010.

[2] Anastas P T, Warner J C. Green Chemistry: Theory and Practice[M]. Oxford: Oxford University Press, 1998.

[3] Zimmerman J B, Anastas P T, Erythropel H C, et al. Designing for a green chemistry future[J]. Science, 2020, 367(6476): 397-400.

[4] 张国俊, 付雪峰, 郑企雨, 等. 转型中的中国化学——基金委化学部十三五规划实施纪行[J]. 中国科学: 化学, 2020, 50(6): 681-686.

[5] 李寿生. 抓住大有作为的战略机遇期 实现扎扎实实有质有量跨越[J]. 中国石油和化工, 2019, 3: 4-11.

第2章 | 绿色过程制造的发展现状及趋势

2.1 绿色过程制造的发展现状

　　绿色过程与工程的兴起主要源于化工发展所带来的严重的环境和社会问题。随着不断加剧的全球性环境生态破坏和化石资源的严重匮乏，以及工业生产活动导致的温室效应对人类生存环境的危害，化工过程的绿色化成为解决这些难题的重要途径之一。不仅要考虑原料、溶剂和催化剂及单元设备的创新和高效，还需要从系统的角度，通过从分子→纳微→界面→设备→系统的多尺度调控，实现经济、环境和安全的多目标最优[1-4]。图 2.1 简要说明了绿色过程工程的研究思路，即首先要考虑环境、健康和安全对新过程或产品的影响，从而在原料筛选、溶剂/催化剂开发、过程优化设计、系统运行等全过程中体现绿色化[5]。

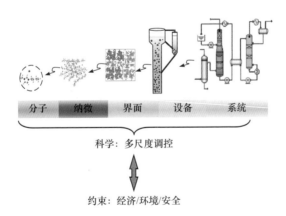

图 2.1　绿色过程工程的研究思路[5]

以大宗化学品生产这一典型的过程工业为例说明。我国目前已成为世界第一大化学品生产国，产值占我国 GDP 的 1/8 左右，但还不是化工强国，很多工艺技术水平和产品均落后于国外。目前，我国大宗化学品生产技术主要从国外引进，但通常是国外淘汰的技术，生产过程会排放大量废物，且部分技术还使用有毒有害的原料、催化剂或溶剂等。一些相对先进的绿色低碳化工生产技术转让费用极高或直接封锁，使我国化学品生产技术的升级换代面临巨大挑战。因此，实现我国大宗化学品产业的跨越式发展，从化工生产大国向强国迈进，必须重视绿色过程与工程的基础研发，开发新一代技术，以支撑工业过程的可持续发展。以下结合典型实例或过程，围绕绿色过程工业在原料替代、工艺创新、设备强化和系统集成四个方面的发展趋势予以简述和分析。

2.1.1 原料替代

从传统不可再生的化石资源向可再生能源(如生物质)过渡，是人类社会发展的必然趋势，同时有毒有害原料(如氢氰酸、光气等)也将被更加绿色的原料替代，实现从源头上消除污染的目标。石油、煤炭、天然气不仅提供了基本能源，还提供了 99%的有机工业原料，用于生产大宗化学品。随着化石资源的枯竭和环境问题的日益突出，以可再生的生物质资源替代不可再生的化石资源制备大宗化学品成为未来发展的重要趋势，生物质既是可再生能源，又可用作生产化工产品的原料，且其主要成分为碳水化合物，在生产及使用过程中与环境友好。生物质汽化可制得富含氢气和一氧化碳的合成气，由合成气可生产系列化学品，如甲醇、烯烃等。生物质还可经预处理，通过微生物或酶将多糖转化为单糖，再经化工或生物技术转化为化学品。目前世界上 100%的 1,3-丙二醇和 99%的乳酸的生产原料来自生物质。袁晴棠[6]在 2014 年指出，预计到 2020 年，全球可再生化学品市场有望增长至 120 亿美元。因此，用生物质原料生产生物基化学品是减轻对石油的依赖和对气候影响的重要途径。

另外，在溶剂和材料绿色化方面，国外已开发出采用无毒或低毒化学品替代剧毒的光气或氢氰酸生产化工产品的技术。例如，以异丁烯为原料生产甲基丙烯酸甲酯(MMA)的 C4 工艺，该工艺的原子利用率可达 74%，是一条工业前景良好的绿色工艺技术路线，可替代英国帝国化学工业集团(Imperial Chemical Industries, ICI)于 1937 年开发的用丙酮和剧毒氢氰酸为原料生产 MMA 的工艺。意大利埃尼公司开发的以 CO、CH_3OH 和 O_2 为原料制备碳酸二甲酯(DMC)的绿色工艺，可替代以光气和 CH_3OH 为原料生产 DMC 的工艺。

2.1.2 工艺创新

工艺创新包括介质、材料、反应器和工艺路线的创新，目标是开发高原子经济性反应和低能耗的高效分离过程。理想的原子经济反应是原料分子中原子百分之百地转化为产品,资源利用率高,且不产生副产品和废物,如乙烯、丙烯、长链α-烯烃与苯合成乙苯、异丙苯、长链烷基苯,美国杜邦公司以丁二烯和氰化氢合成了己二腈,用甲醇羰基化制乙酸。但目前仍有很多大宗化学品生产过程中使用有毒、有害的溶剂或催化剂,生产过程原子利用率较低。以环己酮为例,生产每吨环己酮产生约 $5000m^3$ 废气、50t 废水和 0.5t 废渣,生产过程中碳原子利用率不足 80%,因此亟待聚焦绿色化升级换代,通过开发新型催化材料及工艺,开发绿色新过程。

在化工过程中,约 90%的反应及分离过程需要介质才能完成,因而介质创新是实现化工过程温和高效转化的重要途径。新型介质和材料的出现,常常会带来重大的技术变革,同时也会对传统的理论方法、研究手段和计算模型提出挑战。一些典型化学品,如对苯二甲酸、环己酮、己内酰胺、环氧丙烷的生产过程仍排放大量废物,且有些过程使用有毒有害催化剂和溶剂等,对这些过程进行绿色化升级换代是迫切需求。与水、有机溶剂等传统溶剂相比,离子液体介质具有液态温度范围宽、不易挥发、溶解能力强、电化学窗口宽等一系列优点。更重要的是,离子液体的可设计性使其可通过修饰或调整正负离子的结构及种类来调控其物理化学性质。目前离子液体作为溶剂、催化剂、电解液等,已在石油化工、煤化工、合成材料、环境控制、电化学等方面展现了广阔的应用前景。

通过工艺路线创新,也能实现高原子经济性反应和低能耗高效分离的目标。例如,传统的主要以氯气为原料,采用两步反应的氯醇法生产环氧丙烷的工艺,不仅使用可能带来危险的氯气,还产生大量污染环境的含氯化钙废水,因此开发催化氧化丙烯制环氧丙烷的原子经济反应新工艺是必然的发展趋势。对于已工业应用的原子经济反应,还需从环境保护和技术经济等方面继续研究和改进,以获得更高的反应效率。1997 年新合成路线奖的获得者 BCH(Bausch Health)公司开发了一种合成布洛芬的新工艺,传统生产工艺包括 6 步化学计量反应,原子利用率低于 40%,新工艺则采用 3 步催化反应,原子有效利用率达 80%。1998 年,日本旭化成公司开发了以异丁烯为原料直接氧化生产 MMA 的两步法,与之前的三步法相比,具有生产路线短、投资小、安全稳定等优势,具备更好的经济性。目前两步法已有多套生产装置,主要分布在日本、中国、新加坡、泰国、韩国等亚洲国家,其产能约占 MMA 生产产能的 30%。传统的乙二醇(EG)生产采用环氧乙烷(EO)直接水合工艺,存在水比高、选择性差、反应条件苛刻且能耗高等缺点,代表性的改进技术有催化水合法和催化水解法等技术。相对于直接水合法,催化水合法是在催化剂存在下进行反应,催化水解法则是以 EO 和 CO_2 为原料先经羰基化反应生成碳酸乙烯酯(EC),而后 EC 水解生产 EG。催化水解法与直接水合法相比,具有反应条件温和、水比低、EG 选择性高且能耗低等优势,在该工艺中,关键是 EO 与 CO_2 反应生成 EC 的羰基化反应。

除了催化剂/介质、合成路线的创新，工艺创新还包括反应器的创新。反应器作为物质转化的装置，是实际工艺过程中重要的组成部分。反应器创新是以提高效率、减少污染和降低成本为目标，依据反应原理和产品的不同设计特定物理结构的反应器，而设计反应器的核心是深入认识反应器中的传递-流动耦合机制及放大规律，尤其是需要从分子和纳微尺度获得其本质的规律，主要手段是采用模拟计算和实验表征相结合的方法，而如何研发先进的表征测量传递-流动规律的科学仪器和实验方法，是当前该领域的挑战。1992 年诺贝尔化学奖获得者 R. R. Ernst 曾指出："现代科学的进步越来越依靠尖端仪器的发展。"人类在科学技术上的重大成就和科学研究新领域的开辟，往往是以实验仪器和技术方法的突破为先导。

总之，包括介质、材料、反应器和工艺路线的创新，是绿色过程工程的关键，也是开发绿色新技术的基础。

2.1.3　设备强化

化工设备的功能是为物质转化的"三传一反"提供场所，通过设备的强化和创新，如设计和使用微通道、超重力、旋转床、物理场强化等反应器，可达到强化传热传质的目标，实现反应过程的高转化率、高选择性及高分离效率。外场强化反应器的开发和应用不仅解决了工程难题，同时也为化工学科的发展和知识更新提供了重要的支撑。

化学工业中涉及气-液-固多相复杂体系内的反应过程，通常受分子混合、传递或化学平衡的限制，对反应速率与传递过程的匹配性有严格的要求。由于对反应与传递协同机理的认识不足，特别是对纳微尺度上的传递和混合机制缺乏科学认识，难以选择合适的调控手段，造成工业反应过程选择性低和收率低等问题，成为高能耗、高污染、高物耗的关键根源。近年来，为了提高反应的选择性和收率、减少能耗和物耗并从源头上减少或消除污染，科学家构建了纳微尺度流动、混合、传递、反应过程的多尺度理论模型，提出了从纳微到宏观的反应器尺度的高效数值计算方法，获得了超重力、等离子体、新结构膜等外场和介质作用下的强化混合/传递及反应原理，形成了超重力、纳微结构膜、微化工系统、等离子体等新的强化技术与工艺，为原创性的重大工程应用奠定了科学理论基础。

近年来，随着微尺度下"三传一反"研究的不断深入[7-11]，微反应器技术被广泛应用于科学研究和工业生产中。微反应器有极大的比表面积和极好的传热和传质能力，可实现物料瞬间的均匀混合和高效传热，许多在常规反应器中无法实现的反应都可在微反应器中实现。例如，德国美因兹微技术研究所开发了一种平行盘片结构的电化学微反应器，提高了甲氧基苯甲醛反应的选择性。近年来，微反应器也被应用于一氧化碳选择氧化、加氢反应、氨氧化、甲醇氧化制甲醛、水煤气变换及光电催化等一系列反应。此外，微反应器还可用于某些有毒有害物质的现场生产，进行强放热反应的本征动力学研究及组合化学(如催化剂、材料、药物等)的高通量筛选等。

超重力分离技术[12-17]的应用开发主要集中在超重力精馏分离技术、超重力吸收分离技术、超重力解吸分离技术等方面。在国内，北京化工大学等开展了超重力技术基础理论与分离技术研究，原创性地提出了超重力强化分子混合与反应过程的新思想与新技术，建立了超重力反应强化新途径。围绕超重力环境下纳微尺度混合/传递规律和调控机制、混合/传递与反应过程协调性和过程强化机制、反应工程基础理论及超重力反应器放大方法等关键科学问题，提出在毫秒至秒量级内实现分子级混合均匀的新思想。发明了系列超重力反应强化新工艺，在新材料、化工、环境、海洋能源等流程工业领域实现了大规模应用，取得了显著的节能、减排、提质和增产的效果。目前超重力反应器不但可用于气-液-固三相反应，还适用于气-液和液-液两相反应体系。利用超重力反应器可成功制备出纳米阻燃剂、碳酸锶等纳米材料，具有广泛的应用前景。

物理场强化反应器是将辅助能量场，如超声波、电场或磁场等，引入反应器中以达到强化传热传质的目的。该类反应器可有效缩短反应分离的时间、提高效率，是一种环境友好的新技术[18]。超声波辐射会导致液流空化现象的产生，并伴随大量能量的释放，从而在界面间形成强烈的机械搅拌效应，进而强化界面间的化学反应过程和传递过程。目前该技术主要应用于固-液萃取、吸附与脱附、结晶过程、乳化与破乳、废水中有机物降解及粉体制备等。磁场强化是借助外磁场进行磁化处理，在一定磁场范围内迅速提升反应和分离效率，从而达到强化化工过程的目的。目前该技术主要用于乳浊液的分离、吸附和吸收、结晶及萃取等领域。电场强化技术可变参数多，易于采用计算机智能技术有效控制化工过程，是近年来研究和开发的热点。目前该技术主要应用于萃取、传质传热、干燥及结晶等领域。物理场强化化工过程是最近发展起来的一门多学科交叉技术，其强化的机理尚不完全清楚，因此加强过程机理的研究，有助于为设备开发和工程放大提供理论依据。

2.1.4　绿色碳科学

碳是地球上的重要元素，碳资源在人类文明进程中发挥着重要作用。随着人类社会的发展，煤、石油、天然气等化石碳资源日趋枯竭，CO_2的大量排放导致碳循环严重失衡，经济、资源、环境三者间的矛盾日益突出，实现碳资源的高效转化及循环利用是人类社会可持续发展的重要途径，也是重大难题。

为此，何鸣元院士等中国科学家提出了绿色碳科学的概念[19-21]，如图 2.2 所示，即研究和优化碳资源加工、能源利用、碳固定、碳循环整个过程中碳化学键的演变和相关工业过程，使化石资源利用引起的碳失衡最小化。绿色碳科学包括以下要点：使碳氧化生成 CO_2 的反应发生于能源使用过程，而非碳资源加工等其他过程；以碳的原子经济性衡量其能源与化工利用，并达到最优化；以碳的化学循环补偿碳自然界循环；强化生物质转化利用，以尽量减少化石资源的利用。绿色碳科学的核心是氧化还原化学，其中对立的两个方面是氧化与还原。绿色碳科学的目标是实现碳的中性平衡，碳的中性平衡就是对立的统一。

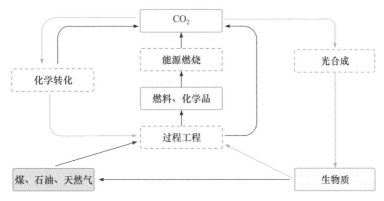

图 2.2 绿色碳科学概念网络[19]

工业生产排放了大量的二氧化碳，最终应该以工业的方式集中解决。2019 年 3 月的"绿色生态与化学化工"香山科学会议决议提出，我们已经有"煤化工""石油化工"等，我们还需建设"二氧化碳化工"，可以把二氧化碳通过加氢制成甲醇，或者还原成一氧化碳，或者通过干重整变为合成气，也可以直接转化为其他各种产品[22]。"二氧化碳化工"成为绿色碳科学理念的具体出口之一，其相关产业有望推动实现碳平衡，为解决温室效应等生态问题提供了契机，有助于国家碳中和目标的实现。

2.1.5 绿色系统集成与绿色度评价

绿色过程系统集成是随着绿色化学与化工的兴起而发展起来的，其将传统的系统工程的理论和方法与绿色化学准则相融合，重点关注工业过程在取得良好经济效益的同时尽可能避免环境的负面影响，解决物质和能量转化利用过程中与"化学供应链"相关的创造、合成、优化、分析、设计、控制以及环境影响评价等多元复杂问题，目标是建立环境友好的、可持续发展的化工过程或产品。例如，绿色过程系统集成依据绿色化学的原理，采用自上而下的设计策略，初期就需要考虑环境、健康和安全对过程或产品的影响，将环境影响作为约束条件或目标函数嵌入过程模拟、分析和优化模型中，实现多指标的评价和多目标的优化。绿色过程系统集成包括多个研究内容，如过程模拟与设计、分离过程合成、产品设计、环境性能定量分析与生命周期评价、多目标优化等。

模型化是绿色过程系统集成的根本，基于能够用数学方程式表达的数学模型是通常采用的方法。考虑环境影响的过程设计和集成的建模方法主要有两种：一是将环境问题作为约束来处理；二是将环境影响和经济性能作为多目标函数来处理，在得到一组最优解集后再进一步进行权衡和取舍。由于化工过程是一个复杂体系，因此多目标优化模型通常可以归结为一个大规模高维的混合整数非线性规划问题，需开发功能强大的模拟求解方法。由于绿色过程系统集成涉及从分子水平到系统的整个"化学供应链"，因此需要处理简单代数模型、复杂偏微分模型以及逻辑表达的离散或连续优化的问题，开发考虑离散的、混合非线性的、定量与定性表达的优化方法，同时还要考虑环境、安全等更多目标，同时如何进行多目标问题的顺利求解，也成为重点和难点。

生命周期评价(life cycle assessment，LCA)是目前常用的针对产品和过程环境的评价方法，被认为是评价和判断产品和过程绿色化设计的有效方法，已在多个体系中获得应用。生命周期的各个阶段包括从最初的原材料开采、原材料预处理到产品制造、产品使用以及产品用后处理的全过程。从20世纪90年代中期以来，LCA在许多行业的应用中取得了很多成果，许多公司已经用于对他们的供应商的相关环境表现进行评价。同时，LCA的评价结果也在一些决策制定过程中发挥了很大的作用。LCA作为一种产品环境性能分析和决策支持的工具，其在技术上已日趋成熟，并得到较广泛的应用。它同时也是一种有效的环境管理和清洁生产工具，在清洁生产审计、产品生态设计、废物管理、生态工业等方面发挥着重要的作用。

传统的环境影响评估方法往往不能体现出一个化工过程整体的环境影响，中国科学家提出了绿色度(green degree，GD)的定量评估方法，使得化学工程师们能很好地将其应用到实际生产过程中[23]。绿色度方法提出了物质、过程及系统对环境性能的定量评价方法，与过程模拟技术相结合，为过程的开发及环境性能的改进提供了定量依据。绿色度包括物质的绿色度和能量的绿色度。物质的绿色度主要是指物质在发生物理化学变化时对环境所造成的危害或影响程度，在对其进行定量计算时需要考虑过程中原料、辅助介质、产品、废弃物等对环境的影响指数。能量的绿色度包括产能过程排放的废弃物及能量对环境造成的影响，可采用热力学分析定量表达能量对环境的影响。基于此，通过公式化和双目标法实现物质和能量绿色度的统一，将经济效益和绿色度作为目标函数形成绿色化工设计的多目标优化模型，实现化工过程物质流、能量流及环境流的量化表达，形成基于绿色度的化工过程优化设计的理论和方法[24]。

绿色度评价方法同时考虑了温室效应潜值(global warming potential，GWP)、臭氧层消耗潜值(ozone depletion potential，ODP)、光化学烟雾潜值(photochemical ozone creation potential，POCP)、酸雨潜值(acidification potential，AP)、水体富营养化潜值(eutrophication potential，EP)、水体生态毒性潜值(ecotoxicity potential to water，EPW)、空气生态毒性潜值(ecotoxicity potential to air，EPA)、水体人类致癌毒性潜值(human carcinogenic toxicity potential to water，HCPW)和水体人类非致癌毒性潜值(human non-carcinogenic toxicity potential to water，HNCPW)九种影响潜值对环境产生的影响[25]。生命周期法能很好地评估产物或整个周期的环境影响，因此，将生命周期法应用到绿色度中，为污染预防和环境清洁过程设计提供了重要的参考依据。绿色度评价方法的操作步骤包括：①划定系统边界；②确定理化性质和环境类别；③体系物流、能流模型构建；④物质和单元绿色度的计算；⑤影响评价；⑥过程优化。绿色度评价方法可具体分为三类：纯物质的绿色度、混合物的绿色度以及化工过程的绿色度。以纯物质的绿色度为例，其计算公式[25]为

$$\text{GD}_i^{\text{su}} = -\sum_j^9 (100\alpha_{i,j}\varphi_{i,j}^N) \tag{2.1}$$

$$\begin{cases} \varphi_{i,j}^N = \dfrac{\varphi_{i,j}}{\varphi_j^{\max}} \qquad \varphi_j^{\max} = \max(\varphi_{i,j}) \\ \sum_{j=1}^9 \alpha_{i,j} = 1 \\ i = 1,2,3,\cdots \qquad j = 1,2,3,\cdots,9 \end{cases}$$

式中，GD_i^{su} 为物质 i 的绿色度；$\varphi_{i,j}$ 为物质 i 的 j 类环境影响潜值；$\varphi_{i,j}^N$ 为相对影响潜值；$\varphi_j^{\max}$ 为已报道的 j 类环境影响潜值的最大值；$\alpha_{i,j}$ 为物质 i 在 j 类环境影响潜值中的权值因子。根据公式，绿色度范围通常是−100～0，其中−100 表示物质有最坏的环境影响，0 表示物质不会对环境造成影响，如氧气和水等。因为环境影响潜值的最大值单位一般是千克(kg)，为了简化评估过程，绿色度的单位定为每千克物质的绿色度(GD/kg 物质)。总之，绿色度方法操作简单便利，估值准确度高，在过程制造业有良好的推广前景。

2.2　绿色过程制造存在的问题及发展趋势

经过半个多世纪的持续快速发展，中国已形成了规模较大、门类齐全、配套

完善的过程工业体系，但总体上仍有许多短板问题存在，难以满足人民美好生活和国民经济发展的需求。

大而不强，经济效益低下，国际竞争压力巨大。聚乙烯、聚碳酸酯等基础化工产品，需要与来自中东和美国的低成本产品竞争；而长链尼龙、聚甲醛、碳纤维等高端产品，要与欧美日韩高附加值产品竞争。因此整个行业国际竞争压力大，经济效益低下。

进口受限，高端产品卡脖子；出口受阻，低端产品过剩。我国过程工业的技术进步主要是追赶式、模仿式的创新，具有自主知识产权的原始创新十分稀少，行业自主创新能力薄弱，高精尖产品往往被跨国公司把持，如芯片制造中的核心电子化学品，进口依赖程度接近 100%。目前国际经济形势复杂多变，国内许多化工产品存在产能过剩的问题，且性能不够先进，导致利润低下、出口受阻。含氟材料是卫星通信、半导体材料加工、新能源电池等领域不可替代的基础材料，而我国本土氟材料企业只能在国内和国际的低端市场参与竞争，通用含氟树脂如聚四氟乙烯、聚偏氟乙烯等产品牌号均局限在涂料、胶黏剂等用途，产品利润低下。膜用树脂和高端膜产品多年依赖进口，国内企业产品性能无法达到国际先进水平，多数利润都被美国杜邦公司等跨国公司赚取。

过程工业能耗物耗高，污染问题严重，谈"化"色变。化工企业属于典型的高能耗、高物耗企业，化工行业的"三废"排放量也一直位居工业行业前列。根据生态环境部相关数据，2016~2019 年化学品制造行业水耗量年均增长达到 5%，并且根据目前投产规模预计未来仍有增长，这是个十分惊人的数字，化工行业节水面临较大压力。2016 年全国工业污水排放量为 195.5 亿吨。其中，化工行业的废水排放量约占 22%，达到 43 亿吨，环保压力巨大。此外，许多产品的生产和使用过程存在不安全因素，重大安全环保事故时有发生，谈"化"色变心理普遍存在，行业形象亟待改善。

过程工业迫切需要在原料、工艺和过程全链条中实现绿色化，而有关绿色过程制造的研究已成为国际学术界和工业界的研究前沿和热点，新理论的形成和新技术的突破将会开辟一个全新的学科领域，当前的研究发展趋势主要集中在如下几个方面。

1. 从分子设计到化工产品制造的绿色新过程

要实现大宗化学品产业的跨越式发展，需要围绕绿色过程与工程的科学基础探寻新的科学知识，支撑绿色化工技术的创新和发展，重点开展以下研究：①基于量子化学的催化反应微观机理；②催化剂本征结构、机理及分子动力学模拟；③反应自由基的形成机理与控制规律；④大宗化石基化学品设计与过程开发；⑤特殊和重要精细、生物基化学品的设计与绿色生产。

2. 基于原子经济性反应的绿色化学新途径

面向可持续发展需求的绿色化学转化的关键是利用价廉、清洁、安全的资源，设计高原子经济性反应路线，开发清洁、低能、低耗过程，需重点探索：①从分子、原子层面认知催化剂与反应性能的构效关系，发展基于基因组学的催化剂分子设计方法；②发展具有结合均相催化和非均相催化优点的新型催化体系和材料，实现高选择性精准调控反应过程；③发展新催化反应路线，将烃类等基础化石资源高效高选择性地转化为高附加值和大宗化学品。

3. 纳微尺度的"三传一反"规律与过程强化及设备

围绕过程强化新技术，从理论—装备—工艺三大层面开展系统研究，重视非常规条件下，如离子型介质、超重力、膜、微化工等过程中的传递及流动规律，拓宽过程强化技术的研究范围，需重点探索：①化工过程的纳微尺度效应和界面效应及其机制；②纳微化工系统的集成和优化方法；③高超重力环境下纳微尺度"三传一反"规律及应用；④界面作用下流体混合物的限域传质机制；⑤非常规介质如离子液体、超临界流体中的传递机制。

4. 绿色过程系统集成

过程系统集成的研究重点从单一的能量(或物质)集成向物质-能量耦合的多目标网络结构优化模式发展，期望达到能量利用最优、物质转化效率最大和系统的绿色化程度最高。除了物质及能量效率，从系统层面和全生命周期研究化工过程中的安全本质问题也成为一个重点发展方向，应重点探索：①能量-物质协同作用机理和转化规律；②复杂体系分离过程的集成与优化；③基于分子层次系统的集成理论和方法；④化工过程自由基调控及过程的本质安全；⑤过程工业绿色数字化及产业集群智能化系统构筑。最终形成系统绿色度的理论方法及数据库软件，建立过程强化的研发平台、技术—经济—环境分析方法和完整的工艺数据包及示范，为我国化工过程的"绿色化、高端化、智能化"提供技术支持。

参 考 文 献

[1] Anastas P T, Warner J C. Green Chemistry: Theory and Practice[M]. Oxford: Oxford University Press, 1998.

[2] 张锁江, 张香平, 李春山. 绿色过程系统合成与设计的研究与展望[J]. 过程工程学报, 2005, 5(5): 580-590.

[3] 张懿. 绿色过程工程[J]. 过程工程学报, 2001, 1(1): 10-15.

[4] 张懿. 清洁生产与循环经济[C]. 郑州: 河南省第二届循环经济发展论坛会议, 2007.

[5] 张锁江, 张香平, 聂毅, 等. 绿色过程系统工程[J]. 化工学报, 2016, 67(1): 41-53.

[6] 袁晴棠. 绿色低碳引领我国石化产业可持续发展[J]. 石油化工, 2014, 43(7): 741-747.

[7] 陈光文, 袁权. 微化工技术[J]. 化工学报, 2003, 54(4): 427-439.

[8] de Charpentier J C. The triplet "molecular processes-product-process" engineering: The future of chemical engineering? [J]. Chemical Engineering Science, 2002, 57(22/23): 4667-4690.

[9] 李杰. 循环流化床中结构与"三传一反"的关系研究[D]. 北京: 中国科学院化工冶金研究所, 1998.

[10] 吕小林. 鼓泡流化床中结构与"三传一反"的关系研究[D]. 北京: 中国科学院大学, 2015.

[11] 郭慕孙, 李静海. 三传一反多尺度[J]. 自然科学进展, 2000, 10(12): 1078-1082.

[12] 陈建峰, 邹海魁, 初广文, 等. 超重力技术及其工业化应用[J]. 硫磷设计与粉体工程, 2012, 1: 6-10,5.

[13] 陈建峰, 初广文, 邹海魁. 一种超重力旋转床装置及在二氧化碳捕集纯化工艺的应用: CN101549274 A[P]. 2009-10-07.

[14] 李幸辉. 超重力技术用于脱除变换气中二氧化碳的实验研究[D]. 北京: 北京化工大学, 2008.

[15] 方晨. 组合式转子超重力旋转床传质特性及脱硫应用研究[D]. 北京: 北京化工大学, 2016.

[16] 唐广涛. 超重力环境下AlCl₃-BMIC离子液体电解铝的研究[D]. 北京: 北京化工大学, 2010.

[17] 郭占成, 卢维昌, 巩英鹏. 超重力水溶液金属镍电沉积及极化反应研究[J]. 中国科学(E辑: 技术科学), 2007, 37(3): 360-369.

[18] 马空军, 贾殿赠, 孙文磊, 等. 物理场强化化工过程的研究进展[J]. 现代化工, 2009, 29(3): 27-31, 33.

[19] He M Y, Sun Y H, Han B X. Green carbon science: Scientific basis for integrating carbon resource processing, utilization, and recycling[J]. Angewandte Chemie International Edition, 2013, 52(37): 9620-9633.

[20] 韩布兴. 绿色化学与绿色碳科学[C]//第十六届全国工业催化技术及应用年会论文集. 枣庄: 第十六届全国工业催化技术及应用年会, 2019.

[21] Su B L, Han B X, Liu H C, et al. Editorial for the special issue of ChemSusChem on green carbon science: CO₂ capture and conversion[J]. ChemSusChem, 2020, 13(23): 6051-6053.

[22] 谢在库. 何鸣元院士对绿色碳科学的认知与贡献[J]. 中国科学: 化学, 2020, 50(2): 155-158.

[23] 张香平, 张锁江, 李春山, 等. 过程工业绿色度理论及应用[C]//中国化工学会. 第一届全国化学工程与生物化工年会论文摘要集(上). 南京: 第一届全国化学工程与生物化工年会, 2004.

[24] 付超, 张香平, 闫瑞一, 等. 绿色度方法中环境影响因子权值的确定[J]. 计算机与应用化学, 2008, (9): 1068-1074.

[25] Zhang X P, Li C S, Fu C, et al. Environmental impact assessment of chemical process using the green degree method[J]. Industrial & Engineering Chemistry Research, 2008, 4(47): 1085-1094.

第**3**章　绿色过程制造的发展模式

绿色是新时代五大发展理念之一。习近平总书记在十九大报告中强调"加快生态文明体制改革，建设美丽中国"。报告中指出要推进绿色发展：加快建立绿色生产和消费的法律制度和政策导向，建立健全绿色低碳循环发展的经济体系。构建市场导向的绿色技术创新体系，发展绿色金融，壮大节能环保产业、清洁生产产业、清洁能源产业。推进能源生产和消费革命，构建清洁低碳、安全高效的能源体系。推进资源全面节约和循环利用，实施国家节水行动，降低能耗、物耗，实现生产系统和生活系统循环链接。

推进我国制造业绿色发展，涉及绿色过程与制造的科技创新模式变革、产业升级、传统学科融合与迭代、科技金融的支持作用等，要彻底改变传统的制造业发展模式[1]①。

3.1　科技创新模式的变革

科技创新模式包括原始创新、开放式技术创新、协同创新、强化以科技创新为核心的全面创新。在我国传统过程工业创新体系中，科研单位的原始理论创新、技术创新与过程工业生产的实际需求存在着差距，重大原创成果与关键技术很难转化为实际生产力。这主要与我国改革开放初期原始创新能力薄弱、技术以国外引进为主有关。随着经济向高质量发展转型且发达国家技术垄断后，这种现状的不可持续性逐步展现，经济发展亟须科技创新这一原动力的强大支撑。过程工程与制造的科技创新模式亟待向科技创新为核心的全体系、贯通式变革。

---

① 中国工程院. 2018. 面向 2035 的绿色化工科学与技术发展战略研究；中国科学院过程工程研究所. 2019. 中国科学院绿色过程制造创新研究院实施方案.

　　绿色过程制造的创新主体主要包括政府、企业、科研院所、科技金融、产品用户等(图 3.1)。需要构建以市场为导向、企业为核心、政府牵引下各类创新主体充分发挥协同作用的"政产学研用资"的绿色技术创新体系。在这样的体系下，逐步形成了以科学技术推动型、市场拉动型、环境治理与生态保护强制型等几种绿色技术创新模式。

图 3.1　绿色过程制造的市场创新主体

3.1.1　科学技术推动型绿色过程制造创新模式

　　科学技术的进步为绿色创新提供了先进的技术基础，先进的技术推动绿色技术研发，促进绿色制造形成了绿色产品，绿色产品通过市场消费模式的培育形成了新的消费需求；消费者等用户体验又不断反馈，科研院所、企业等对产品不断进行技术升级，形成技术迭代的良性循环，各类市场主体在创新过程中获得了各自应有的利益(图 3.2)。

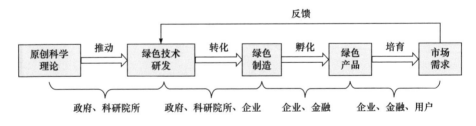

图 3.2　科学技术推动型绿色过程制造创新模式

　　科学技术的突破是创新的主要动力源，也是创新产生和开展的根本原因。蒸汽机技术催生了火车的发明，内燃机技术创造了现代汽车，计算理论与技术推进了互联网、智能制造产业的发展，量子理论与技术也将催生新的产业业态，为人类的现代文明做出巨大的贡献。

　　同样，科学技术的进步也是绿色创新活动的源泉，人类对核裂变技术的掌握不仅制造了原子弹，也催生了新能源技术之一的核电技术；对青蒿素治疗疟疾的研究不仅明晰了疟疾的发病原理，也通过科技创新推动了植物有效成分的绿色提取技术。因此，绿色创新主体利用和依托先进技术进行绿色过程与制造的创新活动，是绿色创新的一个十分重要的模式。

3.1.2　市场拉动型绿色过程制造创新模式

市场拉动型绿色过程与制造创新模式是以市场需求为绿色过程与制造创新的动因和出发点的创新模式。这种创新模式是由消费用户根据自身需求，向企业、政府等不同创新主体诉诸对绿色产品的创新需求，继而引发金融、企业对绿色制造的需求，进而将绿色制造中的关键核心技术交付给创新能力较强的科研院所，完成技术创新的传导，并存在孕育新的原创科学技术的可能(图 3.3)。在原创科学技术的总结与凝练之后又进入科学技术推动型绿色过程与制造创新模式。

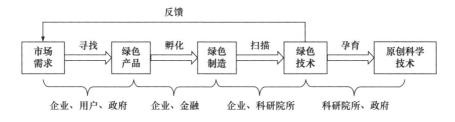

图 3.3　市场拉动型绿色过程制造创新模式

任何经济活动都是以追求利润为目标，绿色创新主体通过对潜在市场需求的辨识和确认，意识到目标市场的潜在利润，并以预期利润为导向开展相应的绿色创新活动。近年来，科技型企业如苹果、特斯拉、华为等都是典型的市场拉动型的创新模式。在创新活动中，若无市场利润为导向，任何创新都将无利可图，创新成果如果得不到经济回报，则注定会是一次失败的创新。

3.1.3　环境治理与生态保护强制型绿色过程制造创新模式

环境治理与生态保护强制型绿色过程与制造创新模式重点要解决的是市场失灵的问题。市场失灵首先要解决的问题是基于不同绿色创新属性的不同政策措施：其一，解决公平竞争的问题。对于公共产品，环境治理与生态保护强制型创新模式主要是由政府通过法制约束、资金扶持等方式，给竞争产品提供有效的知识产权保护，建立法制保护体系，使各创新主体可在公平的环境下展开竞争。其二，解决绿色创新中的整合问题。需要政府利用行政资源，有效地将高等院校、科研院所和企业的力量结合起来，充分发挥政府的引导作用。其三，解决绿色过程与制造创新的眼前利益与长远利益相矛盾的问题。在解决这个问题中需要从顶层设计出发，由政府出台政策将国家投资、民间投资和国外资本相结合，建立并完善绿色创新风险投资金融支持体系、税收减免等制度体系，推动制造业绿色创新发展。

环境治理与生态保护强制型绿色过程与制造创新活动的组织模式为：政府、科研院所、用户等提出针对生态环境保护的要求，寻求绿色技术，通过企业、科研院所等孵化出成套绿色制造装备，生产出绿色产品供用户使用(图 3.4)。在整个创新过程中，金融提供资本投入，驱使整个创新过程的完成。

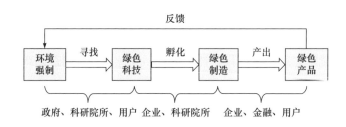

图 3.4 环境治理与生态保护强制型绿色过程制造创新模式

3.2 绿色过程制造产业升级的模式变革

我国过程工业规模宏大，产业绿色化、智能化、高端化升级意义重大。以化工为例，全国现有化工园区 600 余家，其中国家级 60 余家、千亿级 14 家、500 亿级 42 家，规模以上企业超过 20 万家，从业人数超亿人，过程工业的绿色化智能化升级意义重大。以钒钛磁铁矿为例，我国储量约 120 亿吨，多为金属伴生矿(化学成分为 Fe、TiO_2、V_2O_5、Co、Ni、S、P)，传统流程以铁为主，导致大量含重金属尾矿废渣排放，累计约为 1 亿吨，并且每年以 500 万吨的速度增长，造成严重的土壤和水质重金属污染问题。

当前我国过程工业面临以突破关键核心技术、强化重大原始创新、提升过程工业信息化智能化水平为核心，以实现绿色化、智能化、高端化为目标的重大历史任务。在过程工业转型升级关键领域、"卡脖子"的地方下大功夫，就是要建立绿色化、智能化、高端化，三化一体高度融合的全新过程工业新技术体系创新平台，将反应过程系统与工业大数据、工艺集成一步放大、流程全局优化等基础智能系统相集成，纳入数据中心物联网、云计算等先进信息平台及技术，形成支撑过程工业转型升级的重大基础设施。

3.2.1 过程制造业的绿色化升级

传统过程制造业能源、资源消耗量大，物质转化率低，对生态环境、生产方式的友好度不够。人类为了解决这个问题，针对水、土壤、大气、固体废弃物等不同环境介质提出了不同的治理手段，研发了不同种类的水处理技术、土壤修复技术、大气污染防治技术、固体废弃物处理技术等，但这些都是末端处置技术，不能从源头上治理存在的污染问题。针对这样的现象，必须在原料转化高值化、过程高效清洁化以及生产消费过程产生的固废资源化等基础上对过程制造业的全生命周期进行绿色化升级，形成新的过程制造业模式与形态。

原料转化高值化升级。在过程制造技术路线设计的开始，就要充分考虑原料转化的高值化。产业链在环节设计和实际生产过程中既要保证工程正常开展，又要保证原料每步转化低碳低耗高值高效；既要考虑材料、产品、副产物等环保问题，又要合理应用绿色过程制造的技术及设备。

过程高效清洁化升级。就是要将绿色过程与制造的理念贯穿"资源—过程—产品—应用"等全生命周期的生产流程，采用符合绿色发展理念的绿色设计及合理高效的绿色科技手段，尽可能降低各环节的污染排放和能源资源的消耗，实现废物减量化、资源化和无害化。离子液体技术、磁稳定床技术、超临界流体技术、微波辐射技术等在提高过程效率上均有较多应用价值，这些绿色新技术未来将在过程制造产业绿色化升级中发挥举足轻重的作用。图 3.5 所示为碳酸二甲酯(DMC)绿色化生产装置。

图 3.5　中国科学院绿色过程制造创新研究院与企业建设 DMC 绿色化生产装置

生产消费过程产生的固废资源化升级。在生产和消费环节，注重始终坚持再生循环利用的原则，尽可能地将固体废弃物如废旧电子产品、废弃 PET 以及多金属固体废弃物等分类回收，创新技术手段，重新纳入生产环节，延长材料生命周期，降低对自然元素的提取。

传统过程工业制造园区向生态工业园区升级是实现资源循环利用、污染集中管控的重要途径。但生态工业园区尤其是以传统能源冶金化工为主导的园区，实际建设运营中，普遍存在生产过程管理粗放、环保安全监管不足、关键绿色技术缺乏、园区产业聚而不成链等现象，导致产业链效率不高，资源环境问题突出。经济新常态下，面临国内优质资源短缺及环境安全约束增强，过程工业转型亟需集成化、系统化绿色解决方案，促进绿色产业链接关键技术的集成与优化，推动资源全生命周期管理与全过程污染管控，提升传统产业园区资源环境管理能力，实现生态工业园区向绿色制造、资源循环、智慧管理的一体化发展。

3.2.2 过程制造业的智能化升级

人工智能是研究、开发用于模拟、延伸和扩展人的智能的理论、方法、技术及应用系统的一门技术，包括计算机技术、人工智能(artificial intelligence，AI)技术、信息技术等。在过程制造业中，可以利用智能技术解决分子设计、合成设计、结构确定、反应器设计、流程模拟、整体设计等各类过程制造问题，采取高精度、高效率计算机模拟、优化和虚拟现实等技术手段，破解过程放大难题，突破逐级试验放大的传统研发模式(表 3.1)。另外，随着物联网的兴起和发展，"智能化升级"对于绿色过程制造园区来说，也是其不可或缺的一个重要部分，"智能化"将渗透到园区的生产、管理、环保、安全、应急、生活等各个方面。

表 3.1　绿色过程制造领域涉及的人工智能应用场景

应用领域	应用场景	涉及人工智能技术领域	相关大型企业
绿色研发	新产品研发	计算机视觉、机器学习、深度学习、大数据技术、AI 基础设施	巴斯夫公司(BASF)
	合成反应预测	大数据技术、机器人技术、机器学习、深度学习、AI 基础设施	三井化学株式会社、国际商用机器(IBM)公司
绿色制造	自动化生产	大数据技术、机器学习、AI 基础设施	沙特基础工业公司(Saudi Basic Industries Corporation，SABIC)、西门子股份公司
	资产管理	深度学习、机器学习、AI 基础设施	美国通用电气公司、巴西淡水河谷公司
	质量管控	机器学习、大数据技术	日本电报电话公司(NTT)、西班牙雷普索尔公司、中国石化、中国石油
储存与运输	供应链	机器学习、大数据技术、AI 基础设施	巴斯夫公司、IBM 公司
产品销售	客户忠诚度	计算机视觉、机器学习、深度学习、大数据技术、AI 基础设施	IBM 公司

　　"人工智能"的生产辅助系统将帮助生产人员对生产情况做出评估,并且根据生产计划做出下一步的操作建议,防止操作人员的误操作带来的减产甚至事故的发生。智能化环保系统可以在线分析污水及排放废气中的污染物含量,通过专家系统确定废弃物处理方式,直接将废弃物送入相应的处理设施,降低因不合理处置而造成的污染和额外费用。智能安全、应急系统在无事故或异常发生时可监控整个园区,分析园区内的特征数据,对有可能会发生事故的装置进行预警,根据风险等级通知人员做好准备,发送撤离路线以及处理意见;在有事故发生的情况下,采用先进遥测仪器和设备了解事故的现状,分析并提供科学的事故处理意见,指导应急工作,减少人员伤亡。

　　目前基于智能化的绿色制造合成已是前沿热点,更开启了"桌面工厂"的梦想,相信不久的未来,在现代智能制造技术的支撑下,高度绿色化、智能化、高端化的过程将通过桌面最优合成并完整显现。人工智能将为过程工业的绿色化提供强大的技术支撑,推动其转型升级与可持续发展。未来从虚拟远程实验、多尺度实时计算、物理可靠的虚拟现实及智能柔性建模等方面开展工作,突破实验室成果产业化过程中的瓶颈问题,与工程和设计及产业部门合作,输出集成技术,推动过程工业跨越式发展,将带来过程技术研发模式的革命性变化,是整个过程工业绿色化、高效高值化的重要保障。

　　2010 年 4 月,在财政部重大装备研制项目和科技部国家科技支撑计划项目的大力支持下,中国科学院过程工程研究所发布了双精度峰值超过 1000 万亿次的全球首套基于新型通用 GPU 的超级计算系统 Mole-8.5,这是国内首个过程制造业智能化平台,支撑了我国过程工业智能化发展(图 3.6)。

图 3.6　中国科学院过程工程研究所建成国内首个过程制造业智能化平台

3.2.3 过程制造业的数字化工厂升级

数字化工厂,广义上是指以产品全生命周期的相关数据为基础,在计算机虚拟环境中,对整个生产过程进行仿真、评估和优化,进一步扩展到整个产品生命周期的新型生产组织方式。在过程制造业的数字化工厂升级中,将从当前的数字孪生逐步过渡到无人化工厂阶段。无人化工厂将以过程制造的智能化为前提,通过利用工业互联网,实现所有技术工艺的智能化,无需过多生产工人参与生产环节,更大限度地实现过程制造风险减少和安全化提升。以数字化工厂为代表的无人工厂已成为世界高端制造业竞争的主战场。

2019 年 9 月 12 日,瑞士工业巨头艾波比(ABB)集团公司位于上海康桥的机器人新工厂和研发基地正式破土动工(图 3.7)。该工厂将取代现有的上海工厂,成为 ABB 机器人全球三家工厂中的最大一家,总投资额 1.5 亿美元(约 10 亿人民币)。这座被誉为"机器人生产机器人"的未来工厂,将采用包括机器学习、数字化和协作解决方案在内的先进制造工艺,致力于将其打造成全球机器人行业最先进、最具柔性、自动化程度最高的工厂。

图 3.7 瑞士工业巨头 ABB 集团在上海建设无人工厂

3.2.4 反应器放大过程升级

反应器是过程工程与制造生产过程中的核心设备,其技术先进程度对过程工业生产起着举足轻重的作用(图 3.8)。由于化学反应器内流动、传递和反应过程具有典型的多尺度、随机、非线性、非均匀及非平衡等特点,导致从实验室规模到工业规模反应器的放大及工艺强化时,需要以能反映化学反应器中真实、复杂的物理及化学过程本质的机理为依据。而传统的化学工程学的经验归纳法、基于整体平均的逐级经验放大方法等，难以使放大后的大型工业反应器内各尺度流动、宏观混合、微观分子混合、传递与反应环境及状态接近实验室小反应器，导致高能耗、高物耗和高污染，这也是化工过程难以绿色化的重要原因。

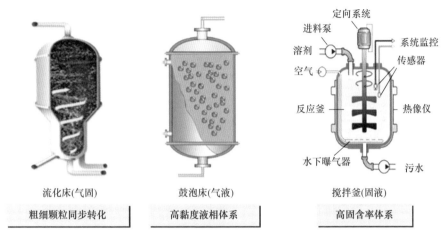

流化床(气固)　　鼓泡床(气液)　　搅拌釜(固液)

| 粗细颗粒同步转化 | 高黏度液相体系 | 高固含率体系 |

图 3.8　绿色过程制造业中的反应器设计

随着我国国民经济的快速发展，新产品、新技术的短周期开发、迅速产业化和高端化，成为现代工业生产的核心和重要的盈利增长点，迫切需要科学高效的反应器放大和优化工具，多维度、多尺度、多角度地研究反应器工程放大和工艺强化及二者的匹配，实现过程核心装备国产化制造、过程效能最大化与环境绿色化。绿色过程与制造产业变革中亟须突破复杂非均相系统的放大及工艺强化技术、以高端材料为导向的宏量制备过程的开发、限域空间中的流动及物质传递特性的研究、外场强化的反应器技术、基于 3D 打印技术的装置设计及过程放大等新一代绿色反应器的关键技术。

3.3　学科和领域的深度交叉融合

与其他学科一样，绿色过程制造领域的研究方法由传统的定性分析逐步向定量预测转变，从单一学科不断发展为学科交叉，从数据处理延伸到人工智能；研究范畴由学科分割的知识区块拓展到知识体系，从传统理论上升为复杂科学，从追求细节发展到尺度关联，从多层次的分科知识演变到探索共性原理。

当前亟须突破传统化工学科"三传一反"理论研究等传统过程制造的基本理论与方法，构建诸如介科学、亚熔盐、流化床、智能工厂、新材料设计等诸多绿色过程与制造的新型技术理论,而这些新型技术理论涉及化学、化学工程、冶金、物理、材料科学、计算机、人工智能、软件、能源、环境科学、工业生态、统计、管理、金融等各类传统学科,需要广泛而深入的交叉融合,突破绿色过程与制造的产学研关键瓶颈难题,在满足高新技术产业发展的同时,最大限度地减少资源消耗,实现节能减排。

3.4　绿色金融促进绿色制造发展

金融在现代制造业发展中起到了举足轻重的作用。科技创新也需要金融的支持。发展绿色金融,是实现绿色发展的重要措施,也是供给侧结构性改革的重要内容。通过创新性金融制度安排,引导和激励更多社会资本投入绿色产业,同时有效抑制污染性投资。在绿色过程与制造创新中,要充分利用绿色信贷、绿色债券、绿色股票指数和相关产品、绿色发展基金、绿色保险、碳金融等金融工具和相关政策为科技攻关、成果转移转化以及产业升级服务。

从全球视角来看,借助技术创新推动绿色金融发展的探索可追溯到 2014 年。联合国环境署在当年年初发起了“可持续金融体系探寻与规划”项目,首次对数字金融如何支持可持续发展提出探讨。2016 年,在中国倡导下,首次将绿色金融纳入 G20(二十国集团)峰会议题,发展绿色金融成为重要的全球共识。2017 年,联合国环境署与蚂蚁金服共同启动成立了绿色数字金融联盟,目的在于利用数字技术,寻求推动全球可持续发展的新路径。2018 年,G20 可持续金融研究小组把金融科技推动可持续金融列为三大研究议题之一,旨在扩大资金来源,以应对环境气候风险。所有这些努力都致力于解决全球环境挑战的融资需求,促进绿色金融的创新发展。

2016 年 8 月 31 日,中国人民银行、财政部等七部委联合印发了《关于构建绿色金融体系的指导意见》,其中明确了构建绿色金融体系的主要目的是动员和激励更多社会资本投入绿色产业,同时更有效地抑制污染性投资。构建绿色金融体系,不仅有助于加快我国经济向绿色化转型,也有利于促进环保、新能源、节能等领域的技术进步,培育新的经济增长点,提升经济增长潜力。

中国科学院上海有机化学研究所丁奎岭团队建设的全球首个“资源化利用 CO_2 合成 DMF 千吨级中试项目”(DMF:二甲基甲酰胺)是近年来较为成功的一个科技金融支持绿色过程与制造产业的案例。项目初期,由中国科学院上海有机化学研究所和山东潍焦控股集团有限公司等股东共同出资,于 2016 年 12 月成立上海中科绿碳化工科技有限公司。该公司开展的 CO_2 合成 DMF 千吨级中试项目改变了传统方法采用 CO 为 C1 原料的路线，采用 CO_2 结合一分子 H_2 为原料，突破了均相催化剂的高活性、长寿命、稳定性。在深入理解反应机理的基础上，设计并合成了第二代拥有完全自主知识产权的催化剂，进一步与工程设计专家和企业管理专家的通力合作，设计开发出了成套设备并对反应进行逐级放大、数据采集和设备调试，形成了一整套的原创性技术。

参 考 文 献

[1] 毕可敏, 杨朝均, 黄平, 等. 制造业绿色创新系统研究与进展[M]. 北京: 科学出版社, 2017.

下　　篇
绿色过程制造概述

第**4**章 现代煤化工：煤基芳烃制备技术

4.1 技 术 概 要

现代煤化工是以煤炭为原料，采用先进技术和加工手段、生产洁净燃料和化工产品的产业，是国家重要的能源战略发展方向。目前我国现代煤化工产业已处于国际领先地位，多条技术路线如煤制烯烃、煤制乙二醇等率先完成技术开发和大规模推广，煤经甲醇制芳烃等技术首次完成工业试验，截至 2019 年底，煤化工产业的原料煤消耗已达到 1.55 亿吨标准煤，约占煤炭消费的 5.6%。在国家能源安全新战略、"3060"碳目标和绿色发展理念下，可再生能源将成为主要能源供给方式，燃煤发电逐渐退出。与此同时，化学品的需求增长远高于能源以及国家 GDP 的增长，如何将煤炭清洁高效地转化为高附加值化工产品成为目前和未来一段时间内的努力方向。基于芳烃产品在化工领域的核心地位和原料对外依存度高达 60%以上的现状，清洁高效的煤基芳烃绿色制备技术路线成为现代煤化工的重要发展方向。本节主要围绕煤基芳烃典型生产技术路线，概述其主要研究进展，重点通过目标产品选择、路线选择、催化创新、工艺设计等角度剖析如何实现现代煤化工的绿色制备，以期为现代煤化工绿色、可持续发展提供参考和借鉴。

4.2 重要意义及国内外现状

芳烃是一类含有苯环的碳氢化合物，主要包括苯、甲苯、对二甲苯、邻二甲苯和间二甲苯等。芳烃是化学工业的重要根基，广泛用于塑料、合成橡胶和合成纤维以及医药、国防、农药、建材等领域。从国民经济和产业安全高度来看，芳烃已成为一种国计民生不可或缺的重要原料，具有消费量高、增速快和对外依赖度高的特点。传统的芳烃生产主要以石油为原料，我国石油资源短缺和石油产品多元化需求的现状，导致芳烃原料及芳烃产品需要大量进口，如 2018 年我国芳烃中消费量最大的对二甲苯(PX)消费量约 2600 万吨，进口量为 1590 万吨，直接对外依存度高达 61%，进口贸易额达 1120 亿元(人民币)，成为单一化学品中消费外汇最多的产品。如果综合考虑 PX 生产原料原油的进口，对外依存度超过 80%，芳烃原料的短缺已严重影响芳烃下游产业健康发展，亟须开发石油替代路线生产芳烃原料。我国煤炭资源相对丰富，开发以煤炭为原料来制取芳烃的技术路线，对促进我国煤炭清洁高效转化、芳烃原料来源多元化发展以及保障芳烃产业安全具有重要意义。

当前新建石油基芳烃路线装置规模已达数百万吨级别，并且芳烃下游衍生产品主要为高端聚合物，对产品纯度、质量要求较高。为提升煤制芳烃路线的竞争力，煤制芳烃技术的发展将以"将煤炭转化为高收率、高纯度的化学品"为目的，并且能够适合大规模工业化生产。近年来，众多科研院所、高校和企业对煤炭路线制备芳烃技术进行了广泛的研究，主要技术路线图如图 4.1 所示。

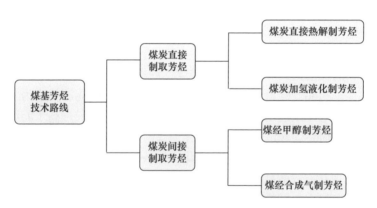

图 4.1　煤基芳烃技术路线示意图

4.2.1　煤经甲醇制芳烃

煤经甲醇制芳烃技术是以煤炭为原料，经煤炭气化、甲醇合成和甲醇制芳烃工艺制备芳烃产品的路线，是目前最具备产业化的煤基芳烃技术。本路线中煤炭气化和甲醇合成为成熟技术，甲醇制芳烃(methanol to aromatic，MTA)已完成万吨级工业试验，正在开展产业化示范，是目前技术开发的热点和难点。MTA 研究起源于20 世纪 70 年代 Mobil 公司开发的甲醇制汽油(methanol to gasoline，MTG)[1,2]技术。

MTG 技术开发的目的是通过甲醇转化生产富含异构烷烃和芳烃的高辛烷值汽油，油相产物中芳烃组分一般不超过 60%。随着石油资源的日渐紧缺和对有机化工原材料(如烯烃和芳烃)需求的攀升，以多产芳烃产品为目的的 MTA 技术受到更多关注。

甲醇制芳烃技术早期研究主要集中在国外几家大型石油化工企业，除 Mobil 公司外，沙特基础工业公司(SABIC)[3]和雪佛龙(Chevron)公司[4]等也开展了一系列工作，重点是进行催化剂改性研究及配套工艺开发。截至目前，国外研究更多集中于催化机理研究，且停留在实验室阶段，未见工业实施。基于甲醇制芳烃重要的战略意义和经济价值，近年来国内有多家科研单位和高校如清华大学[5]、中国科学院山西煤炭化学研究所[6,7]和中国科学院大连化学物理研究所[8]及中国石化上海石油化工研究院[9]等都开展了一系列甲醇制芳烃的技术开发并逐步走向产业化。从工艺上看，主要包括固定床甲醇制芳烃和流化床甲醇制芳烃两条路线。

1. 固定床甲醇制芳烃技术

Mobil 公司以 ZSM-5 分子筛为催化剂，采用一段固定床反应器在甲醇转化制取汽油反应中获得芳烃产品。中国科学院山西煤炭化学研究所李文怀等以甲醇为原料，以改性 ZSM-5 为催化剂，采用固定床一步法甲醇转化制取芳烃，其工艺流程如图 4.2 所示 [10]。经预热后的甲醇在 300～500℃、0.1～5MPa、甲醇液体空速为 0.1～10h^{-1} 的条件下在固定床反应器中转化为以芳烃为主的产品，经三相分离后，一部分液化气进一步返回主反应进行二次反应。催化剂单程寿命约 20 天，待催化剂积碳失活后，进行原位再生。为了提高反应过程的效率，在一段床反应器基础上还开发了固定床二段法甲醇制芳烃。

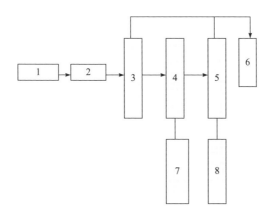

图 4.2 固定床一步法甲醇制芳烃流程示意图

1. 甲醇储罐；2. 计量泵；3. 甲醇转化反应器；4. 冷却分离系统；5. 循环压缩机；6. 驰放气；

7. C5+烃产品；8. 液化石油气产品

2007年,中国科学院山西煤炭化学研究所与赛鼎工程有限公司合作开展MTA技术的工业试验设计[11],采用固定床反应器,以甲醇为原料,以改性ZSM-5分子筛MoHZSM-5(离子交换)为催化剂,在温度380～420℃、常压、空速1h⁻¹条件下反应,甲醇转化率大于99%,液相产物选择性大于33%,气相产物选择性小于10%,液相产物中芳烃含量大于60%。为进一步提高液相中芳烃收率[12],2017年中国科学院山西煤炭化学研究所完成百吨级固定床甲醇制芳烃(MTA)中试试验,实现甲醇转化率100%,液相烃收率31%,油相中芳烃选择性83%。

2. 流化床甲醇制芳烃工艺

固定床甲醇制芳烃工艺具有路线简单、投资省的优点,但因甲醇芳构化过程放热量大,导致固定床反应温度梯度大、易超温,使得单个反应器处理量受限,并且催化剂易结焦,需要频繁再生,系统操作复杂,借鉴于已工业化的催化裂化反应和甲醇制烯烃过程,更适宜于采用流化床作为反应器。

清华大学[13,14]、中国科学院大连化学物理研究所[15]和中国石化上海石油化工研究院[16]在相关专利中均公开了甲醇制芳烃流化床工艺过程。如图4.3所示,通

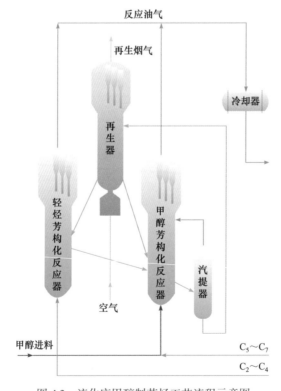

图4.3　流化床甲醇制芳烃工艺流程示意图

过一个流化床反应器与一个流化床器再生器相连，实现甲醇连续芳构化、催化剂失活与再生的连续循环操作，利用该装置可以调节芳构化反应器内的催化剂结焦状态和再生性能，在提高芳烃收率的同时实现芳构化反应器连续操作而不停车，同时通过布局内构件、采用两段流化床[17]和设置换热设备等措施，有效解决了返混导致的反应推动力降低和大量反应热移出问题，为装置的大型化奠定了基础。

为进一步提升甲醇转化制芳烃的总选择性，清华大学魏飞、骞伟中提出了FMTA工艺，设置两个反应器和一个再生器，甲醇在甲醇芳构化反应器中进行一次反应，经分离后的轻烃返回轻烃芳构化反应器进一步进行芳构化反应。采用本设计理念，2013年在陕西榆林建成年处理甲醇3万吨的全流程工业化试验装置，如图4.4所示。经试验考核，实现甲醇转化率99.99%，甲醇到芳烃的烃基总收率74.47%，同时副产2.24%氢气，典型芳烃产物中苯、甲苯、二甲苯和 C_{9+} 以上芳烃含量分别为5%、26%、49%和20%。经中国石油和化学工业联合会鉴定，总体达到同类技术国际领先水平。在工业试验基础上，2014年首套60万吨/a甲醇制芳烃装置的工艺包编制完成，目前正在开展工业示范项目推进工作。

图4.4　万吨级流化床甲醇制芳烃工业试验装置

4.2.2　煤经合成气制芳烃

由合成气直接制备芳烃，是指在合适的催化剂作用下，将煤基合成气直接催化转化为芳烃类物质。此方法流程短、步骤少，对短流程制备芳烃产品具有重要意义，一旦技术取得突破，将是一条前景广阔的技术路线。合成气制芳烃最早可追溯至 20 世纪 20 年代发现的费-托合成(Fischer-Tropsch synthesis，F-T synthesis)反应，费-托合成的产品中含有大量的直链烷烃和少量的芳烃。厦门大学王野团队[18]制备了由 Zn 掺杂 ZrO_2 和 H-ZSM-5 组成的双功能催化剂，研究了该催化剂上合成气制芳烃的性能，在 CO 转化率为 20%时，芳烃选择性可达 80%，并且在 1000h 的反应时间内，催化剂活性可保持稳定。2019 年 8 月，清华大学魏飞团队与内蒙古久泰馨远新材料有限公司签署合作意向，共同开发一步法合成气制芳烃成套技术，该团队开发的催化剂，在 250～400℃和 2～5MPa 条件下，总芳烃的烃基选择性可达 83.3%[19]，标志着我国在合成气一步法制芳烃的工业化道路上走在了世界前列。

近年来合成气直接制芳烃的相关研究逐渐增多，但总体上来说，还处于实验室研究阶段。目前，大多数研究者采用费-托铁基催化剂与金属/ZSM-5 分子筛芳构化催化剂进行耦合，开发合成气一步法直接制备芳烃催化剂。在 270～370℃、2～5MPa、$n(H_2)/n(CO) = 1～2$ 的条件下，将合成气转化为芳烃。但由于费-托催化剂与芳构化催化剂的最佳反应条件并不匹配，因此存在着转化率不高、芳烃选择性较低等问题。另外，对合成气直接制备芳烃的反应机理研究也不够深入，在未来的研究中，需要进一步深入研究其反应机理，开发更加高效的催化剂，并同步进行相关工程化技术的开发。

4.2.3　煤炭直接热解制芳烃

煤的热解又被称为煤的干馏，是将煤在隔绝空气或氧气的条件下进行加热，使其发生一系列的物理变化和化学反应，并生成煤气、焦油和半焦等产品的过程，再通过对焦油进行精制或者重整即可获得芳烃产品。自 20 世纪 70 年代以来，国内外的研究者对煤的热解技术进行了大量的研究和开发[20-24]。典型的热解工艺有：美国的 Toscoal 工艺和 Garrett 工艺、苏联的 ETCH 工艺、德国的 LR 工艺以及国内的大连理工大学固体热载体干馏(DG)工艺和中国科学院"煤拔头"工艺等。上述不同工艺根据煤种、热解条件的不同，焦油收率也不同，通常焦油的收率为 6%～25%。例如，大连理工大学 DG 工艺[23]采用四种不同的褐煤进行干馏，煤焦油收率为 3.5%～7.0%。煤焦油中组分众多，主要包括了脂肪烃、芳香烃、酚类及有机碱等，其中的芳香烃含量一般不高。典型的焦油组成为：酚类 35%，烷烃 2%～10%，烯烃 3%～5%，环烷烃 10%，芳烃 15%～25%，中性含氧化合物 20%～25%，中性含氮化合物 2%～3%，有机碱 1%～2%，沥青 10%。以煤焦油为原料，再加工成单一的芳烃化学品，其产品产率较低，对产品精制的工艺也有较高要求。

4.2.4　煤炭加氢液化制芳烃

煤炭加氢液化是指煤在氢气氛围中，在催化剂作用下，通过加氢裂化转化为液体产品的过程。在加氢液化工艺得到的油品中，含有大量的芳环结构，提取其中的轻石脑油组分为原料，再通过催化重整、芳烃精制等工艺手段进行分离，制得芳烃产品。实现本路线，需要攻克三个核心技术，一是煤炭加氢液化，二是加氢液化油重整，三是芳烃精制分离，其中煤炭加氢液化技术已在我国实现产业化[25]，但加氢液化油重整和芳烃精制分离还处于实验室研究阶段。黄澎[26]采用沸点小于200℃的煤液化油石脑油馏分作为原料，重整油产率达到90.11%，重整油中芳烃的质量分数达到83.2%，相比精制石脑油中54.22%的芳烃，有大幅提升，说明加氢液化石脑油是良好的提取BTX的原料，但在煤的液化产物中含有O、N和S等杂原子化合物，如苯酚、二甲基酚、三甲基酚、四氢喹啉、八氢吡啶等，其组成和结构相对比较复杂，部分杂质将进入液化石脑油中，将给催化重整催化剂的影响及芳烃产品精制工艺带来挑战。

4.3　技术主要内容

在本节中，将重点以煤经甲醇制芳烃工艺中的甲醇制芳烃技术为例，分析探讨如何通过技术创新实现现代煤化工的绿色制造。

4.3.1　提高原料原子利用率

1. 选择芳烃目标产品

将煤炭原料中的碳、氢元素最大限度地转化到化工产品是实现原子经济性的主要目标。煤炭、芳烃、汽油和乙二醇的氢碳原子比分别为：0.6~0.8、1.2~1.4、2~2.4 和 3。上述几种目标产品的氢碳比均高于煤，在生产过程中均需要补氢，目前煤化工过程的补氢主要是通过煤基合成气中的 CO 和水蒸气变换生产 CO_2 和 H_2 实现，补氢越多，原料煤中以 CO_2 形式排放的碳原子就会越多，响应固化到目标产品中的碳原子将会降低。因芳烃与煤炭的氢碳比更相近，以煤生产芳烃过程的补氢量将大幅下降，从而可提升煤炭原料中的原子利用率。以上分析主要基于化学原子计量，在实际工业生产过程中，计算原料原子利用率，还需考虑过程能耗导致的煤炭消耗。

2. 资源化利用过程副产物氢气和水

以多产芳烃为目的的煤经甲醇制芳烃过程，其主要反应方程式如表 4.1 所示，因为二甲苯的三个同分异构体对二甲苯、间二甲苯和邻二甲苯的分子式相同，在此以对二甲苯为例进行介绍。

表 4.1 甲醇芳构化过程的主要化学反应方程式

产物	反应
1 苯	$6CH_3OH \Longrightarrow C_6H_6 + 3H_2 + 6H_2O$
2 甲苯	$7CH_3OH \Longrightarrow C_7H_8 + 3H_2 + 7H_2O$
3 对二甲苯	$8CH_3OH \Longrightarrow C_8H_{10} + 3H_2 + 8H_2O$

按化学式计量关系计算，若甲醇完全转化为芳烃，则每生产 1t 苯、甲苯和二甲苯分别需要消耗甲醇 2.46t、2.43t 和 2.42t[27]，同时副产大量的水和氢气。水和氢气对化工过程都是宝贵的资源，如何有效利用，将是提升技术经济性和原料原子利用率的关键核心问题之一。以生产二甲苯为例，如果将副产氢气返回生产甲醇，3mol 氢气可生产 1mol 甲醇(考虑 CO 变换反应)，则实现 1t 二甲苯消耗甲醇理论值由 2.42t 降为 2.11t。

由甲醇的分子式知，甲醇芳构化过程中，1t 甲醇完全转化会产生 0.5625t 的水，大量副产工艺水的回收利用将有效降低甲醇制芳烃过程的综合水耗。因此工艺水的处理也是甲醇制芳烃技术需要关注的核心。

3. 降低过程副产非芳烃类选择性

在甲醇制芳烃技术实际反应过程中，不可避免地伴有其他副反应，使得甲醇制芳烃产物除了目标产物苯(B)、甲苯(T)、二甲苯(X)、三甲苯(TriMB)外，还有焦炭、干气及数十种极少量的 $C_6 \sim C_{12}$ 碳氢非芳化合物，典型副反应如表 4.2 所示，使得芳烃的实际原料消耗现状要高于上述理论值。

表 4.2 甲醇芳构化过程典型副反应化学计量方程式

副反应类型	副产物	典型反应
分解反应	CO	$CH_3OH(g) \Longrightarrow CO(g) + 2H_2(g)$
变换反应	CO_2	$CH_3OH(g) + H_2O \Longrightarrow CO_2(g) + 3H_2(g)$
裂解反应	H_2、焦炭	$2CH_3OH(g) \Longrightarrow H_2(g) + 2CH(s) + 2H_2O(g)$
转化深度不够	低碳烯烃	$nCH_4O(g) \Longrightarrow (CH_2)_n + nH_2O(g)$
氢转移反应	低碳烷烃	$nCH_4O(g) + H_2(g) \Longrightarrow C_nH_{2n+2} + nH_2O(g)$

为提高总的芳烃收率，在致力于提高甲醇一次转化制备芳烃选择性的同时，还需特别关注甲醇反应一次产物中非芳化合物如 $C_2 \sim C_{10}$ 的非芳组分进一步芳构化，即轻烃芳构化过程。清华大学对甲醇制芳烃一次产物进一步转化制芳烃过程

开展了大量的研究[28]，并借鉴催化重整过程[29]，提出了甲醇制芳烃过程芳潜收率的定义，作为研发过程中快速评价催化剂和工艺的一种手段。甲醇制芳烃芳潜收率是指甲醇芳构化得到的一次芳烃收率与甲醇芳构化一次产物进一步转化为芳烃的产率之和[30]。根据目前的技术水平，假定除甲烷和乙烷外，其他都看作可芳构化的物质，由试验数据和 Aspen 模拟结合计算，设定 C_3 和 C_4 烷烃循环转化后可取 54%芳烃收率，烯烃和 C_5 及以上烷烃取 80%芳烃收率，具体计算公式如式(4.1)所示，其中一次产物进一步转化为芳烃的比例可以根据技术的差异进行修订。

MTA 芳烃产物的选择性：

[一次转化为芳烃的收率+(一次转化生产的 C_3 烷烃和 C_4 烷烃收率)×54%
+(一次转化生产的烯烃收率+C_5 及以上烷烃收率)×80%]/甲醇转化率　　　　(4.1)

4.3.2　提升催化剂全生命周期活性

催化剂是化工反应过程的核心和关键，实现绿色制造，必须制备高活性、高选择性催化剂并通过工艺设计提升全生命周期活性与稳定性。

催化剂创新：由甲醇制芳烃反应机理可知，甲醇制芳烃催化剂需具有脱氢、环化和择形特性。目前 MTA 催化剂通常由分子筛和改性组分组成，通常由择形分子筛基质发挥酸性和择形功能，而改性组分发挥脱氢功能。国内外学者尝试了多种分子筛催化剂[31]，目前一致认为，ZSM-5 分子筛的二维孔道结构分别为0.53nm 和 0.58nm，为甲醇制芳烃过程适宜的分子筛，也是目前主要采用的分子筛。传统方法制备的 HZSM-5 分子筛为大小在 1～2μm 的微米晶，分子筛晶粒比较大，分子扩散容易，但催化剂积碳失活迅速。积碳易堵塞分子筛孔道[37]，并且负载的金属分布不易均匀，近年来纳米晶粒 ZSM-5 的合成及在 MTA 过程中应用的研究逐渐增多[32,33]，但纳米晶粒结构分子筛在水热稳定性及生产成本方面有待加强。采用具有脱氢活性的金属元素对 HZSM-5 进行改性来实现甲醇芳构化已形成共识，1990 年美国专利 5157183 公开了采用单组分金属镍改性沸石制备 MTA 催化剂，开启了金属改性催化剂的路线，目前改性金属主要集中在Zn、Ag、Ga、Ni、Pd 等元素。为提高催化剂的综合性能，学者开始关注第二改性组分对催化剂综合性能的影响。李文怀等[34]引入镧系稀土金属作为第二改性组分，对甲醇芳构化用 Zn/Ga/ZSM-5 催化剂进行优化，显著提高了催化剂的催化活性和芳烃收率。但到目前为止，无论是针对第二改性组分的研究还是改性后反应机理的研究都不够深入，是下一步研发的难点和重点。

反应器创新：在甲醇制芳烃过程中，除催化剂积碳失活外，甲醇制芳烃催化剂还会发生分子筛骨架脱铝失活、催化剂改性金属迁移/聚并失活、催化剂杂质毒化失活等。积碳导致的催化剂失活可通过调变 ZSM-5 的 B 酸密度、合成小晶粒

ZSM-5 分子筛及采用碱液预处理 ZSM-5 分子筛等方式来减缓。ZSM-5 分子筛骨架铝流失导致的催化剂失活可通过采用磷改性等方式来降低。活性金属迁移导致的催化剂失活可通过引进稳定助剂、降低催化剂生产过程中铝的引入及降低催化剂与高温高水蒸气分压接触时间等方式解决；而杂质毒化导致的催化剂失活需要通过净化原料和反应体系的措施来避免。

对于甲醇制芳烃过程，无论反应还是再生过程，都不可避免地处于高温水热气氛中，通过工艺设计优化采取措施降低反应再生系统中催化剂在高温高水蒸气氛压环境中的停留时间，提高催化剂活性中心稳定性，是实现催化剂长周期稳定运行的关键和核心。由文献分析可知，MTA 催化剂采用的改性金属有助燃效果，可有效降低催化剂的再生温度；并且采用"低温烧氢、高温烧炭"的再生器设计模式，可以显著减少高温催化剂处于高水蒸气氛压环境，延长催化剂使用寿命。

将甲醇制芳烃催化剂失活原因分析及对策汇总如表 4.3 所示[35]。

表 4.3 甲醇制芳烃失活原因及对策

失活分类	可再生失活	可部分再生失活	改性金属迁移	不可再生失活	杂质毒化
	积碳	骨架脱铝		改性金属聚并	
失活原因	催化反应积碳	高温水热	高温水热成型剂存在	高温水热	原料或设备杂质
再生方法	高温烧炭再生	气-固或液-固反应条件下补铝部分再生	—	—	—
抑制失活对策	优化 B 酸中心密度；采用纳米 ZSM-5 分子筛；采用碱液对分子筛进行预处理	采用 P 氧化物对 ZSM-5 分子筛进行改性	添加稳定助剂；降低催化剂中铝含量；减少催化剂在高温高水蒸气氛压中停留时间	现有文献未有报道	控制原料中微量碱金属离子；反应器采用合格材料

4.3.3 优化系统综合能耗

甲醇制芳烃过程包括反应-再生系统和芳烃分离系统，主要用能单元包括原料甲醇预热、循环物料加热、工艺气压缩机及机泵耗电、耗能工质如循环水等的折标耗能、装置散热及物料带走低温热等。甲醇制芳烃为强放热反应，通过内取热器可以再生产中压蒸汽。综合分析各物流能耗可知，甲醇制芳烃装置中低压蒸汽耗能最多，占 43.87%，主要用于甲醇芳构化反应器进料气化、污水汽提塔底重沸器及轻烃解析塔底重沸器，尤其是污水汽提塔底重沸器，占比高达 29%，是节能降耗的重点和核心，亟需开发新工艺降低过程能耗。燃料气消耗占比 24.01%，主要用于轻烃加热炉、CO 余热锅炉补燃和中压蒸汽过热炉；甲醇制芳烃过程生焦量低，再生器需要补充部分燃料维持系统热平衡，积碳和补燃用燃料约占总能耗的 26.65%。电耗占 9.34%，耗电大户是主风机，其次是各种机泵；新鲜水、除盐水、循环水、仪表空气、消耗量非常少。

根据甲醇制芳烃耗能分布分析可知，通过提高反应热产生能量的品位及减少散失于环境中的热量是过程节能降耗的主要方向。根据 FMTA 技术的特点，对潜在节能降耗措施与办法进行探讨，为技术产业化过程中的节能降耗设计和挖掘潜力提供参考。

1. 高选择性催化剂是核心

约有 35% 的能量消耗在甲醇芳构化一次产物的二次转化过程中。提高催化剂的甲醇芳构化和轻烃芳构化过程芳烃选择性，降低一次产物中非芳组分的含量和系统循环量，将显著降低过程中的能耗。

2. 先进的工艺设计是关键

(1) MTA 过程中反应热和催化剂再生热量的高效利用是装置热量平衡和节能降耗的关键，通过甲醇芳构化反应器和轻烃芳构化反应器的串联梯级设计，实现再生热量的高品位利用。

(2) 甲醇反应器内设置高效取热器，在实现床层均匀控温的同时提高取热效果。

(3) 再生器出口温度 500～600℃，压力 0.3MPa，通过设置余热锅炉和烟机发电回收烟气的热能和压力能。

(4) 再解吸塔顶气采用部分冷却回流，气相烃类直接回炼，减少了冷凝再气化的能量消耗。

3. 能量的梯级利用是方向

(1) 利用装置内反应部分的高温热源发生中压蒸汽及低压蒸汽，充分利用高温位热量。

(2) 甲醇与回炼轻烃的预热流程中充分利用装置内热工艺物流进行换热；循环急冷水为干气回收部分的两台重沸器提供热源；再解吸塔底油为解吸塔底重沸器作热源，均充分利用装置内的低温热。

4. 创新利用工艺物流潜热

甲醇制芳烃过程反应温度高(300～500℃)，生成的高温产品气体在最终冷却后，变成大量的水以及常温下为液体的有机物产品，如 3t 甲醇原料可产生 1.64t 水和 1t 芳烃。目前工业上能量梯级利用主要是通过换热等措施将高温气相产品中的显热进行回收利用，而由于其沸点不高于 150℃，物料液化潜热只能通过循环水、空冷和急冷水换热等措施处理，不仅浪费了大量的循环冷却水，而且其相变潜热也未得到有效利用。同时，醇/醚制烃类过程中的原料却又需要大量的高温介质(如蒸汽等)进行汽化。长期以来，这种不能充分利用过程本身产生的热量，还需要外部供给大量的热来完成工艺需求的状况一直存在，造成了巨大的能源浪费和水资源浪费。

专利 CN104785172B[36]提出一种余热利用的醇/醚制烃类装置及其使用方法，如图 4.5 所示，通过将经高温换热后的气体工艺物料经压缩装置进行升压，利用气体压缩装置的级间内部换热系统气化原料甲醇，同时保证产品气的温度不超过气体压缩装置可承受的温度。通过工艺改进，一方面节省了原料气化所需的能量，使产品气中可液化组分和水的潜热得到充分的利用，节能 25%以上，并且替代了常规过程中产品气冷却中的水冷方法，大幅度降低了过程中的水耗，水耗降低 20%以上。

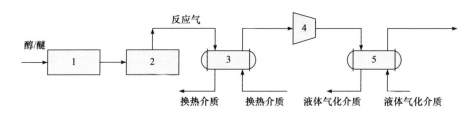

图 4.5　一种余热利用的醇/醚制烃类工艺流程
1. 醇/醚制烃类反应装置；2. 除催化剂装置；3. 换热装置；4. 气体压缩装置；5. 液体介质汽化装置

4.4　未来趋势及展望

在以效率、和谐、持续为目标的国家绿色发展战略和高端材料强国发展导向下，煤炭将逐渐由燃料属性向化工原材料属性转化，绿色现代煤化工技术开发与产业化具有重要的战略意义。特别是基于我国芳烃产品具有市场容量大、对外依存度高、是有机化工三大基础原材料之一的特性，煤制芳烃技术开发与产业化受到更多的关注，并有望在"十四五"期间实现由产业化示范向工业规模化生产迈进。

为实现煤炭绿色、高效转化，对未来产业发展重点和核心建议如下：

(1) 强化基础研发攻关，探索反应机理本质，特别是加强对缩短工艺流程，降低反应副产物低碳烷烃和积碳收率的路径分析，提高过程芳烃收率和选择性，提升原料的原子利用率。

(2) 加强对催化剂材料研究，提高催化剂可控制备水平，通过催化材料与工艺的创新，不断提升目标产物选择性，实现催化剂制备过程的绿色环保。例如，在甲醇制芳烃过程中，多维结构 ZSM-5 分子筛(如超薄 ZSM-5 纳米片、中空 ZSM-5、多层中空 ZSM-5、多级孔 ZSM-5 等)具有优异的催化特性和可控的孔道结构，可考虑引入催化剂体系，在保证催化活性的同时提高产物选择性和催化剂的抗积碳能力，在单一改性金属基础上开展多金属复合改性及结构稳定剂的引入是催化活性和抗失活能力提升的关键，也是下一步研发的重点和难点。进一步重视对甲醇制芳烃过程中杂质种类及对催化剂活性和寿命影响的分析及应对策略，减缓或避免对催化剂使用寿命的影响。催化剂的设计需综合考虑催化活性、使用寿命、工业化生产的技术、环保可行性和成本。

(3) 重视目标产品多元化绿色技术开发，在进行以芳烃为目标产物开发基础上，结合芳烃下游新材料的开发需求，有针对性地开展邻二甲苯、偏三甲苯及均四甲苯等产品开发，拓宽下游产业链，提高过程的灵活性、经济性及环境友好性，特别是开发以芳烃为原料的可降解材料如聚己二酸/对苯二甲酸丁二醇酯(PBAT)等。

(4) 在技术开发过程中，注重技术的本质节能环保性，如通过工艺创新、降低甲醇制芳烃工艺废水杂质含量，实现工艺水的低成本回用；通过完善工艺流程，实现反应器出口高温物流的潜热利用等。

(5) 产业化过程中注重与上下游工艺装置的耦合，实现工艺物料的系统优化，提高技术竞争力，如甲醇制芳烃装置副产氢气可用于上游甲醇合成单元原料，或用于下游芳烃联合单元的临氢异构化原料，还可以与其他工艺如环氧丙烷工艺的耦合。

(6) 产业化过程中应充分发挥产业融合优势，如发展煤-电-化融合，煤矿疏干水可保障化工装置的供水，电厂直供电代替自备电站，提高过程能效；如甲醇制芳烃过程与炼油厂/化工厂耦合，氢气用于柴油/渣油加氢裂解等过程，低碳烷烃可通过烷烃裂解生产低碳烯烃，在解决炼厂原料供给问题的同时，实现副产氢气和低碳烷烃的高附加值资源化利用。

(7) 积极响应高比例可再生能源体系的发展号召，多举并施助力绿色发展，如通过采用绿电降低污染物排放；采用储热蓄冷技术，在助力电网深度调峰运行的同时，降低过程能耗；引进新能源绿氢和燃煤发电中的 CO_2 原料，通过化学转化实现固碳等。

参 考 文 献

[1] Chang C D, Lang W H, Silvestri A J. Aromatization of hetero-atom substituted hydrocarbons: US3894104[P]. 1975-07-08.

[2] Kuo J C W. Conversion of methanol to gasoline components: US3931349[P]. 1976-01-06.

[3] 卡利姆 K, 埃尔-奥泰比 N, 扎希尔 S, 等. 用于将脂族含氧化合物转化成芳族化合物的催化剂组合物和方法: CN101778808A[P]. 2010-07-14.

[4] Kibby C L, Burton A W, Haas A, et al. Process for conversion of synthesis gas to hydrocarbons using a zeolite-methanol catalyst system: US7943673 B2[P]. 2011-05-17.

[5] 汤效平, 黄晓凡, 崔宇, 等. 甲醇制芳烃催化剂失活特性研究进展[J]. 工业催化, 2018, 26(11): 7-13.

[6] 李文怀, 张庆庚, 李凯旋. 固定床反应器甲醇转化制取富含苯、甲苯和二甲苯的芳烃混合物的方法: CN104496743A[P]. 2014-04-08.

[7] 佚名. 山西煤化所完成百吨级甲醇制芳烃技术中试[J]. 化工时刊, 2017, 31(11): 50.

[8] 许磊, 王莹利, 刘中民. 一种甲醇或/和二甲醚制对二甲苯联产低碳烯烃的方法: CN104710266A[P]. 2015-06-17.

[9] 林秀英, 滕加伟, 李斌, 等. 用于甲醇转化制芳烃的催化剂及其制备方法: CN102371177A[P]. 2012-03-14.

[10] 李文怀, 张庆庚, 胡津仙, 等. 一种甲醇一步法制取烃类产品的工艺: CN1923770A[P]. 2007-03-07.

[11] 黄格省, 包力庆, 丁文娟, 等. 我国煤制芳烃技术发展现状及产业前景分析[J]. 煤炭加工与综合利用, 2018, (2): 6-10.

[12] 山西煤炭化学研究所. 山西煤化所百吨级甲醇制芳烃技术获进展[OL]. http://www.cas.cn/syky/201711/t20171102_4620537.shtml.2017-11-03.

[13] 骞伟中, 魏飞, 魏彤, 等. 一种连续芳构化与催化剂再生的装置及其方法: CN101244969A[P]. 2008-08-20.

[14] 魏飞, 骞伟中, 王彤, 等. 一种醇/醚催化转化制芳烃的多段流化床装置及方法: CN103394312A[P]. 2013-11-20.

[15] 梅永刚, 欧书能, 马跃龙, 等. 一种甲醇/二甲醚生产芳烃的方法及其专用反应装置: CN101602646A[P]. 2009-12-16.

[16] 李晓红, 钟思青, 齐国祯, 等. 甲醇和/或二甲醚转化制乙烯、丙烯和芳烃的同轴式流化床反应系统及其反应方法: CN104557365A[P]. 2015-04-29.

[17] Wang T, Tang X, Huang X, et al. Conversion of methanol to aromatics in fluidized bed reactor[J]. Catalysis Today, 2014, 233: 8-13.

[18] Cheng K, Zhou W, Kang J, et al. Bifunctional catalysts for one-step conversion of syngas into aromatics with excellent selectivity and stability[J]. Chem, 2017, 3(2): 334-347.

[19] Arslan M T, Qureshi B A, Gilani S Z A, et al. Single-step conversion of H_2-deficient syngas into high yield of tetramethylbenzene[J]. ACS Catalysis, 2019, 9(3): 2203-2212.

[20] 张俊杰, 徐绍平, 王光永, 等. 停留时间对低阶煤快速热解产物分布、组成及结构的影响[J]. 化工进展, 2019, 38(3): 1346-1352.

[21] 陈静升, 郑化安, 马晓迅, 等. 提高煤热解过程中BTX收率的方法[J]. 洁净煤技术, 2014, 20(2): 90-93.

[22] 梁鹏, 巩志坚, 田原宇, 等. 固体热载体煤热解工艺的开发与进展[J]. 山东科技大学学报(自然科学版), 2007, 26(3): 32-36, 40.

[23] 郭树才. 褐煤新法干馏[J]. 煤化工, 2000, 28(3): 6-8, 1.

[24] 韩壮, 郭树才, 罗长齐, 等. 神府煤固体热载体法快速热解的研究[J]. 煤炭转化, 1992, 15(3): 56-62.

[25] 蔺华林, 张德祥, 高晋生. 煤加氢液化制取芳烃研究进展[J]. 煤炭转化, 2006, 29(2): 92-98.

[26] 黄澎. 神府煤液化油石脑油馏分重整生产芳烃的研究[J]. 洁净煤技术, 2017, 23(2): 98-102.

[27] 温倩. 甲醇芳构化技术和经济性分析[J]. 煤化工, 2012, 40(2): 1-4.

[28] 王彤, 汤效平, 骞伟中, 等. 一种醇/醚转化制备对二甲苯的系统及方法: CN103864565A[P]. 2014-06-18.

[29] 徐承恩. 催化重整工艺与工程[M]. 北京: 中国石化出版社, 2006.

[30] 王彤. 甲醇制芳烃流态化催化剂制备及反应再生特性研究[D]. 北京: 清华大学, 2016.

[31] 高晋生, 张德祥. 甲醇制低碳烯烃的原理和技术进展[J]. 煤化工, 2006, 34(4): 7-13.

[32] 张素红, 张变玲, 高志贤, 等. 晶粒大小对 ZSM-5 分子筛甲醇制低碳烯烃催化性能的影响[J]. 燃料化学学报, 2010, 38(4): 483-489.

[33] 陈希强, 汪哲明, 肖景娴. 甲醇直接转化制芳烃的催化剂及其制备方法: CN201110324605[P]. 2013-04-24.

[34] 李文怀, 黄居彬, 黄举天, 等. 甲醇转化制芳烃混合物的催化剂及其制法和应用: CN103055928A[P]. 2013-04-24.

[35] 汤效平, 黄晓凡, 崔宇, 等. 甲醇制芳烃催化剂失活特性研究进展[J]. 工业催化, 2018, 26(11): 7-13.

[36] 魏飞, 崔宇, 汤效平. 一种余热利用的醇/醚制烃类装置及其使用方法: CN104785172B[P]. 2015-04-09.

第**5**章 生物质化工：多元醇、生物航油和生物基材料的绿色合成进展

5.1 技 术 概 要

生物质是重要的可再生碳资源。生物质转化合成多元醇、航空煤油、高分子材料等高附加值产品是未来化工发展的一个重要方向，有助于缓解化石资源短缺、环境污染等问题，推动化工的可持续发展，形成新的绿色过程制造技术。本节主要围绕山梨醇、乙二醇等多元醇、生物航油以及聚乳酸、聚丁二酸丁二醇酯等高分子材料，概述了木质纤维素类生物质及其衍生物通过化学转化制备这几类重要产品的部分研究进展，分析了其中存在的问题和可能的解决方法，以期为发展生物质化工，实现生物质资源的高效转化利用提供参考。图 5.1 为生物质资源的循环利用示意图。

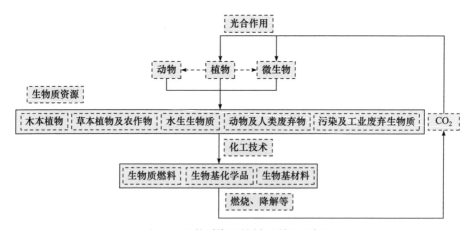

图 5.1　生物质资源的循环利用示意图

5.2 重要意义及国内外现状

现代化学工业大量使用煤、石油和天然气等不可再生化石资源，不仅带来了二氧化碳温室气体过量排放等环境问题，而且加剧了化石资源的供需矛盾[1]。因此，需要加快发展原料多元化的绿色化工，即在优化利用化石资源的同时，开发可再生碳资源[2]。生物质是自然界中唯一能够同时提供液体燃料和化学品的可再生有机碳资源。发展生物质化工，将有望解决当前面临的化石资源短缺、环境污染等问题，推动绿色化工过程与制造技术的发展[1-5]，契合我国"碳达峰""碳中和"的绿色发展目标。

根据世界经济合作与发展组织发布的"面向 2030 生物经济施政纲领"战略报告，到 2030 年，预计全球将有大约 35%的化学品和其他工业产品来自生物质资源[6]。许多国家和地区均对生物质产业做出规划。例如，欧盟和美国先后在 2018年和 2019 年发布了"欧洲可持续发展生物经济：加强经济、社会和环境之间的联系"[7]、美国"生物经济倡议：实施框架"[8]等报告。然而，现有的化工技术主要是针对煤、石油等化石原料，还不能有效地将木质纤维素(图 5.2)等富氧的生物质原料转化为燃料和化学品目标产品，亟须发展绿色高效的生物质化工技术[9]。本节重点介绍近年来国内外在生物质转化制备多元醇、生物航油及生物基材料等几类重要产品的研究与产业化方面的进展。

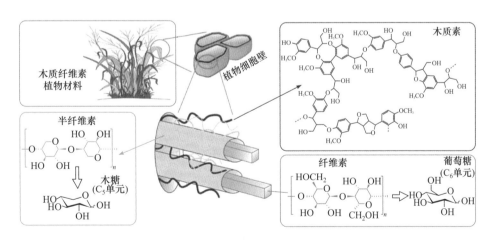

图 5.2 木质纤维素的化学结构示意图[9]

5.2.1 生物质多元醇

生物质基多元醇主要包括山梨醇、木糖醇等 $C_5 \sim C_6$ 多元醇和乙二醇、丙二醇等 $C_2 \sim C_6$ 二元醇，广泛应用于合成液体燃料、溶剂、高分子材料等[10,11]。

纤维素或半纤维素通过水解-加氢反应获得 $C_5 \sim C_6$ 多元醇的方法可以追溯至 Sharkov 在 1963 年报道的工作[12]。经过多年发展，利用该方法直接获取 C_5 和 C_6 多元醇的收率分别达到 80%和 90%以上[13,14]，2018 年，加拿大 Fortress 环球企业有限公司着手建立半纤维素生产木糖醇的示范工厂[15]。异山梨醇也是一个重要的 C_6 多元醇，工业上主要利用硫酸催化山梨醇脱水反应获得。目前的研究主要集中在多相催化剂的开发上，如采用 Glu-Fe$_3$O$_4$-SO$_3$H 等固体酸催化剂，异山梨醇收率可达 90%以上[16]。

乙二醇和丙二醇可以通过纤维素或半纤维素直接氢解制备，收率分别达到 70%和 40%以上[17,18]。此外，选择性氢解 $C_3 \sim C_6$ 多元醇也可获得 $C_2 \sim C_3$ 二元醇，以山梨醇和木糖醇为原料，乙二醇和丙二醇的总收率分别超过 50%和 80%[19,20]。以甘油为原料，目前可以获得大于 90%的 1,2-丙二醇收率[21,22]，或者 60%的 1,3-丙二醇收率[23]。比利时 Oleon 公司已经建成了甘油氢解转化制备丙二醇的生产装置[24]。1,4-丁二醇等 $C_4 \sim C_6$ 二元醇可以通过选择性氢解呋喃衍生物(如糠醛、5-羟甲基糠醛)获得[25,26]。由于直接氢解反应获得的目标产物选择性较低，通常采用多步反应路线提高产物收率。

5.2.2 生物航油

航空煤油的组成与生产方法等有关，一般含有 $C_8 \sim C_{16}$ 的直链烷烃(体积分数 60%)、环烷烃(体积分数 20%)和芳烃(体积分数 20%)等[27]。

生物质转化制航空燃料的工艺路线主要包括：天然油脂加氢脱氧-加氢裂化/异构化(加氢法)、生物质气化-(费-托合成)-加氢提质、生物质热裂解或催化裂解-加氢裂化/异构化、生物乙醇/丁醇/异丁醇脱水-烯烃聚合-加氢、木质纤维素选择性合成航空燃料等[28,29]。前两种工艺路线已经建立了生物航油生产装置或示范装置。尤其是通过加氢法得到 $C_9 \sim C_{16}$ 支链烷烃，成为试飞和示范航线的主要生物燃料。但是油脂原料成本高(约占总价的 80%)，促使人们发展以廉价木质纤维素为原料的生物质气化-(费-托合成)技术。但是由于投资成本、能源消耗及操作稳定性等问题，该技术没有实现商业化装置运行[30]。

目前，生物航油的研究更多地集中在木质纤维素选择性合成航空燃料的技术路线上[31,32]。其中，从纤维素和半纤维素出发得到醛类平台分子等，通过催化缩合和加氢脱氧反应，可以绿色高效地转化为 $C_8 \sim C_{16}$ 的直链/支链烷烃。中国科学院广州能源研究所已经建立了百吨级秸秆原料水相催化制备生物航油示范装置[33]。从木质素出发，则可以更容易地得到航空燃料中的环烷烃、芳香烃等关键组分。例如，通过木质素解聚-中间体缩合-加氢脱氧反应获得的 $C_8 \sim C_{16}$ 的环烷烃和芳香烃，可以作为高密度航空燃料组分使用[34,35]。

5.2.3 生物基材料

生物基材料是指利用可再生生物质通过物理、化学等手段得到的一类新型材料[36,37]，包括自然界存在的高分子材料(如纤维素、半纤维素)，以及由生物质为原料合成的聚合物(如生物塑料、生物橡胶)。

生物质转化制聚合物主要涉及天然高分子、微生物合成、化学合成和共混物四种类型。经过多年发展，这些聚合物的性能已经能够替代石油基产品，同时其产业化规模也得到了快速发展[38]。2018 年，全球生物基聚合物的产能达到 750 万吨，占总聚合物市场份额的 2%[39]。其中，最具代表性的产品为聚乳酸，主要通过开环聚合法获得。通过设计有机金属配合物催化剂，可以实现聚乳酸分子链立体构型的调控[40,41]。此外，其他生物基聚合物的合成和改性技术也得到提高。在金属有机催化剂作用下，丁二酸和丁二醇通过熔融酯交换法，可以合成高分子量的聚丁二酸丁二醇酯[42,43]，并同时开发酶等绿色无毒催化剂[44]。SalenCo 和卟啉钴均相催化剂[45,46]在二氧化碳和环氧化物的交替共聚反应中具有良好的活性和选择性，可以替代传统非均相催化剂用于二氧化碳共聚物的合成。采用熔融缩聚法，可以获得较高分子量的 2,5-呋喃二甲酸基聚酯，并可通过化学改性或共混改性，提高该类聚合物力学性能(如结晶速率、断裂伸长率)[47,48]。

5.3 技术主要内容

5.3.1 生物质多元醇

纤维素和半纤维素制备多元醇的可行途径有水解耦合加氢、水解耦合氢解或通过平台分子选择性合成，而甘油则是通过氢解反应得到多元醇(图 5.3)。

1. 山梨醇等 C_6 多元醇

山梨醇和甘露醇是重要的精细化学品，广泛应用于食品、医药、化工等领域。在酸性条件下，纤维素通过水解生成葡萄糖并进一步加氢，可以转化制备山梨醇、

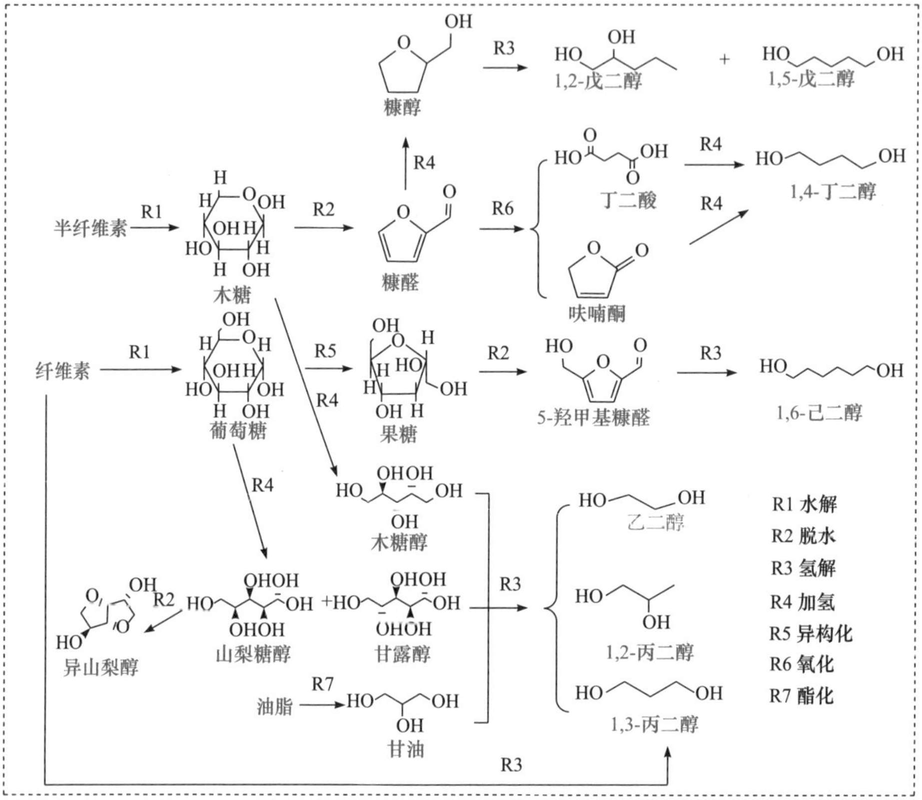

图 5.3   纤维素/半纤维素和甘油经过不同催化途径转化为多元醇

甘露醇等 C_6 多元醇。2007 年，刘海超等[49]利用水在近临界条件下原位解离生成的质子酸催化纤维素水解，同时与加氢过程耦合，将水解生成的葡萄糖即时在 Ru 催化剂上加氢转化为山梨醇等 C_6 多元醇，收率达到约 40%。Schüth 等[50]将硫酸浸泡后的纤维素，采用球磨预处理获得低聚糖，然后利用 Ru/C 催化低聚糖加氢，获得 C_6 多元醇的收率达到 94%。最近，一些研究发现杂多酸铯盐在 H_2 气氛下有利于促进山梨醇形成[51,52]。例如，Parmon 等[53]利用 $Ru/Cs_3HSiW_{12}O_{40}$ 催化纤维素水解和加氢反应，山梨醇的选择性和收率分别达到 94%和 59%。

异山梨醇是山梨醇的脱水产物，在食品、医药、化妆品、聚合物等领域有广泛的应用。Kobayashi 等[54]利用 H-β分子筛催化山梨醇脱水反应，通过改变硅铝比调变催化剂的表面疏水性和酸性位数量，发现在硅铝比为 75 时，异山梨醇收率为 76%。徐杰等[55]向山梨醇脱水反应中引入甲基异丁基酮，通过控制山梨醇醚化位点，将异山梨醇的收率提高至 93%。

2. $C_2 \sim C_3$ 二元醇

乙二醇和丙二醇是重要的化工原料，可以直接作为溶剂、防冻液，也可用于生产增塑剂、表面活性剂和聚酯等。

纤维素水解为葡萄糖后，在钨基或碱性催化剂作用下，可以进一步发生 C—C 键断裂反应，转化为小分子二元醇。2008 年，张涛等[56]利用 Ni-W$_2$C/C 催化剂，直接将纤维素转化为乙二醇，收率达到 61%。刘海超等[18]发现酸性 WO$_3$ 的添加也可以实现纤维素在 Ru 催化剂作用下选择性转化为乙二醇，同时耦合固体碱催化剂，直接获得了丙二醇。他们进一步利用碱性 SnO$_x$ 与 Pt、Ni 等加氢中心的协同作用，实现了纤维素向羟基丙酮的选择性转化[57]。张涛等[58]通过调控 Ni-SnO$_x$/C 催化剂中 Sn 和 Ni 之间的协同作用，纤维素直接转化为乙二醇和 1,2-丙二醇的收率分别达到 57.6%和 32.2%。

山梨醇、木糖醇等多元醇通过氢解反应可以转化为小分子二元醇。例如，Palkovits 等[20]利用氮化碳负载 Ru 催化剂和 Ca(OH)$_2$ 催化木糖醇氢解反应，乙二醇和丙二醇的收率之和为 80%。黄志威等[59]将 Ni 引入 Cu-SiO$_2$ 催化剂，通过提高脱氢和加氢反应活性，乙二醇和丙二醇的收率之和也达到 81%。刘海超等[19]利用 Pd-Cu/ZrO$_2$ 催化山梨醇氢解反应，获得总收率超过 50%的乙二醇和丙二醇。在金属催化剂的作用下，甘油发生氢解反应生成丙二醇[60-62]。其中，甘油分子中的伯羟基容易发生选择性活化，高收率(>90%)得到 1,2-丙二醇[63,64]。卫敏等[65]利用 PtCu 单原子合金催化甘油氢解反应，1,2-丙二醇的收率达到 98.8%。相比之下，甘油选择氢解活化仲羟基合成 1,3-丙二醇仍存在较大挑战[66]。一些研究发现，ReO$_x$、WO$_x$ 等酸性氧化物可以促进甘油分子在金属催化剂上生成 1,3-丙二醇[23,67,68]。Kaneda 等[23]利用 Pt/WO$_x$/AlOOH 催化甘油氢解反应，1,3-丙二醇的收率达到 66%。

3. $C_4 \sim C_6$ 二元醇

丁二醇、戊二醇和己二醇是重要的化工原料，主要用于生产聚酯、聚氨酯、表面活性剂、增塑剂等。生物基呋喃衍生物经过不同的催化转化途径，可以转化为这些 $C_4 \sim C_6$ 二元醇。

生物基呋喃衍生物转化为丁二醇的研究主要集中在糠醛衍生物(如 1,4-丁二酸、β-丁内酯)的氢解和加氢反应。牟新东、刘海超等[69]利用 Pd-FeO$_x$/C 催化 1,4-丁二酸加氢反应，得到收率高于 70%的 1,4-丁二醇。Huber 等[70]采用 CuCo/TiO$_2$ 催化剂在 1,4-二氧六环溶剂中将 β-丁内酯选择性加氢为 1,4-丁二醇，收率达到 95%。袁国卿等[71]报道了两步反应路线将糠醛转化为 1,4-丁二醇(收率 82.5%)，即首先在过氧化氢作用下将糠醛氧化为 2(5H)-呋喃酮，然后利用 Pt/TiO$_2$-ZrO$_2$ 催化 2(5H)-呋喃酮加氢得到 1,4-丁二醇。

戊二醇主要通过糠醛及其衍生物的氢解反应得到。Mizugaki 等[72]利用 Pt/水滑石催化剂直接将糠醛转化为 1,2-戊二醇，收率达到 73%。Schlaf 等[73]研制了反式-双三氟甲磺酸双(2,9-联吡啶-1,10-邻二氮杂菲)双乙腈钌络合物催化剂，在水相中实现了乙酸糠酯向 1,4-戊二醇的转化(收率约 68%)。相比之下，糠醛直接转化为 1,5-戊二醇仍然较为困难。例如，利用 Pt/Co$_2$AlO$_4$ 催化糠醛氢解反应，仅获得 35%的 1,5-戊二醇收率[74]。Tomishige 等[75]采用 Pd-Ir-ReO$_x$/SiO$_2$ 催化剂，通过糠醛的加氢-氢解反应，获得了 71.4%的 1,5-戊二醇收率。

己二醇可以通过 5-羟甲基糠醛及其衍生物的氢解反应获得。Ebitani 等[76]利用 Pd/Zr(HPO$_4$)$_2$ 催化剂，在甲酸溶液中将 5-羟甲基糠醛转化为 1,6-己二醇(收率约 41.2%)。张涛等[77]采用了 Pd/SiO$_2$ 和 Ir-ReO$_x$/SiO$_2$ 的双元催化剂，在固体床反应器中催化 5-羟甲基糠醛氢解反应，1,6-己二醇收率为 57.8%，解决了反应周期长、效率低的问题。一些研究发现，采用 5-羟甲基糠醛衍生物作为反应原料更易获得较高的 1,6-己二醇收率。例如，Buntara 等[78]报道的 Rh-ReO$_x$/SiO$_2$ 催化 1,2,6-己三醇氢解反应，可以获得 73%的 1,6-己二醇收率。他们从 2,5-二羟甲基四氢呋喃出发，在 Rh-Re/SiO$_2$ 和 Nafion SAC-13 固体酸催化剂作用下，1,6-己二醇收率达到 86%[79]。

5.3.2　生物航油

从纤维素、半纤维素、木质素出发，经历平台分子，可以选择性合成生物航油(图 5.4)。

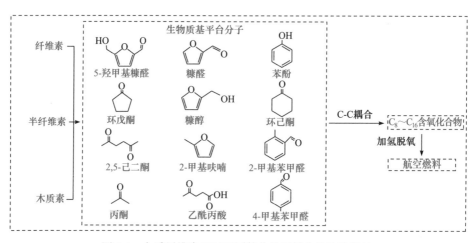

图 5.4　木质纤维素经过不同催化途径转化为生物航油

1. 纤维素和半纤维素选择转化合成生物航油

由纤维素和半纤维素合成生物航油，一般需先将其转化为 5-羟甲基糠醛、糠醛等平台分子，然后经历水相重整、羟醛缩合、羟烷基化/烷基化等反应构筑新的 C—C 键，最后经过加氢脱氧反应得到航空燃料。

2004 年，Dumesic 等[80]以葡萄糖等平台分子为原料，通过水相重整反应，得到了正己烷等低碳烷烃。为了获得符合航空煤油碳链要求的 $C_8 \sim C_{16}$ 组分，他们采用 Mg-Al 复合氧化物等碱性催化剂，将糠醛和含有活泼 α-H 的丙酮通过羟醛缩合反应转化为碳数大于 8 的含氧中间体，然后采用 Pt/SiO_2-Al_2O_3 催化中间体加氢脱氧得到 $C_8 \sim C_{13}$ 直链烷烃[81]。此后，人们利用该策略，进一步将 5-羟甲基糠醛、糠醛、乙酰丙酸等与含 α-H 的羰基化合物(醛、酮)通过羟醛缩合-加氢脱氧反应转化为符合航空燃料质量要求的直链/支链烷烃[82-87]。中国科学院广州能源研究所在辽宁营口建立了生物航油示范基地，通过汽提-水热解聚、羟醛缩合、加氢脱氧、异构化等多步催化反应，将玉米秸秆中的纤维素和半纤维素转化为 $C_8 \sim C_{15}$ 的正/异构烷烃，产品质量符合 ASTM-7566 标准[88]。

除了羟醛缩合，羟烷基化/烷基化、烯烃聚合等催化反应也被用于平台分子之间构筑 C—C 键[31,32]。例如，Corma 等[89]利用硫酸催化 2-甲基呋喃与醛、酮化合物(如丁醛、5-甲基糠醛和 5-羟甲基糠醛)通过羟烷基化/烷基化反应获得长链含氧中间体，然后将含氧中间体在 Pt/C 催化剂上加氢脱氧获 $C_{13} \sim C_{15}$ 支链烷烃。由于液体酸存在回收困难、污染严重等问题，Nafion-212、Amberlyst-15、磷酸锆等固体酸被用于羟烷基化/烷基化反应[85,90,91]。张涛等[91]先后采用 Nafion-212 树脂和 Pt/ZrP 催化剂，将 2-甲基呋喃与糠醛转化为 C_{15} 支链烷烃(收率约 75%)。Dumesic 等[92]报道了 γ-戊内酯通过开环-脱羧-烯烃聚合反应转化为 $C_8 \sim C_{16}$ 烷烃的策略(收率约 80%)。

如何获得高密度航空燃料成为最近研究的一个热点[93,94]。张涛等[95]报道了一种生物基双丙酮醇转化为带支链的环烷烃的策略，他们利用 Ru/C 催化双丙酮醇加氢得到 2-甲基-2,4 戊二醇，然后采用 Nafion 树脂催化 2-甲基-2,4 戊二醇进行脱水反应、Diels-Alder 反应而转化为 $C_8 \sim C_{14}$ 支链环烯烃，最后在 Pt/C 上加氢得到 $C_8 \sim C_{14}$ 支链环烷烃，碳收率达到 76%。这种支链环烷烃具有高密度(0.83g/mL)和低冰点(216.5K)的特性，可作为高密度航油使用。挂式四氢双环戊二烯(JP-10)是经典的单组分高密度燃料，生物质糠醇经过重排反应、Diels-Alder 反应、加氢脱氧反应、异构化反应可以高效转化为挂式四氢双环戊二烯[96]。最近，张涛等[97]又提出了纤维素经 2,5-己二酮合成多环烷烃的路线，采用 HCl 和 Pd/C 催化纤维素转化为 2,5-己二酮(约 71.4%分离碳收率)，然后在 Cu_2Ni/MgO 催化剂的作用下，2,5-己二酮通过羟醛缩合、加氢、脱氧等多步催化反应转化为 C_{12} 和 C_{18} 支链多环烷烃高密度液体燃料(约 74.6%碳收率)。

2. 木质素选择转化合成生物航油

木质素是一类以丙基苯酚为结构单元，通过 C—O 键和 C—C 键连接而成的无定形三维聚合物[98]。与纤维素和半纤维素相比，从木质素易于获得航空煤油中的环烷烃和芳香烃组分。但是木质素化学性质稳定，难以直接转化为航空燃料，通常需要先经过解聚反应获得单体或者小分子碎片，然后进一步通过羟醛缩合、羟烷基化/烷基化等反应过程构筑新的 C—C 键，最终通过加氢脱氧反应获得航空燃料[34,35]。目前，木质素的解聚技术主要包括水解、氧化、还原、光催化等[99-102]，但是都面临一个共同的问题，即产物分布复杂，分子量分布从几十到几千。由于酸水解和还原解聚一定程度上可以获得组分稳定的产物，因此常被用于木质素转化为生物航油的过程。

酸水解木质素会使 α-位和 β-位芳基醚键发生断裂，有利于获得简单芳香族单体。寇元等[103]利用 H_3PO_4 催化木质素水解为单体或二聚体，然后进一步在 Pd/C 催化剂上加氢得到 $C_8 \sim C_9$ 和 $C_{14} \sim C_{20}$ 支链环烷烃，其产率(质量分数)分别为 42% 和 10%。杨斌等[104]采用 HY 酸性沸石分子筛和 Ru/Al_2O_3 催化剂，将碱性木质素转化为 $C_7 \sim C_{18}$ 的支链环烷烃[约 21.8%收率(质量分数)]，其中 $C_{12} \sim C_{18}$ 支链环烷烃的选择性(质量分数)为 84.6%。他们进一步利用 $Hf(OTf)_4$、$Ln(OTf)_3$、$In(OTf)_3$ 等强路易斯(Lewis)酸，获得了超过 30%的环己烷和烷基环己烷的收率[105]。

还原解聚能够有效断裂 C—O—C 键，产物也趋向于组分相对稳定的酚类化合物(如苯酚、愈创木酚)。邹吉军等[106]利用 Mont-K10 催化木质素衍生酚类衍生物(苯酚、茴香醚、愈创木酚)与苯醚或苄甲醇进行烷基化反应，然后采用 Pd 和 HZSM-5 催化烷基化产物加氢反应，得到全氢芴(约 68.6%选择性)和二环己基甲烷(约 31.4%选择性)。张涛等[107]通过脱水、羟醛缩合、加氢脱氧等多步催化反应将苯酚转化为烷基十氢萘。此外，他们还采用乙醇胺乙酸盐和 Pt/C 催化剂，将 2-甲基苯甲醛或 4-甲基苯甲醛和环己酮转化为三环芳烃[108]。王艳芹等[109]报道了木质素直接转化为生物航油的方法，即利用 Ru/Nb_2O_5 催化木质素直接加氢脱氧反应，烃类化合物的收率(质量分数)高达 35.5%，$C_7 \sim C_9$ 芳烃化合物的选择性(质量分数)也达到 71%。

5.3.3 生物基材料

生物质原料经过生物或化学途径可以转化为种类多样的聚合物单体，进而聚合得到聚乳酸、聚丁二酸丁二醇酯、二氧化碳共聚物等生物基材料(图 5.5)。

1. 聚乳酸

聚乳酸是一种具有生物可降解性和生物相容性的热塑性材料，可作为聚乙烯、

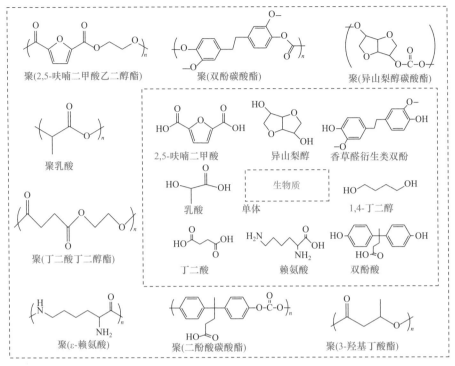

图 5.5　部分生物质基单体和高分子材料

聚丙烯等石油基高分子材料的替代品。

　　聚乳酸可以由乳酸直接缩聚获得，但是分子量和链立体结构难以控制[110,111]。因此，通常采用开环聚合法合成聚乳酸，即先将乳酸转化为丙交酯，再开环缩聚成聚乳酸。由于乳酸单元中手性次甲基碳的影响，丙交酯具有三种旋光异构体。目前聚乳酸合成的关键问题在于催化丙交酯立体选择性聚合[112]。在所研究的多种催化剂中，SalenAl 配合物表现出良好的催化活性和稳定性[113,1114]。Lamberti 等[115]利用基于氨基甲基吡啶手性 SalenAl 配合物催化外消旋丙交酯开环聚合反应，得到全同选择性为 0.82 的立体多嵌段聚乳酸。Hormnirun 等[116]设计合成了一系列双(吡咯烷)基 SalenAl 配合物催化剂，对外消旋丙交酯的全同选择性可达 0.80。陈学思等研制了多活性中心 SalenAl 配合物催化剂[117-119]，其中三核 SalenAl 配合物对外消旋丙交酯聚合全同选择性达 98%，获得了熔点为 220℃的聚乳酸[114]。他们进一步合成了高旋光性聚 L-乳酸和聚 D-乳酸，并用二者制备了熔点为 254℃的立体复合物[120]。

　　Ga、Mg、Zn、Sn、Fe、La 等金属配合物催化剂也受到关注。崔冬梅等[121]研制了一系列由 O, N, N, O-螯合的单核镧系配合物催化剂，对外消旋丙交酯聚合杂同选择性达97%。陈学思等[117]设计了以氯离子为轴配位基团的SalenFe配合物,通过调节配体上二胺或水杨醛取代基结构,实现了在全同或杂同立构间调整聚合物的立体规整度。

2. 聚丁二酸丁二醇酯

聚丁二酸丁二醇酯(PBS)是重要的生物降解塑料,可用于生产塑料制品、包装材料、农用薄膜等。

工业上早期采用扩链法生产PBS,但是所用异氰酸酯类扩链剂存在毒性大、易残留的问题。因此,目前常采用熔融酯交换法,即经过酯化与缩聚合成PBS。熔融酯交换法合成PBS的核心是高效催化剂[122-124]。郭宝华等[125]利用钛酸四正丁酯催化剂,通过1,4-丁二酸和1,4-丁二醇的熔融酯交换反应得到数均分子量(M_n)为45100的PBS。Kasuya等[126]采用四异丙醇钛催化剂,获得了M_n为31100的PBS。El Fray等[127]将SiO_2/TiO_2催化剂用于催化1,4-丁二酸和1,4-丁二醇,所得PBS达到M_n为53700。

另一类较受关注的合成方法是通过酯交换法合成PBS。由于酶催化反应具有条件温和、选择性好、无金属残留等优点,因此被用于PBS及共聚物的合成。Gross等[128]采用Candida antarctica Lipase B催化剂,通过1,4-丁二醇和1,4-丁二酸二乙酯酯交换反应,获得了重均分子量(M_w)为38000的PBS。刘铮等[129]利用Novozym 435催化剂,通过常压缩聚和酶催化反应,将1,4-丁二醇、1,4-丁二酸和琥珀酸酐转化为PBS,其M_n可达73000。

3. 二氧化碳共聚物

二氧化碳共聚物是重要的生物基脂肪族聚碳酸酯,主要用于包装材料、农用薄膜和医用高分子材料等领域。

二氧化碳共聚物的获得可以追溯至Inoue等在1969年报道的工作,即利用$ZnEt_2-H_2O$催化二氧化碳和环氧丙烷合成聚碳酸丙烯酯[130]。此后,提高催化剂的活性成为该领域的核心问题。戊二酸锌、稀土三元催化剂等非均相催化剂得到了快速发展,尤其采用稀土三元催化剂已经可以获得M_n为100000以上的聚碳酸丙烯酯。王献红等[131]在$Y(Cl_3COO)_3-ZnEt_2-glycerin$中引入乙二醇二缩水甘油醚、丁二醇二缩水甘油醚或新戊二醇二缩水甘油醚,通过催化二氧化碳和环氧丙烷,获得了M_n为200000的聚碳酸丙烯酯。2013年,中国科学院长春应用化学研究所在浙江台州建成世界上首条万吨级聚碳酸丙烯酯生产线[132]。

在非均相催化剂基础上,人们进一步发展了酚锌盐类、二亚胺锌和金属Salen等均相催化剂[133-135]。其中,SalenCo催化剂表现出极佳的催化活性和选择性。吕小兵等利用双组分或双功能三价 Co 催化体系[136,137]，实现了几乎所有端位环氧烷烃与二氧化碳区域选择性共聚合，二氧化碳共聚物中碳酸酯单元含量高于 99%，头-尾相接单元高于 95%。Lee 等[138]研制了含四个季铵盐的单组分 SalenCo 催化剂，产物的选择性超过 99%，TOF 为 26000h^{-1}，聚碳酸丙烯酯的 M_n 也达到 296000。最近研究发现，多中心催化剂通过双金属间协同作用同样能够提高催化活性[139,140]。Williams 等[141]设计了双组分 MgZn 配合物，催化二氧化碳与环氧己烷反应，合成了含 99%碳酸酯链段，M_n 为 54380 的聚碳酸环己烯酯。他们进一步研制了双组分 MgCo 配合物催化剂[142]，产物选择性达到 99%以上，TOF 值提高至 12000h^{-1}以上。

4. 2,5-呋喃二甲酸基聚酯

2,5-呋喃二甲酸(FDAC)基聚酯是一种新型聚酯材料，具有优良的 CO_2 和 O_2 的阻隔性，是聚对苯二甲酸乙二醇酯(polyethylene terephthalate，PET)等芳香族聚酯的理想替代品。

FDAC 基聚酯的合成方法主要包括溶液缩聚法、熔融缩聚法和开环聚合法等[143-145]。目前主要采用熔融缩聚法，避免 FDAC 发生脱羧反应。FDAC 基聚酯的玻璃化转变温度(T_g)、热稳定性、杨氏模量和抗拉强度与 PET 接近，但是较低的断裂伸长率低限制了 FDCA 基聚酯的加工应用。化学改性是改善聚合物力学性能的有效方法，因此选择合适的共聚改性单体，可以提高聚 2,5-呋喃二甲酸乙二醇酯(PEF)等材料的断裂伸长率[146,147]。常用的改性单体包括二羧酸、羟基酸、内酯、二元醇和聚醚等[148-150]。王公应等[151]报道了 PEF 与 ε-己内酯的共聚酯 P(EF-co-CL)，其中 P(EF-co-CL$_{40}$)的杨氏模量为 11.8GPa，抗拉强度为 51MPa，断裂伸长率为 980%，但是 T_g 降低至 34℃。Park 等[48]合成了聚 2,5-呋喃二甲酸乙二醇酯-co-聚 2,5-呋喃二甲酸 1,4-环己烷二甲醇酯(PECF)。与 T_g 为 87℃的 PEF 相比，PECF 的 T_g(81~84℃)仅发生轻微降低。并且，当 2,5-呋喃二甲酸 1,4-环己烷二甲醇酯链节的摩尔分数达到 75%时，PECF 的断裂伸长率提高至 79%，拉伸模量和强度降低至 2.4GPa 和 61MPa。

引入刚性二元醇可以提高 PEF 的 T_g 和透光性，获得高耐热高透明的 PEF 基材料。刘小青等[152]将 2,2,4,4-四甲基-1,3-环丁二醇(CBDO)引入 PEF，显著提高了 T_g、拉伸模量和 CO_2 及 O_2 的阻隔性。由于 CBDO 的反应活性低，他们进一步引入了 CHDM，获得了高分子量的共聚酯 PECTFs[153]。表征结果显示，PECTF-45 的 T_g 达到 103.1℃，透光率为 89.8%，断裂伸长率为 68%，拉伸模量为 2.0GPa，抗拉强度为 88MPa。

5.4　未来趋势及展望

综上所述，根据生物质原料的结构特点，设计反应途径，发展相应的绿色化工过程和技术，可以生产多元醇、生物航油和生物基材料等目标产品。但是，目前生物质化工产业所占比重仍然较小，而且在经济性等方面难与传统化工产业竞争。为此，解决原料来源与成本、产品结构以及反应效率与工艺设计等关键问题对于生物质化工的发展至关重要。针对这些问题，建议从以下方面考虑，开展生物质化工过程和技术的研究。

1. 发展高效的木质纤维素的预处理、解聚和分离技术

目前，生物质多元醇和生物基材料的原料主要依赖于玉米等粮食作物，生物航油的原料主要依赖于动植物油脂。使用这些原料因存在成本高、生产规模受限等问题，只能满足少数国家和地区的需求。木质纤维素资源具有廉价易得的特点，但是其复杂的结构和天然抗降解的性能限制了其工业应用。木质纤维素通过物理、化学或生物等单一的预处理方法难以实现木质素、半纤维素和纤维素的有效分离。因此，发展绿色高效的预处理与分离方法，有利于木质纤维素的充分利用。

2. 研究反应机理和催化剂构效关系，发展绿色高效的催化过程

木质纤维素催化转化制取多元醇、生物航油、生物基聚合物的核心科学问题在于如何高效、绿色地实现化学键的精准活化。其中，既包括解聚过程中所涉及的 C—O 键和 C—C 键的精准断裂，也包括解聚后所得单体或活性中间体转化为产物时所涉及的选择性成键或断键。因此，设计具有反应专一性、高活性和稳定性的催化剂对于木质纤维素催化转化尤为重要。通过表征液-固和气-液-固表界面上的木质纤维素组分催化反应过程，认识催化反应机理与催化剂构-效关系，有助于理性设计和构筑高性能催化剂，实现对化学键的精准控制。

3. 构建绿色高效的生物/化学转化途径，提高反应效率和原子经济性

生物质原料制取多元醇、航空燃料和生物基材料的过程中，通常需要经过复杂的化学转化过程，不仅消耗大量的酸、碱等化学品，而且反应原子经济性低。简化中间步骤、缩短工艺流程，构建绿色高效的转化途径可以有效提高其工业应用价值。例如，在纤维素转化为多元醇的过程中，通过对纤维素水解反应的控制，提高目标多元醇的选择性。在纤维素转化为生物航油的过程中，采用纤维素一步

可以获得的平台分子(如 2,5-己二酮)选择性合成航空燃料组分。生物质化工的发展亟须建立绿色高效的反应途径，提高生产效率和经济性。

4. 促进学科之间的交叉融合，加快科研成果转化和产业化

生物质化工技术涉及生物、化学、材料等多学科，复杂的生物质转化过程通常需要多个学科之间的交叉融合和协同攻关，在关键技术领域取得突破。此外，针对生物质原料制取多元醇、航空燃料和生物基材料等技术的快速发展，需建立关键技术的应用示范和产业化推广平台，促进生物质化工技术由实验室基础研究朝向规模化工业生产发展。

参 考 文 献

[1] Li H, Riisager A, Saravanamurugan S, et al. Carbon-increasing catalytic strategies for upgrading biomass into energy-intensive fuels and chemicals[J]. ACS Catalysis, 2018, 8(1): 148-187.

[2] Arregi A, Amutio M, Lopez G, et al. Evaluation of thermochemical routes for hydrogen production from biomass: A review[J]. Energy Conversion and Management, 2018, 165: 696-719.

[3] Ray T R, Choi J, Bandodkar A J, et al. Bio-integrated wearable systems: A comprehensive review[J]. Chemical Reviews, 2019, 119(8): 5461-5533.

[4] Danish M, Ahmad T. A review on utilization of wood biomass as a sustainable precursor for activated carbon production and application[J]. Renewable and Sustainable Energy Reviews, 2018, 87: 1-21.

[5] Wu L, Moteki T, Gokhale A A, et al. Production of fuels and chemicals from biomass: Condensation reactions and beyond[J]. Chem, 2016, 1(1): 32-58.

[6] OECD (2009). The Bioeconomy to 2030: Designing a policy agenda[EB/OL]. https://www.oecd-ilibrary.org/economics/the-bioeconomy-to-2030_9789264056886-en.

[7] EU (2018). A sustainable bioeconomy for Europe: Strengthening the connection between economy, society and the environment[EB/OL]. https://eur-lex.europa.eu/legal-content/EN/TXT/?uri=CELEX%3A52018SC0431&qid=1635930101212.

[8] BR&D (2019). The bioeconomy initiative: Implementation framework[EB/OL]. https://biomassboard.gov/sites/default/files/pdfs/Bioeconomy_Initiative_Implementation_Framework_FINAL.pdf.

[9] Mika L T, Cséfalvay E, Németh Á. Catalytic conversion of carbohydrates to initial platform chemicals: Chemistry and sustainability[J]. Chemical Reviews, 2018, 118(2): 505-613.

[10] Ragauskas A J. The path forward for biofuels and biomaterials[J]. Science, 2006, 311(5760): 484-489.

[11] D'Souza J, Camargo R, Yan N. Biomass liquefaction and alkoxylation: A review of structural characterization methods for bio-based polyols[J]. Polymer Reviews, 2017, 57(4): 668-694.

[12] Sharkov V I. Production of polyhydric alcohols from wood polysaccharides[J]. Angewandte Chemie-International Edition in English, 1963, 2: 405-409.

[13] Dietrich K, Hernandez-Mejia C, Verschuren P, et al. One-pot selective conversion of hemicellulose to xylitol[J]. Organic Process Research & Development, 2017, 21(2): 165-170.

[14] Jan G, van de Vevyver S, Carpentier K, et al. Hydrolytic hydrogenation of cellulose with hydrotreated caesium salts of heteropoly acids and Ru/C[J]. Green Chemistry, 2011, 13(8): 2167-2174.

[15] Dalton A. Canadian industry works to diversify the use of wood fiber[J]. Pulp & Paper-Canada, 2018, 119(2): 4.

[16] Thombal R S, Jadhav V H. Application of glucose derived magnetic solid acid for etherification of 5-HMF to 5-EMF, dehydration of sorbitol to isosorbide, and esterification of fatty acids[J]. Tetrahedron Letters, 2016, 57(39): 4398-4400.

[17] Zheng M Y, Wang A Q, Ji N, et al. Transition Metal-Tungsten bimetallic catalysts for the conversion of cellulose into ethylene glycol[J]. ChemSusChem, 2010, 3(1): 63-66.

[18] Liu Y, Luo C, Liu H C. Tungsten trioxide promoted selective conversion of cellulose into propylene glycol and ethylene glycol on a ruthenium catalyst[J]. Angewandte Chemie-International Edition, 2012, 51(13): 3249-3253.

[19] Jia Y Q, Liu H C. Selective hydrogenolysis of sorbitol to ethylene glycol and propylene glycol on ZrO_2-supported bimetallic Pd-Cu catalysts[J]. Chinese Journal of Catalysis, 2015, 36(9): 1552-1559.

[20] Beine A K, Krüger A J D, Artz J, et al. Selective production of glycols from xylitol over Ru on covalent triazine frameworks suppressing decarbonylation reactions[J]. Green Chemistry, 2018, 20(6): 1316-1322.

[21] Wang S, Zhang Y C, Liu H C. Selective hydrogenolysis of glycerol to propylene glycol on Cu-ZnO composite catalysts, structural requirements and reaction mechanism[J]. Chemistry: An Asian Journal, 2010, 5(5): 1100-1111.

[22] Sun D, Yamada Y, Sato S, et al. Glycerol hydrogenolysis into useful C_3 chemicals[J]. Applied Catalysis B: Environmental, 2016, 193: 75-92.

[23] Arundhathi R, Mizugaki T, Mitsudome T, et al. Highly selective hydrogenolysis of glycerol to 1,3-propanediol over a boehmite-supported platinum/tungsten catalyst[J]. ChemSusChem, 2013, 6(8): 1345-1347.

[24] Marinas A, Bruijnincx P, Ftouni J, et al. Sustainability metrics for a fossil- and renewable- based route for 1, 2-propanediol production: A comparison[J]. Catalysis Today, 2015, 239: 31-37.

[25] Li X, Jia P, Wang T. Furfural: A promising platform compound for sustainable production of C_4 and C_5 chemicals[J]. ACS Catalysis, 2016, 6(11): 7621-7640.

[26] Lee S Y, Kim H U, Chae T U, et al. A comprehensive metabolic map for production of bio-based chemicals[J]. Nature Catalysis, 2019, 2(1): 18-33.

[27] Edwards T, Dewitt M, Shafer L, et al. 2006 Fuel composition influence on deposition from endothermic fuels[C]//14th AIAA/AHI Space Planes and Hypersonic Systems and Technologies Conference. Canberra, Australia. Reston, Viriginia: AIAA, 2006: 7973.

[28] 张家仁, 邓甜音, 刘海超. 油脂和木质纤维素催化转化制备生物液体燃料[J]. 化学进展, 2013, 25(Z1): 192-208.

[29] Gutiérrez-Antonio C, Gómez-Castro F I, de Lira-Flores J A, et al. A review on the production processes of renewable jet fuel[J]. Renewable & Sustainable Energy Reviews, 2017, 79: 709-729.

[30] Melero J A, Iglesias J, Garcia A. Biomass as renewable feedstock in standard refinery units. Feasibility, opportunities and challenges[J]. Energy and Environmental Science, 2012, 5(6): 7393-7420.

[31] 王帅, 刘海超. 木质纤维素生物质催化转化制备液体燃料和化学品[J]. 催化学报, 2019, 40 (S1): S178-S186.

[32] Jing Y X, Guo Y, Xia Q N, et al. Catalytic production of value-added chemicals and liquid fuels from lignocellulosic biomass[J]. Chem, 2019, 5(10): 2520-2546.

[33] 马隆龙, 唐志华, 汪丛伟, 等. 生物质能研究现状及未来发展策略[J]. 中国科学院院刊, 2019, 34(4): 434-442.

[34] Bender T A, Dabrowski J A, Gagné M R. Homogeneous catalysis for the production of low-volume, high-value chemicals from biomass[J]. Nature Reviews Chemistry, 2018, 2(5): 35-46.

[35] Sun Z H, Fridrich B, de Santi A, et al. Bright side of lignin depolymerization: Toward new platform chemicals[J]. Chemical Reviews, 2018, 118(2): 614-678.

[36] Iwata T. Biodegradable and bio-based polymers: Future prospects of eco-friendly plastics[J]. Angewandte Chemie-International Edition, 2015, 54(11): 3210-3215.

[37] Galbis J A, Garcia-Martin M D, de Paz M V, et al. Synthetic polymers from sugar-based monomers[J]. Chemical Reviews, 2016, 116(3): 1600-1636.

[38] 陈学思, 陈国强, 陶友华, 等. 生态环境高分子的研究进展[J]. 高分子学报, 2019, 50(10): 1068-1082.

[39] Chinthapalli R, Skoczinski P, Carus M, et al. Biobased building blocks and polymers- global capacities, production and trends 2018~2023[J]. Industrial Biotechnology, 2019, 15(4): 237-241.

[40] Hua G, Franzén J, Odelius K. Phosphazene-catalyzed regioselective ring-opening polymerization of rac-1-methyl trimethylene carbonate: Colder and less is better[J]. Macromolecules, 2019, 52(7): 2681-2690.

[41] Robert C, Schmid T E, Richard V, et al. Mechanistic aspects of the polymerization of lactide using a highly efficient aluminum(Ⅲ) catalytic system[J]. Journal of the American Chemical Society, 2017, 139(17): 6217-6225.

[42] Sun Y J, Wu L B, Bu Z Y, et al. Synthesis and thermomechanical and rheological properties of biodegradable long-chain branched poly(butylene succinate-co-butylene terephthalate) copolyesters[J]. Industrial & Engineering Chemistry Research, 2014, 53(25): 10380-10386.

[43] Tan B, Bi S W, Emery K, et al. Bio-based poly(butylene succinate-co-hexamethylene succinate) copolyesters with tunable thermal and mechanical properties[J]. European Polymer Journal, 2017, 86: 162-172.

[44] Jiang Y, Woortman A J, van Ekenstein G O, et al. Enzyme-catalyzed synthesis of unsaturated aliphatic polyesters based on green monomers from renewable resources[J]. Biomolecules, 2013, 3(3): 461-480.

[45] Ren W M, Liu Z W, Wen Y Q, et al. Mechanistic aspects of the copolymerization of CO_2 with epoxides using a thermally stable single-site cobalt(Ⅲ) catalyst[J]. Journal of the American Chemical Society, 2009, 131(32): 11509-11518.

[46] Wang E, Cao H, Zhou Z, et al. Biodegradable plastics from carbon dioxide: Opportunities and challenges[J]. Science China: Chemistry, 2020, 50(7): 847-856 .

[47] van Berkel J G, Guigo N, Visser H A, et al. Chain structure and molecular weight dependent mechanics of poly (ethylene 2,5-furandicarboxylate) compared to poly(ethylene terephthalate)[J]. Macromolecules, 2018, 51(21): 8539-8549.

[48] Hong S, Min K D, Nam B U, et al. High molecular weight bio furan-based co-polyesters for food packaging applications: Synthesis, characterization and solid-state polymerization[J]. Green Chemistry, 2016, 18(19): 5142-5150.

[49] Luo C, Wang S, Liu H C. Cellulose conversion into polyols catalyzed by reversibly formed acids and supported ruthenium clusters in hot water[J]. Angewandte Chemie-International Edition, 2007, 46(40): 7636-7639.

[50] Hilgert J, Meine N, Rinaldi R, et al. Mechanocatalytic depolymerization of cellulose combined with hydrogenolysis as a highly efficient pathway to sugar alcohols[J]. Energy & Environmental Science, 2013, 6(1): 92-96.

[51] Liu M, Deng W, Zhang Q, et al. Polyoxometalate-supported ruthenium nanoparticles as bifunctional heterogeneous catalysts for the conversions of cellobiose and cellulose into sorbitol under mild conditions[J]. Chemical Communications, 2011, 47(34): 9717-9719.

[52] An D L, Ye A H, Deng W P, et al. Selective conversion of cellobiose and cellulose into gluconic acid in water in the presence of oxygen, catalyzed by polyoxometalate-supported gold nanoparticles[J]. Chemistry: A European Journal, 2012, 18(10): 2938-2947.

[53] Gromov N V, Medvedeva T B, Taran O P, et al. The main factors affecting the catalytic properties of Ru/Cs-HPA systems in one-pot hydrolysis-hydrogenation of cellulose to sorbitol[J]. Applied Catalysis A: General, 2020, 595: 117489.

[54] Kobayashi H, Yokoyama H, Feng B, et al. Dehydration of sorbitol to isosorbide over H-beta zeolites with high Si/Al ratios[J]. Green Chemistry, 2015, 17(5): 2732-2735.

[55] Che P H, Lu F, Si X Q, et al. A strategy of ketalization for the catalytic selective dehydration of biomass-based polyols over H-beta zeolite[J]. Green Chemistry, 2018, 20(3): 634-640.

[56] Ji N, Zhang T, Zheng M, et al. Direct catalytic conversion of cellulose into ethylene glycol using nickel-promoted tungsten carbide catalysts[J]. Angewandte Chemie-International Edition, 2008, 47(44): 8510-8513.

[57] Deng T Y, Liu H C. Promoting effect of SnO_x on selective conversion of cellulose to polyols over bimetallic Pt-SnO_x/Al_2O_3 catalysts[J]. Green Chemistry, 2013, 15(1): 116-124.

[58] Sun R Y, Zheng M Y, Pang J F, et al. Selectivity-switchable conversion of cellulose to glycols over Ni-Sn catalysts[J]. ACS Catalysis, 2016, 6(1): 191-201.

[59] Liu H L, Huang Z W, Kang H X, et al. Efficient bimetallic NiCu-SiO$_2$ catalysts for selective hydrogenolysis of xylitol to ethylene glycol and propylene glycol[J]. Applied Catalysis B: Environmental, 2018, 220: 251-263.

[60] Yu W Q, Xu J, Ma H, et al. A remarkable enhancement of catalytic activity for KBH$_4$ treating the carbothermal reduced Ni/AC catalyst in glycerol hydrogenolysis[J]. Catalysis Communications, 2010, 11(5): 493-497.

[61] van Ryneveld E, Mahomed A S, van Heerden P S, et al. Direct hydrogenolysis of highly concentrated glycerol solutions over supported Ru, Pd and Pt catalyst systems[J]. Catalysis Letters, 2011, 141(7): 958-967.

[62] Musolino M G, Scarpino L A, Mauriello F, et al. Selective transfer hydrogenolysis of glycerol promoted by palladium catalysts in absence of hydrogen[J]. Green Chemistry, 2009, 11(10): 1511-1513.

[63] Zhu S H, Gao X Q, Dong F, et al. Design of a highly active silver-exchanged phosphotungstic acid catalyst for glycerol esterification with acetic acid[J]. Journal of Catalysis, 2013, 306(10): 155-163.

[64] Zhao X, Wang J, Yang M, et al. Selective hydrogenolysis of glycerol to 1,3-propanediol: Manipulating the frustrated Lewis pairs by introducing gold to Pt/WO$_x$[J]. ChemSusChem, 2017, 10(5): 819-824.

[65] Zhang X, Cui G Q, Feng H S, et al. Platinum-copper single atom alloy catalysts with high performance towards glycerol hydrogenolysis[J]. Nature Communications, 2019, 10: 5812.

[66] Wang S, Yin K H, Zhang Y C, et al. Glycerol hydrogenolysis to propylene glycol and ethylene glycol on Zirconia supported noble metal catalysts[J]. ACS Catalysis, 2013, 3(9): 2112-2121.

[67] Amada Y, Shinmi Y, Koso S, et al. Reaction mechanism of the glycerol hydrogenolysis to 1,3-propanediol over Ir-ReO$_x$/SiO$_2$ catalyst[J]. Applied Catalysis B: Environmental, 2011, 105(1-2): 117-127.

[68] García-Fernández S, Gandarias I, Requies J, et al. The role of tungsten oxide in the selective hydrogenolysis of glycerol to 1,3-propanediol over Pt/WO$_x$/Al$_2$O$_3$[J]. Applied Catalysis B: Environmental, 2017, 204: 260-272.

[69] Liu X R, Wang X C, Xu G Q, et al. Tuning the catalytic selectivity in biomass-derived succinic acid hydrogenation on FeO$_x$-modified Pd catalysts[J]. Journal of Materials Chemistry A, 2015, 3(46): 23560-23569.

[70] Huang Z W, Barnett K J, Chada J P, et al. Hydrogenation of γ-butyrolactone to 1,4-butanediol over CuCo/TiO$_2$ bimetallic catalysts[J]. ACS Catalysis, 2017, 7(12): 8429-8440.

[71] Li F B, Lu T, Chen B F, et al. Pt nanoparticles over TiO$_2$-ZrO$_2$ mixed oxide as multifunctional catalysts for an integrated conversion of furfural to 1,4-butanediol[J]. Applied Catalysis A: General, 2014, 478: 252-258.

[72] Mizugaki T, Yamakawa T, Nagatsu Y, et al. Direct transformation of furfural to 1,2-pentanediol using a hydrotalcite-supported platinum nanoparticle catalyst[J]. ACS Sustainable Chemistry & Engineering, 2014, 2(10): 2243-2247.

[73] Stones M K, Chung E M J B, da Cunha I T, et al. Conversion of furfural derivatives to 1,4-pentanediol and cyclopentanol in aqueous medium catalyzed by trans-[(2,9-dipyridyl-1,10-phenanthroline)(CH_3CN)_2Ru](OTf)_2[J]. ACS Catalysis, 2020, 10(4): 2667-2683.

[74] Xu W, Wang H, Liu X, et al. Direct catalytic conversion of furfural to 1,5-pentanediol by hydrogenolysis of the furan ring under mild conditions over Pt/Co_2AlO_4 catalyst[J]. Chemical Communications, 2011, 47(13): 3924-3926.

[75] Liu S B, Amada Y, Tamura M, et al. One-pot selective conversion of furfural into 1,5- pentanediol over a Pd-added $Ir-ReO_x/SiO_2$ bifunctional catalyst[J]. Green Chemistry, 2014, 16(2): 617-626.

[76] Tuteja J, Choudhary H, Nishimura S, et al. Direct synthesis of 1,6-hexanediol from HMF over a heterogeneous Pd/ZrP catalyst using formic acid as hydrogen source[J]. ChemSusChem, 2014, 7(1): 96-100.

[77] Xiao B, Zheng M Y, Li X S, et al. Synthesis of 1,6-hexanediol from HMF over double-layered catalysts of Pd/SiO_2^+ $Ir-ReO_x/SiO_2$ in a fixed-bed reactor[J]. Green Chemistry, 2016, 18(7): 2175-2184.

[78] Buntara T, Noel S, Phua P H, et al. From 5-hydroxymethylfurfural(HMF) to polymer precursors: Catalyst screening studies on the conversion of 1,2,6-hexanetriol to 1,6-hexanediol[J]. Topics in Catalysis, 2012, 55: 612-619.

[79] Buntara T, Noel S, Phua P H, et al. Caprolactam from renewable resources: Catalytic conversion of 5-hydroxymethylfurfural into caprolactone[J]. Angewandte Chemie-International Edition, 2011, 50(31): 7083-7087.

[80] Huber G W, Cortright R D, Dumesic J A. Renewable alkanes by aqueous-phase reforming of biomass-derived oxygenates[J]. Angewandte Chemie-International Edition, 2004, 43(12): 1549-1551.

[81] Huber G W, Chheda J N, Barrett, C J, et al. Production of liquid alkanes by aqueous-phase processing of biomass-derived carbohydrates[J]. Science, 2005, 308(5727): 1446-1450.

[82] West R M, Liu Z Y, Peter M, et al. Liquid alkanes with targeted molecular weights from biomass-derived carbohydrates[J]. ChemSusChem, 2008, 1(5): 417-424.

[83] Li G Y, Li N, Li S S, et al. Synthesis of renewable diesel with hydroxyacetone and 2-methyl-furan[J]. Chemical Communications, 2013, 49(51): 5727-5729.

[84] Li G Y, Li N, Wang X K, et al. Synthesis of diesel or jet fuel range cycloalkanes with 2-methylfuran and cyclopentanone from lignocellulose[J]. Energy & Fuels, 2014, 28(8): 5112-5118.

[85] Li G Y, Li N, Yang J F, et al. Synthesis of renewable diesel range alkanes by hydrodeoxygenation of furans over Ni/Hβ under mild conditions[J]. Green Chemistry, 2014, 16(2): 594-599.

[86] Liang G F, Wang A Q, Zhao X C, et al. Selective aldol condensation of biomass-derived levulinic acid and furfural in aqueous-phase over MgO and ZnO[J]. Green Chemistry, 2016, 18(11): 3430-3438.

[87] Xu J L, Li N, Yang X F, et al. Synthesis of diesel and jet fuel range alkanes with furfural and angelica lactone[J]. ACS Catalysis, 2017, 7(9): 5880-5886.

[88] Li Y P, Zhao C, Chen L G, et al. Production of bio-jet fuel from corncob by hydrothermal decomposition and catalytic hydrogenation: Lab analysis of process and techno-economics of a pilot-scale facility[J]. Applied Energy, 2018, 227: 128-136.

[89] Corma A, de la Torre O, Renz M. Production of high quality diesel from cellulose and hemicellulose by the sylvan process: Catalysts and process variables[J]. Energy & Environmental Science, 2012, 5(4): 6328-6344.

[90] Li G Y, Li N, Yang J F, et al. Synthesis of renewable diesel with the 2-methylfuran, butanal and acetone derived from lignocellulose[J]. Bioresource Technology, 2013, 134: 66-72.

[91] Li G Y, Li N, Wang Z Q, et al. Synthesis of high-quality diesel with furfural and 2-methylfuran from hemicellulose[J]. ChemSusChem, 2012, 5(10): 1958-1966.

[92] Bond J Q, Alonso D M, Wang D, et al. Integrated catalytic conversion of γ-valero lactone to liquid alkenes for transportation fuels[J]. Science, 2010, 327: 1110-1114.

[93] Cai T M, Deng Q, Peng H L, et al. Synthesis of renewable C—C cyclic compounds and high-density biofuels using 5-hydromethylfurfural as a reactant[J]. Green Chemistry, 2020, 22(8): 2468-2473.

[94] Zhang X W, Pan L, Wang L, et al. Review on synthesis and properties of high-energy-density liquid fuels: Hydrocarbons, nanofluids and energetic ionic liquids[J]. Chemical Engineering Science, 2018, 180: 95-125.

[95] Chen F, Li N, Li S S, et al. Synthesis of jet fuel range cycloalkanes with diacetone alcohol from lignocellulose[J]. Green Chemistry, 2016, 18(21): 5751-5755.

[96] Li G Y, Hou B L, Wang A Q, et al. Making JP-10 superfuel affordable with a lignocellulosic platform compound[J]. Angewandte Chemie-International Edition, 2019, 58(35): 12154-12158.

[97] Liu Y T, Li G Y, Hu Y C, et al. Integrated conversion of cellulose to high-density aviation fuel[J]. Joule, 2019, 3(4): 1028-1036.

[98] Schutyser W, Renders T, van den Bosch S, et al. Chemicals from lignin: An interplay of lignocellulose fractionation, depolymerisation, and upgrading[J]. Chemical Society Reviews, 2018, 47(3): 852-908.

[99] Sergeev A G, Webb J D, Hartwig J F. A heterogeneous nickel catalyst for the hydrogenolysis of aryl ethers without arene hydrogenation[J]. Journal of the American Chemical Society, 2012, 134(50): 20226-20229.

[100] Zhang J G, Teo J, Chen X, et al. A series of NiM (M=Ru, Rh, and Pd) bimetallic catalysts for effective lignin hydrogenolysis in water[J]. ACS Catalysis, 2014, 4: 1574-1583.

[101] Ma R, Hao W, Ma X, et al. Catalytic ethanolysis of kraft lignin into high-value small-molecular chemicals over a nanostructured-molybdenum carbide catalyst[J]. Angewandte Chemie-International Edition, 2014, 53: 7310-7315.

[102] zhang Y Q, Wang Q, He H Y, et al. Degradation of lignin in ionic liquids: A review[J]. Scientia Sinica Chimica, 2020, 50(2): 259-270.

[103] Yan N, Zhao C, Dyson P J, et al. Selective degradation of wood lignin over noble-metal catalysts in a two-step process[J]. ChemSusChem, 2008, 1(7): 626-629.

[104] Wang H L, Ruan H, Pei H S, et al. Biomass-derived lignin to jet fuel range hydrocarbons via aqueous phase hydrodeoxygenation[J]. Green Chemistry, 2015, 17(12): 5131-5135.

[105] Wang H, Wang H, Kuhn E, et al. Production of jet fuel-range hydrocarbons from hydrodeoxygenation of lignin over super lewis acid combined with metal catalysts[J]. ChemSusChem, 2018, 11(1): 285-291.

[106] Nie G K, Zhang X W, Han P J, et al. Lignin-derived multi-cyclic high density biofuel by alkylation and hydrogenated intramolecular cyclization[J]. Chemical Engineering Science, 2017, 158: 64-69.

[107] Wang R, Li G Y, Tang H, et al. Synthesis of decaline-type thermal-stable jet fuel additives with cycloketones[J]. ACS Sustainable Chemistry & Engineering, 2019, 7(20): 17354-17361.

[108] Xu J, Li N, Li G, et al. Synthesis of high-density aviation fuels with methyl benzaldehyde and cyclohexanone[J]. Green Chemistry, 2018, 20(16): 3753-3760.

[109] Shao Y, Xia Q, Dong L, et al. Selective production of arenes via direct lignin upgrading over a niobium-based catalyst[J]. Nature Communications, 2017, 8: 16104.

[110] Ajioka M, Enomoto K, Suzuki K, et al. The basic properties of poly(lactic acid) produced by the direct condensation polymerization of lactic acid[J]. Journal of Environmental Polymer Degradation, 1995, 3(4): 225-234.

[111] Moon S I, Lee C W, Taniguchi I, et al. Melt/solid polycondensation of L-lactic acid: An alternative route to poly(L-lactic acid) with high molecular weight[J]. Polymer, 2001, 42(11): 5059-5062.

[112] Sun Z Q, Zhang H, Chen X Z, et al. Recent developments of stereoselective ring-opening polymerization of lactides[J]. Scientia Sinica Chimica, 2020, 50(7): 806-815.

[113] Spassky N, Wisniewski M, Pluta C, et al. Highly stereoelective polymerization of rac-(D, L)-lactide with a chiral Schiff's base/aluminium alkoxide initiator[J]. Macromolecular Chemistry & Physics, 1996, 197(9): 2627-2637.

[114] Pang X, Duan R L, Li X, et al. Breaking the paradox between catalytic activity and stereoselectivity: Rac-lactide polymerization by trinuclear Salen-Al complexes[J]. Macromolecules, 2018, 51(3): 906-913.

[115] Pilone A, Press K, Goldberg I, et al. Gradient isotactic multiblock polylactides from aluminum complexes of chiral salalen ligands[J]. Journal of the American Chemical Society, 2014, 136(8): 2940-2943.

[116] Tabthong S, Nanok T, Sumrit P, et al. Bis(pyrrolidene) Schiff base aluminum complexes as isoselective-biased initiators for the controlled ring-opening polymerization of rac-lactide: Experimental and theoretical studies[J]. Macromolecules, 2015, 48(19): 6846-6861.

[117] Duan R L, Hu C Y, Li X, et al. Air-stable salen-iron complexes: Stereoselective catalysts for lactide and ε-caprolactone polymerization through in $situ$ initiation[J]. Macromolecules, 2017, 50(23): 9188-9195.

[118] Hu C Y, Duan R L, Yang S C, et al. CO_2 controlled catalysis: Switchable homopolymerization and copolymerization[J]. Macromolecules, 2018, 51(12): 4699-4704.

[119] Zhou Y C, Hu C Y, Zhang T H, et al. One-pot synthesis of diblock polyesters by catalytic terpolymerization of lactide, epoxides, and anhydrides[J]. Macromolecules, 2019, 52(9): 3462-3470.

[120] Shao J, Sun J R, Bian X C, et al. Modified PLA homochiral crystallites facilitated by the confinement of PLA stereocomplexes[J]. Macromolecules, 2013, 46(17): 6963-6971.

[121] Liu X L, Shang X M, Tang T, et al. Achiral lanthanide alkyl complexes bearing N,O multidentate ligands. Synthesis and catalysis of highly heteroselective ring-opening polymerization of rac-lactide[J]. Organometallics, 2007, 26(10): 2747-2757.

[122] Bikiaris D N, Achilias D S. Synthesis of poly(alkylene succinate) biodegradable polyesters, Part Ⅱ: Mathematical modelling of the polycondensation reaction[J]. Polymer, 2008, 49(17), 3677-3685.

[123] Ferreira L P, Moreira A N, Pinto J C, et al. Synthesis of poly(butylene succinate) using metal catalysts[J]. Polymer Engineering and Science, 2015, 55(8): 1889-1896.

[124] Jacquel N, Freyermouth F, Fenouillot F, et al. Synthesis and properties of poly(butylene succinate): Efficiency of different transesterification catalysts[J]. Journal of Polymer Science Part A: Polymer Chemistry, 2011, 49(24): 5301-5312.

[125] Zhang Y, Li T, Xie Z, et al. Synthesis and properties of biobased multiblock polyesters containing poly(2,5-furandimethylene succinate) and poly(butylene succinate) blocks[J]. Industrial & Engineering Chemistry Research, 2017, 56(14): 3937-3946.

[126] Tachibana Y, Yamahata M, Kimura S, et al. Synthesis, physical properties, and biodegradability of biobased poly(butylene succinate-co-butylene oxabicyclate)[J]. ACS Sustainable Chemistry & Engineering, 2018, 6(8): 10806-10814.

[127] Stępień K, Miles C, McClain A, et al. Biocopolyesters of poly(butylene succinate) containing long-chain biobased glycol synthesized with heterogeneous titanium dioxide catalyst[J]. ACS Sustainable Chemistry & Engineering, 2019, 7(12): 10623-10632.

[128] Azim H, Dekhterman A, Jiang Z, et al. Candida antarctica lipase B-catalyzed synthesis of poly(butylene succinate): Shorter chain building blocks also work[J]. Biomacromolecules, 2006, 7(11): 3093-3097.

[129] Ren L W, Wang Y S, Ge J, et al. Enzymatic synthesis of high-molecular-weight poly(butylene succinate) and its copolymers[J]. Macromolecular Chemistry and Physics, 2015, 216(6): 636-640.

[130] Inoue S, Koinuma H, Tsuruta T. Copolymerization of carbon dioxide and epoxide[J]. Journal of Polymer Science Part B: Polymer Letters, 1969, 7(4): 287-292.

[131] Tao Y H, Wang X H, Zhao X J, et al. Double propagation based on diepoxide, a facile route to high molecular weight poly(propylene carbonate)[J]. Polymer, 2006, 47(21): 7368-7373.

[132] Qin Y S, Wang X H, Wang F S. Synthesis and properties of carbon dioxide based copolymers[J]. Scientia Sinica: Chimica, 2018, 48(8): 883-893.

[133] Darensbourg D J, Holtcamp M W, Struck G E, et al. Catalytic activity of a series of Zn(Ⅱ) phenoxides for the copolymerization of epoxides and carbon dioxide[J]. Journal of the American Chemical Society, 1999, 121(1): 107-116.

[134] Moore D R, Cheng M, Lobkovsky E B, et al. Electronic and steric effects on catalysts for CO_2/epoxide polymerization: Subtle modifications resulting in superior activities[J]. Angewandte Chemie-International Edition, 2002, 41(14): 2599-2602.

[135] Liu B Y, Zhao X J, Wang X H, et al. Copolymerization of carbon dioxide and propylene oxide with $Ln(CCl_3COO)_3$-based catalyst: The role of rare-earth compound in the catalytic system[J]. Journal of Polymer Science Part A: Polymer Chemistry, 2001, 39(16): 2751-2754.

[136] Lv X B, Wang Y. Highly active, binary catalyst systems for the alternating copolymerization of CO_2 and epoxides under mild conditions[J]. Angewandte Chemie-International Edition, 2004, 43(27): 3574-3577.

[137] Lu X B, Ren W M, Wu G P. CO_2 copolymers from epoxides: Catalyst activity, product selectivity, and stereochemistry control[J]. Accounts of Chemical Research, 2012, 45(10): 1721-1735.

[138] Sujith S, Min J K, Seong J E, et al. A highly active and recyclable catalytic system for CO_2/propylene oxide copolymerization[J]. Angewandte Chemie-International Edition, 2008, 47(38): 7306-7309.

[139] Liu Q, Jordan R F. Sterically controlled self-assembly of a robust multinuclear palladium catalyst for ethylene polymerization[J]. Journal of the American Chemical Society, 2019, 141(17): 6827-6831.

[140] Pankhurst J R, Paul S, Zhu Y Q, et al. Polynuclear alkoxy-zinc complexes of bowl-shaped macrocycles and their use in the copolymerisation of cyclohexene oxide and CO_2[J]. Dalton Transactions, 2019, 48: 4887-4893.

[141] Trott G, Garden J A, Williams C K. Heterodinuclear zinc and magnesium catalysts for epoxide/CO_2 ring opening copolymerizations[J]. Chemical Science, 2019, 10(17): 4618-4627.

[142] Deacy A C, Kilpatrick A F R, Regoutz A, et al. Understanding metal synergy in heterodinuclear catalysts for the copolymerization of CO_2 and epoxides[J]. Nature Chemistry, 2020, 12(4): 372-380.

[143] Gomes M, Gandini A, Silvestre A J D, et al. Synthesis and characterization of poly(2, 5-furan dicarboxylate)s based on a variety of diols[J]. Journal of Polymer Science Part A: Polymer Chemistry, 2011, 49(17): 3759-3768.

[144] Morales-Huerta J C, Martínez de Ilarduya A, Muñoz-Guerra S. Blocky poly(ε-caprolactone-co-butylene 2,5-furandicarboxylate) copolyesters via enzymatic ring opening polymerization[J]. Journal of Polymer Science Part A: Polymer Chemistry, 2018, 56(3): 290-299.

[145] Soccio M, Costa M, Lotti N, et al. Novel fully biobased poly(butylene 2,5-furanoate/diglycolate) copolymers containing ether linkages: Structure-property relationships[J]. European Polymer Journal, 2016, 81: 397-412.

[146] Konstantopoulou M, Terzopoulou Z, Nerantzaki M, et al. Poly(ethylene furanoate-co-ethyleneterephthalate) biobased copolymers: Synthesis, thermal properties and cocrystallization behavior[J]. European Polymer Journal, 2017, 89: 349-366.

[147] Sousa A F, Matos M, Freire C S R, et al. New copolyesters derived from terephthalic and 2,5-furandicarboxylic acids: A step forward in the development of biobased polyesters[J]. Polymer, 2013, 54(2): 513-519.

[148] Wu H L, Wen B B, Zhou H, et al. Synthesis and degradability of copolyesters of 2,5-furandicarboxylic acid, lactic acid, and ethylene glycol[J]. Polymer Degradation and Stability, 2015, 121: 100-104.

[149] Matos M, Sousa A F, Fonseca A C, et al. A new generation of furanic copolyesters with enhanced degradability: Poly(ethylene 2,5-furandicarboxylate)-co-poly(lactic acid) copolyesters[J]. Macromolecular Chemistry and Physics, 2014, 215(22): 2175-2184.

[150] Hu H, Zhang R Y, Shi L, et al. Modification of poly (butylene 2,5-furandicarboxylate) with lactic acid for biodegradable copolyesters with good mechanical and barrier properties[J]. Industrial & Engineering Chemistry Research, 2018, 57(32): 11020-11030.

[151] Wang X S, Liu S Y, Wang Q Y, et al. Synthesis and characterization of poly(ethylene 2,5-furandicarboxylate-co-epsilon-caprolactone) copolyesters[J]. European Polymer Journal, 2018, 109: 191-197.

[152] Wang J G, Liu X Q, Jia Z, et al. Synthesis of bio-based poly(ethylene 2,5-furandicarboxylate) copolyesters: Higher glass transition temperature, better transparency, and good barrier properties[J]. Journal of Polymer Science Part A: Polymer Chemistry, 2017, 55(19): 3298-3307.

[153] Wang J G, Mahmud S, Zhang X Q, et al. Biobased amorphous polyesters with high T_g: Trade-off between rigid and flexible cyclic diols[J]. ACS Sustainable Chemistry & Engineering, 2019, 7(6): 6401-6411.

第 **6** 章　二氧化碳化工：二氧化碳制备聚合物技术

6.1　技术概要

　　二氧化碳(CO_2)是一种储量丰富、价格低廉的可再生碳氧资源，利用二氧化碳与其他单体进行共聚反应合成聚合物的技术已经成为绿色化学化工的重要组成部分之一。其中，二氧化碳与环氧丙烷共聚物(polypropylene carbonate，PPC)是发展最为迅速、工业化最为成熟的品种。高分子量 PPC 是一种低成本的生物可降解塑料，在农用地膜、"两快"(快递、快餐)包装等领域具有百万吨级的刚性需求；低分子量 PPC 多元醇是一种具有醚酯共存结构的新型多元醇，以其为原料制备的水性聚氨酯、低 VOC 聚氨酯泡沫等材料具有突出的性能优势，现有望形成 20 万吨级环保聚氨酯领域的变革性制造技术。本章介绍了二氧化碳聚合物领域的制备技术、现有规模、发展难点，并对未来前景进行了展望。

6.2　重要意义及国内外现状

　　2018 年，全球二氧化碳排放量达到 370 亿吨[1]。作为储量丰富、廉价易得的碳氧资源，二氧化碳的年均利用量却不足 2 亿吨[2]。利用二氧化碳作为化学反应合成子既可以使温室气体"变废为宝"，又可以减轻化学工业对石油资源的依赖，是实现化学工业可持续发展的重要途径[3]。

　　原理上二氧化碳可以参与很多化学反应，但具备一定工业化规模的、可以产生良好经济效益的技术种类依然很少。目前具有代表性的二氧化碳化工产品包括尿素、水杨酸、N,N-二甲基甲酰胺、甲醇以及环状碳酸酯、聚碳酸酯等二氧化碳/环氧化物反应家族产品[4]。需要指出的是，与人类活动所产生的大量且仍不断增加的二氧化碳排放量相比，现阶段二氧化碳化学转化的规模较小，尚不足以支持有效减排，而且二氧化碳的化学转化需要消耗新的能源，整个化学转化过程不一定产生二氧化碳减排的净化气候效益[5]。因此，国内外该领域创新研究的关键在于如何提供更具竞争力的产品性能和更出色的经济效益，减排则暂时难以作为核心指标。

二氧化碳制备聚合物技术备受关注。聚合物是现代生活中最重要的化学品之一，这种高附加值产品可以使二氧化碳增值 50 倍以上[6]。二氧化碳直接聚合为"聚二氧化碳"需要 10^4MPa、1000K 的严苛条件，且产物高度不稳定[7]。因此，二氧化碳制备聚合物技术通常指在催化剂作用下以二氧化碳为原料与其他单体进行共聚反应制备二氧化碳共聚物的技术，包括直接法和间接法两大类[8]。直接法是指 CO_2 与环氧化物等单体直接进行共聚反应，该反应早在 1969 年由日本井上祥平教授发现[9]，目前已发展出 100 余种二氧化碳共聚物，该共聚反应可简单地如图 6.1 所示。间接法是指先将 CO_2 固定为环状碳酸酯等可聚合中间体[10]，再通过开环聚合或缩聚等方法得到聚合物，典型例子有日本旭化成公司开发的一种非光气法制备双酚 A 型聚碳酸酯技术[11]。

图 6.1 二氧化碳与环氧化物共聚反应方程式

从二氧化碳制备聚合物是实现廉价二氧化碳高附加值利用的重要途径，其中二氧化碳/环氧丙烷共聚物的研究最深入广泛，也最具工业化价值，因此是学术界和工业界共同关注的热点，有望成为二氧化碳到高附加值环保制品产业链的关键链条[12]。该共聚物分为两大类，一类是高交替结构[二氧化碳含量(质量分数)为 40%以上]、高分子量(数均分子量大于 200000)的二氧化碳基塑料(聚碳酸亚丙酯，PPC)，另一类是低交替结构[二氧化碳含量(质量分数)低于 30%]、低分子量(数均分子量 500~10000)的二氧化碳基多元醇(图 6.2)。

二氧化碳基塑料是一个正在快速发展中的新兴环保材料，体现了催化剂设计、聚合反应工程、聚合物性能调控和成型加工的集成创新，目前已经在生物降解农用地膜、快递包装等领域完成了万吨级规模化应用验证，利用二氧化碳的廉价特性，有望解决长期制约生物降解塑料产业发展的成本瓶颈，同时所合成的二氧化碳基塑料还具有优良的阻水阻氧性，在阻隔性包装薄膜领域显示出巨大的应用潜

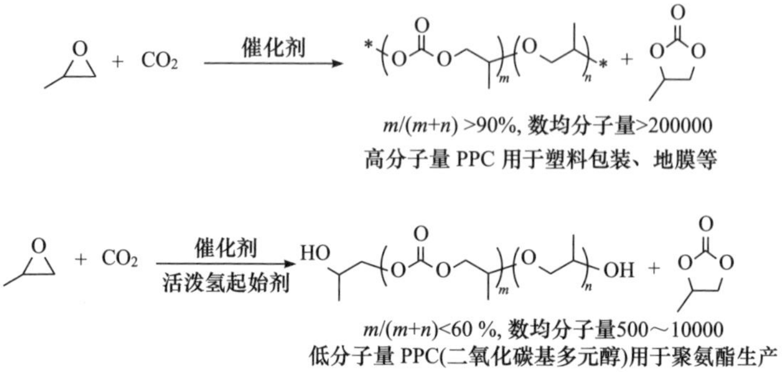

$m/(m+n) >90\%$, 数均分子量>200000

高分子量 PPC 用于塑料包装、地膜等

$m/(m+n) <60\%$, 数均分子量500～10000

低分子量 PPC(二氧化碳基多元醇)用于聚氨酯生产

图 6.2　制备 PPC 塑料与 PPC 多元醇的反应方程式

$m/(m+n)$ 指聚合产物中的碳酸酯结构含量

力,正在推动千万吨量级绿色环保产业的快速形成。低分子量的二氧化碳基多元醇是最近 5 年兴起的另一项二氧化碳制备聚合物的技术。聚氨酯是五大高分子品种之一,全球每年消耗 1500 万吨,广泛用于泡沫、涂料、黏合剂、密封剂等制品,其 60%以上的原料是聚合物多元醇,二氧化碳基多元醇技术不仅可利用廉价二氧化碳使其成本降低 20%,进而推动聚氨酯工业的原料来源多元化,还能提高聚氨酯的耐水解性和耐老化性,有望成为聚氨酯领域的一个变革性技术[13]。

二氧化碳制备聚合物技术的难点在于催化体系的设计和所制备材料的性能调控。催化体系决定了生产效率、产物选择性以及对产物的分子量、微结构等精准控制,是该领域的核心[14]。现阶段国内外较为成熟的 PPC 工业化项目多数使用非均相锌系催化剂,尽管已具备了初步的经济可行性,其活性还是比烯烃聚合催化剂低 2～3 个数量级,同时还会生成 5%～8%的热力学更稳定的环状碳酸酯副产物。此外,堆肥降解和环境降解是生物可降解高分子的主要处理方式,为避免重金属在土壤中残留,二氧化碳聚合物技术还面临着催化剂去除的高能耗问题。因此,如何设计出具有综合性能的非重金属中心催化剂,在保证二氧化碳共聚物高选择性生成的基础上,兼具无需分离的特点和接近烯烃聚合催化剂的活性,是决定二氧化碳聚合物技术进一步扩大规模的关键。二氧化碳聚合物技术的另一关键问题是材料的性能调控和成型加工。例如,中国科学院长春应用化学研究所研究团队基于数均分子量超过 3.0×10^5 的高分子量 PPC,采用熔融加工的方法实现了 8μm 厚度 PPC 超薄膜的连续制备。这种具有高阻水性能的超薄膜为生物降解地膜提供了核心原料,为解决“农膜污染”提供了切实可行的途径。

经过近 50 年以中国为代表的世界各国科学家的共同努力,以 PPC 为代表的二氧化碳基聚合物早已从实验室走向了工业化。自 2004 年中国科学院长春应用化学研究所与蒙西高新技术集团公司合作建成的千吨级 PPC 中试项目开始,吉林博大东方新材料有限公司、聚源化学工业股份有限公司、南通华盛新材料股份有限公司、科思创(Covestro)公司、美国 Novomer 公司、英国 Econic technologies 公司等多家国内外企业陆续开展了多个二氧化碳聚合物项目,产品涵盖生物降解塑料、热塑性塑料、聚氨酯水性胶、弹性体等新型材料。本章将以二氧化碳/环氧丙烷共聚体系为主,对二氧化碳聚合物的制备技术、现有规模、关键难点和未来发展进行分类介绍。

6.3　技术主要内容

6.3.1　PPC 塑料的制备与应用

生物降解塑料是一类在细菌作用下能发生降解并形成二氧化碳和水的环保塑料,被誉为最有可能在 21 世纪解决塑料"白色污染"的环保技术,PPC 属于脂肪族聚碳酸酯,是一种典型的生物降解塑料,PPC 的具体应用领域源自其所具有的合适的力学强度、一定的透明性和良好的阻氧、阻水性能[15-17]。

目前,生物降解塑料已经在美国 16 个州以及日本、法国、意大利、德国使用,中国的吉林省和海南省也已经实施禁塑[18,19],江苏、浙江、云南等多个省份正在跟进,该产业正显示出强大的生命力,已有百万吨量级的需求,而一旦突破性价比的瓶颈,生物降解塑料产业将是千万吨以上的需求。PPC 由于 40%的质量来源于二氧化碳,是低成本的人工合成生物降解材料,其工业化和应用的成功研发是振兴生物降解塑料产业的重大机会。

1. PPC 树脂的制备与改性

二氧化碳基塑料是成本最低的生物降解塑料品种之一,其工业化规模的生产有望突破长期制约生物降解塑料产业发展的高成本瓶颈。

中国科学院长春应用化学研究所从 1998 年开始进行二氧化碳基生物降解树脂的研究,发展了第一代催化剂技术(稀土三元催化剂)[20],2001 年开始与蒙西高新技术集团公司合作,经过 3 年攻关,建成了世界上第一条千吨级中试线,2004 年通过了中国科学院高技术局组织的专家验收。随后又与中国海洋石油公司合作在海南东方建设了世界上第一条 5000 吨级二氧化碳基塑料的工业生产装置。

经过近 10 年的工业化积累,中国科学院长春应用化学研究所采用第二代催化剂技术[21],2012 年在台州邦丰塑料有限公司建成 3 万吨/年二氧化碳基塑料生产装置,这是世界上正常运行的最大规模的 PPC 生产线,该装置生产出了合格的二氧化碳基塑料产品,PPC 的数均分子量达到 150000,分子量分布在 3～4 之间。

南通华盛新材料股份有限公司对该产品改性后在美国实现了百吨级销售，2014 年 5 月开始产品进入了夏威夷、明尼苏达和纽约三个州。

2016 年 6 月已经完成了第三代催化剂技术(高热稳定锌系催化剂 YH-01)和制备工艺的研发和中试[22]，该工艺包是中国科学院长春应用化学研究所近 20 年工业化研发的结晶，更是二氧化碳树脂领域的里程碑，从催化活性、聚合物分子量、聚合物中重金属控制等领域代表了世界最先进水平。2016 年 8 月，博大东方集团与中国科学院长春应用化学研究所共同成立了吉林博大东方新材料有限公司，其愿景是建设百万吨级规模的二氧化碳树脂生产线，并实现在生物降解地膜、购物袋、包装材料、医疗用品、泡沫产品等一次性使用制品上的规模应用和销售，以降低白色污染的产生。

YH-01 系催化剂可在高温下进行聚合，因而催化活性增加了 1 倍，每吨 PPC 的催化剂成本低于 1500 元；所合成的 PPC 的分子量超过 500000(业内称为甚高分子量二氧化碳树脂，即 VIIMPPC)，聚合技术已经从间歇聚合发展到半连续聚合，且发展了催化剂的低能耗脱除技术；二氧化碳树脂中仅含锌这类低毒的重金属，含量在 100ppm(1ppm=10^{-6})以下，完全达到欧盟(150ppm)、日本(150ppm)和美国(900ppm)的要求。

除了催化剂和聚合技术，中国科学院长春应用化学研究所在 PPC 的低成本改性技术上取得了重大突破。在美国销售的 PCO_2 产品的改性技术形成于 2011 年，经过 5 年的发展，中国科学院长春应用化学研究所创新性地发明了基于二氧化碳聚氨酯的系列改性技术(申报和获权中国发明专利 5 项)，制造出超高熔体强度的薄膜专用料 WT-100，为低成本生物降解树脂提供了核心原料。

2. PPC 农业地膜的推广及应用

利用 WT-100 制造的超薄生物降解地膜(图 6.3)具有目前生物降解塑料中最好的阻水性能[23-27]，目前 8μm 白色地膜和 12μm 黑色地膜均已经研制成功，2014～2018 年连续通过了新疆、吉林、山东的千亩级田间试验，在玉米、西红柿、烟草、大葱等农作物上取得了成功。值得指出的是，目前正在试验的生物降解白色地膜的厚度通常在 12μm 以上，而地膜的厚度直接决定了其成本，可以预见 WT-100 在农用地膜领域的竞争力。

中国科学院长春应用化学研究所、中国农业科学院农业环境与可持续发展研究所和吉林省农业科学院农业资源与环境研究所从 2013 年开始连续 4 年在东北、西北、西南及华北地区针对玉米、花生、番茄、藜麦、烟草、棉花等多种农作物开展了千亩级地膜的田间实验(图 6.4)，突破了生物降解地膜无法满足农艺要求的保温、保墒和有效使用寿命等系列关键技术。

图 6.3 PPC 超薄生物降解地膜生产线

(a) PPC生物降解地膜在玉米、高粱作物中的应用   (b) PPC生物降解地膜在陕西铺膜谷子中的应用

图 6.4 PPC 超薄生物降解地膜田间实验

PPC 薄膜的产品强度与韧性均可与聚乙烯材料媲美，拉伸强度大于 12MPa，断裂伸长率大于 500%，在新疆、河北、吉林等地顺利实现机械化铺膜(图 6.5)，膜的幅宽最高达到 2.05m，长度可根据土地实际长度随意调整，如新疆地区铺到了 500m。

同时，8μm 厚的 PPC 地膜的水蒸气透过量为 260g/(m² · d)，阻水性远好于厚度更大的 PLA[600g/(m² · d)，12μm]和 PBAT[1500g/(m² · d)，12μm]，阻水性的提高减少了水分的蒸发，从而提高了地膜的保温性能，土壤水分和温度数据显示，PPC 地膜在保墒和保温方面已经与聚乙烯地膜差距很小，能够起到保温保墒作用。从茎粗、叶面积、叶重、茎重、叶绿素测试结果也可以看出农作物长势很好，增产效果明显，PPC 地膜产品增产效果与聚乙烯地膜相当(图 6.6)。

(a) PPC地膜新疆石河子棉花机械化播种作业现场   (b) PPC地膜在新疆石河子棉花机械化播种打孔情况

图 6.5   PPC 超薄生物降解地膜机械化播种田间应用

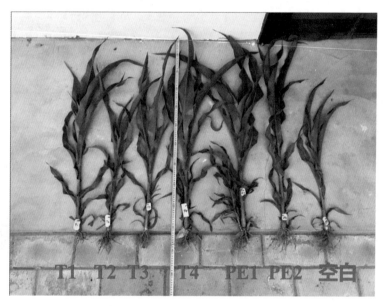

图 6.6   采用 PPC 与 PE 地膜的农作物生长对比情况

此外，PPC 地膜的有效使用寿命得到大幅改善，在吉林松原的乾安地区种植玉米可保持 70 天不开裂，在新疆昌吉地区种植番茄等作物可保持 60 天不破，完全能够满足玉米、番茄等大部分农作物的生长需要，2017 年 5 月开始在新疆昌吉地区种植棉花铺膜 45 天，地膜表面仍基本完整。

2017 年 4 月 19 日吉林市启动了 30 万吨 PPC 生产线的建设。PPC 树脂在生物降解地膜领域展现了具有竞争力的性价比优势，在玉米、番茄、土豆、烟草等有效铺膜期在 3 个月以内的农作物上获得了成功，具有巨大的应用价值和推广潜力。

6.3.2　二氧化碳基多元醇、聚氨酯

自 Otto Bayer 在 1937 年成功制备以来，聚氨酯因其优异的性能被广泛应用在涂料、黏合剂、密封剂、弹性体、泡沫和医疗等领域。Global Market Insights 的一份最新研究报告中指出，到 2026 年，聚氨酯市场规模将超过 930 亿美元[28]。在聚氨酯工业中，低聚物多元醇的用量超过原料总量的 60%。目前，多元醇主要是以石油为原料制备的。近年来，由于环境问题日益突出，全世界范围内的科研机构和各国政府均投入大量人力和物力发展"绿色"产业。其中，以二氧化碳为原料制备各种化工产品得到重视。自 1985 年二氧化碳基多元醇(CO_2-polyol)首次出现以来[29]，有效调控其结构、选择合适的催化剂与起始剂是其主要的研究方向[30,31]。经过长达半个多世纪的技术储备，不同分子量、二氧化碳含量、官能团数目的 CO_2-polyol 逐渐发展起来。一种以 CO_2-polyol 为原料的新型聚氨酯得到广泛关注。Bardow 通过全生命周期分析发现，CO_2 含量(质量分数)为 20%的 CO_2-polyol 可减少 11%～19%的温室气体排放和 13%～16%的化石资源利用，进一步衍生的二氧化碳基聚氨酯替代氢化丁腈橡胶可减少 34%的全球变暖影响和 33%的化石资源消耗[32,33]。此外，二氧化碳转化为二元环状碳酸酯，进而采用非异氰酸酯路线制备聚氨酯，即聚(羟基氨基甲酸酯)，也是一种值得关注的合成路线。

1. 二氧化碳基多元醇

多元醇作为聚氨酯的制备原料之一，年需求量约为 750 万吨[34]，采用经 CO_2 与环氧丙烷调节共聚所制备的二氧化碳基低聚(碳酸酯-醚)多元醇不仅具有材料成本低(10%～20%)、产品符合可持续发展要求的优势，同时这种新结构多元醇突破了传统的主链结构限制，所得聚氨酯具有耐水解、耐氧化、耐高温湿热等一系列新性能。

针对制备不同碳酸酯含量的多元醇，现阶段主要的催化剂包括具有席夫碱结构的 Salen 金属配合物与双基金属氰化物(Zn-Co-DMC)。用前者可制备全交替型多元醇[35]，即聚合物链中不含有醚段，此种多元醇玻璃化转变温度(T_g)一般超过 30℃；相比之下，Zn-Co-DMC 对于产品结构的调控更加灵活，通过改变反应条件(温度、压强)可实现多元醇 CO_2 含量(质量分数)在 10%～20%范围内可调(图 6.7)。为适应不同的产品需求，多元醇的分子量也是一项重要指标，在聚合体系中加入含活泼质子的起始剂是调控产物分子量的关键。先后出现的醇类与羧酸类起始剂都可有效解决这一问题。例如，DMC/聚乙二醇(PEG)体系 90℃下催化效率可达 10kg/g，CO_2 含量(质量分数)10%～30%[36,37]；采用 DMC/癸二酸(SA)体系，不仅可有效控制产物数均分子量(M_n<2000)，也可保证 CO_2 含量(质量分数)在 20%～

35%范围内可调[38]。除此之外，后续发展的多臂星型多元醇[39,40]与功能化起始剂的引入[41]，更丰富了产品的链结构，赋予了其更多的特殊性质。

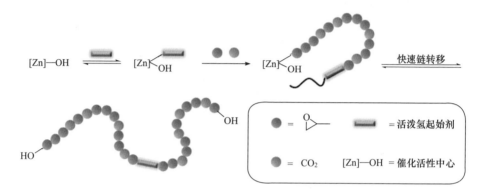

图6.7 二氧化碳/环氧丙烷链转移聚合反应示意图

2. 二氧化碳基聚氨酯

CO$_2$-polyol 与二异氰酸酯加聚制备二氧化碳基聚氨酯(CO$_2$-PU)，其化学本质是羟基与异氰酸酯的反应，其反应机理与普通多元醇与异氰酸酯反应相似。然而，由于 CO$_2$-polyol 中的特殊结构及结构可调性，CO$_2$-PU 具有一些与众不同的性能，这已经引起了广泛的重视。Hong 等[42]采用美国 Novomer 公司的 Converge Polyol 212-20 型号的 CO$_2$-polyol 制备具有良好形状记忆性能的二氧化碳基聚氨酯弹性体 (CO$_2$-TPU)，并且由于碳酸酯单元的坚硬、疏水和密封特性，该 CO$_2$-TPU 具有良好的防腐效果。Nagridge 等[43]采用美国 Novomer 公司的 Converge Polyol D 251-20 和 Converge Polyol D 351-30 制备聚氨酯泡沫，并应用于汽车座椅等领域，现被 Covestro 公司注册为 Cardyon™ 产品[44]。

中国科学院长春应用化学研究所的王献红等[45]采用CO$_2$-polyol制备二氧化碳基水性聚氨酯(CO$_2$-WPU)，发现其机械性能和热学性能可以通过改变 CO$_2$-polyol 中碳酸酯单元含量来调节，并发现其与石油基水性聚氨酯相比，该 CO$_2$-WPU 具有更好的耐热、耐水解和耐氧化性能。目前，这种 CO$_2$-WPU 已被用作环保特效黏结剂，广泛应用在一汽大众中型 SUV-探岳、广汽传祺等车型上门护板上装件的黏结，并在和谐号、京张高铁等车厢内广泛使用(图6.8~图6.10)。

此外，二元环状碳酸酯与脂肪族二元胺的加聚是非异氰酸酯路线制备聚氨酯的主要途径之一，其环状碳酸酯与氨基的反应转化率是关键。从化学结构看，环状碳酸酯可以通过多种策略由二氧化碳和多种单体转化得到，其中与环氧化物的反应得到广泛研究。从性能上来看，聚(羟基氨基甲酸酯)与常规聚氨酯相比，侧链上存在大量的羟基，与氨基甲酸酯基团形成分子间和分子内氢键，并赋予聚合物更强的耐化学性和更好的密闭性，而对吸水率和热稳定性等性质产生具有争议性的影响。目前，人们主要致力于通过开发高性能和高选择性的催化剂来优化二氧化碳合成二元环状碳酸酯的方法，并且受到了各种聚合物生产商如 BASF 和 Henkel 的关注[46]。

图 6.8　二氧化碳基水性胶生产线

图 6.9　汽车门护板上装件的黏结

图 6.10　和谐号、京张高铁内饰的黏结

3. 产业化进展

技术的革新推动工业化进程，目前 CO_2 基多元醇正向商业化迈进。位于美国的 Novomer 公司与韩国的 SK 公司具备利用含 Salen 配体催化剂合成多元醇的技术[47,48]；英国的 Econic technologies 公司利用含锌催化剂成功生产出具有不同碳酸酯链段的 CO_2 基多元醇系列产品[49]；2016 年，Covestro 公司于德国的 Dormagen 建设了年产五千吨的多元醇生产线，产品 CO_2 含量约为 20%，其可用于聚氨酯泡沫的制备[50,51]。国内聚源化学工业股份有限公司利用中国科学院长春应用化学研究所的合成技术，在吉林市化学工业循环经济示范园区建设多元醇项目，产能为 5 万吨/年；成立于 2003 年的江苏中科金龙环保新材料有限公司，据报道已建成年产 5 万吨的 CO_2-polyol 生产线；另外据报道，惠州大亚湾达志精细化工有限公司 2019 年建成了年产 4 万吨的多元醇装置。

6.3.3　PCHC 的制备、性能及工业化前景

聚碳酸丙烯酯(PPC)是最早实现工业化量产和应用的二氧化碳基塑料品种，然而生物降解材料由于结晶问题或玻璃化转变温度较低问题，很难实现在保证透明性的前提下使用温度达到 80℃以上。形成鲜明对比的是，基于 CO_2 与环氧环己烷(CHO)共聚反应制备的聚碳酸环己烯酯(PCHC)具有高玻璃化转变温度(T_g>100℃)和良好的力学强度[52]，因此其成为二氧化碳基聚物拓展高温环境应用品类的首选材料。PCHC 具有与聚苯乙烯近似的材料性质[53]，但材料脆性问题突出[54]，导致应用受到限制，一直未能实现规模制备和应用。中国科学院长春应用化学研究所技术团队通过改进聚合和加工工艺，目前所研发的 PCHC 已经具有与通用级聚苯乙烯(GPPS)相当的材料性能(表 6.1)，展现出一定的应用价值，更高性能的 PCHC 品类正在持续研发中。在拓宽二氧化碳基共聚物的利用领域方面，PCHC 具有重要的意义和应用价值，该材料将在一次性餐饮包装、一次性餐具、快递发泡填充材料等领域获得广泛的应用。

表 6.1　GPPS 与 PCHC 的性能比较

性能	GPPS	PCHC
玻璃化转变温度/℃	80～105	80～110
热分解温度/℃	300～350	262
熔融温度/℃	150～180	150～165
拉伸强度/MPa	40～60	40～80
断裂伸长率/%	7	6.3
冲击强度(无缺口)/(kJ/m²)	12～16	12.3
相对密度	1.04～1.09	1.25
拉伸弹性模量/MPa	3300	1300

6.3.4　基于 CO_2 转化技术合成双酚 A 型聚碳酸酯

双酚 A 型聚碳酸酯(BPA-PC)由于具有极好的抗冲击性、透明性、耐热性及阻燃性被广泛地应用于玻璃、板材、汽车和光盘等领域。截至 2018 年，全球 PC 需求量已达 454 万吨，是消耗量最大的工程塑料产品[55]。自 20 世纪 60 年代，德国拜耳公司和美国通用电气公司(GE)采用光气法生产 PC 以来，先后有日本帝人株式会社、日本三菱化学株式会社和美国陶氏化学等公司采用该方法用于 PC 的生产。近年来，学术界发展出一条以二氧化碳为原料的非光气路线制备 BPA-PC。非光气制备路线显然更符合当前环境保护的绿色工艺与可持续发展的要求，将逐渐成为 BPA-PC 的发展趋势(图 6.11)。

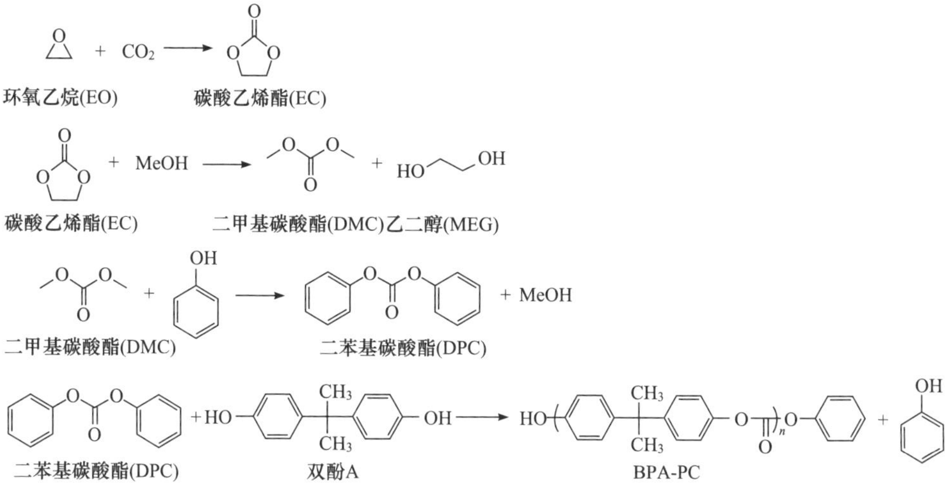

图 6.11　非光气法 PC 生产工艺

自 1977 年开始，日本旭化成公司(简称旭化成)便开始了非光气法生产 PC 的研究，2002 年旭化成与奇美电子合资在中国台湾建立工厂用于非光气法 PC 的生产，初期规模为 5 万吨/年。该工艺采用 CO_2、环氧乙烷与双酚 A 在不产生废弃物与废水的前提下合成了高性能 PC 及高纯度的乙二醇，不仅避免了光气的使用而且具有一定的可持续性，所得到的 PC 相较于光气法 PC 具有无氯残留、低模具沉积及更好的可塑性，同时该工艺所产生的副产物乙二醇解决了传统乙二醇生产过程中低转化率(90%)以及严重的能耗和产物分离问题，高收率、高纯度的乙二醇也将为聚酯等行业提供一定的支撑(传统乙二醇生产过程采用 EO 氢化，其中 $H_2O/EO=25$，反应转化率仅为 90%，且存在能耗及混合物中水的分离问题)。2012

年旭化成得到许可在全球推广该绿色工艺，得益于该工艺的经济优势、产品性能优势以及可持续性，现今已有六家公司采用旭化成的非光气法 PC 生产工艺，截至 2019 年非光气法 PC 的全球产能已达 107 万吨。同时，非光气法 PC 工艺对生产设备的腐蚀度低，进一步降低了生产成本[11,56]。

6.4 未来趋势及展望

综上所述，二氧化碳制备聚合物技术正受到学术界和产业界的高度关注，该技术的大规模推广不仅可以实现高分子工业的原料革新，对发展低碳化学、绿色化学起到良好的示范作用；同时聚碳酸酯、环保型聚氨酯等高附加值产品也带来了重要的商业效益，兼具环境和经济的双重价值。然而，目前二氧化碳制备聚合物技术还存在性价比不高、生产效率较低、产品种类较少等问题，亟需各国科学家长期不懈的努力，力争在深度和广度两方面实现突破。

随着 PPC 的成功工业化，其在生物可降解塑料和聚氨酯工业等领域发展十分迅速，然而在对更高效的生产效率、更为出色的材料性能、更为环保的反应体系的追求上，三个更深层次的问题还没有得到有效解决。首先，最大的难点是基于环境友好中心金属催化剂的设计，在二氧化碳聚合领域，现阶段绝大多数环境友好型催化剂的活性较钴系催化剂低 1～2 个数量级；而对比烯烃聚合领域的齐格勒-纳塔催化剂[57]或茂金属催化剂[58]，二氧化碳聚合性能最佳的钴系催化剂的活性又仅为其 1/10[59]。较高的聚合温度是保证催化活性的前提，却会导致热力学稳定的环状碳酸酯副产物生成，带来了高分离与回收能耗。因此，二氧化碳制备聚合物技术仍存在高活性、高选择性及绿色催化技术等带来的错综复杂的矛盾。

本节结合中国科学院长春应用化学研究所的研究工作积累和认识，对二氧化碳聚合提出以下三点展望：

(1) 在催化反应的类别上，该领域的重心可以从非均相催化转移到均相催化。非均相催化剂因制备简便、成本低廉等优点，在整个化工领域实际生产中占据了主导地位[60]，然而综合二氧化碳聚合物近 50 年的发展，均相催化剂的活性、选择性远高于非均相催化剂。非均相催化剂由于缺乏可设计性，其催化效率很难实现大幅度提高。如果能进一步优化催化剂制备方法、大幅度提高催化效率，均相催化有望突破 PPC 性价比这一重要瓶颈，将为二氧化碳聚合物工业带来更切实可行的方案。在金属中心的种类上，均相催化体系可以从钴系转变到铝系，通过调节配体的电子效应与位阻环境，铝系配合物催化剂也可以具有突出的催化性能，同时对土壤无害，利于堆肥降解[61]；在催化剂设计原理上，多中心催化将取代单中心催化，由于分子内的协同催化作用是维持二氧化碳聚合物生长的关键，这一策略可以大幅度地维持催化剂稳定，提高催化效率，同时通过降低"反咬"反应概率，抑制副产物生成[62]。

(2) PPC 的主链醚酯结构目前难以实现精准调控。碳酸酯结构由二氧化碳和环氧化物交替共聚得到，但在共聚反应中也会存在环氧化物连续插入形成醚段。PPC 作为生物降解塑料时，醚酯比例会影响 PPC 的力学性能和生物降解速率[63]；而 PPC 作为多元醇时，高度可调的醚酯比例也满足了所制备聚氨酯不同的性能需求。

(3) PPC 的分子量区间有待进一步扩大。高分子量是 PPC 作为塑料使用的前提，尤其是分子量超过 1000000 的 PPC，其物理性能可与线型低密度聚乙烯相媲美；而对于低分子量的 PPC 多元醇，超低分子量(<1000)的多元醇制备现阶段也尚未实现高效且低成本的制备。

解决这三个深度问题的突破口在于催化剂，催化体系的进步有望同时解决生物降解塑料和二氧化碳聚氨酯两个产业的生产问题，并从科研、生产和市场等多个方面共同推动，形成催化剂-聚合技术-材料应用评价的良性循环。

从广度上看，除 PPC 工业化的发展较为成熟之外，其他二氧化碳聚合物的工业化尚处于起步阶段。国内外许多研究人员也将重点聚焦在扩充与二氧化碳共聚的单体种类、探究新的聚合路线、制备功能化的二氧化碳聚合物等问题上，并在实验室层面上取得了一些阶段性的成果。首先，环氧化物种类众多，功能化的环氧化物单体与二氧化碳进行多元共聚反应可以得到不同性能的聚碳酸酯产品。例如，美国波士顿大学 Grinstaff 团队研发的环氧丙烷/缩水甘油丁酯/二氧化碳三元共聚物，作为新型可降解压敏胶在多个应用领域展现了优异的胶黏剥离强度[64]。生物质来源的环氧化物如氧化柠檬烯(LO)可由柑橘果皮提炼的柠檬烯衍生得到[65]。氧化柠檬烯与 CO_2 共聚可制备完全非石油基、生物可降解的聚碳酸酯 PLC。PLC 透明度高、机械性能强，其重复单元存在不饱和双键，亲水、耐高温等性能提供了化学修饰位点[66]。自美国康奈尔大学的 Coates 教授[67]开始，PLC 的研究工作已开展十几年之久。德国的 A. Greiner 课题组曾以千克级的水平制备出了分子量达 100000 以上的 PLC，但距离工业化仍有待进一步的发展[68]。聚脲由于具有优异的耐腐蚀性、耐磨性及耐化学性，被广泛应用于大面积项目的涂层，如油箱衬里、隧道涂料等。中国科学院长春应用化学研究所赵凤玉团队利用 CO_2 与系列二胺化合物的反应，实现了非异氰酸酯路线聚脲的制备[69]。同时这种具有新结构的聚脲相较于传统聚脲，在熔融加工性能等方面得到了显著的提升。近来，二氧化碳和烯烃共聚制备聚酯也成为热门研究课题，该聚酯可固定 29%(质量分数)二氧化碳，其材料性能有待更为详尽的研究[70]。此外，CO_2 还可以作为共聚单体与二炔、二卤化物进行三元共聚得到聚吡喃酮，其中酯段的存在保障了其可降解性，而炔基的存在则提供后修饰过程中炔基与氨基的点击反应位点以用于制备含氮的区域、立构规整性材料[71]。

有文献预测，到 2050 年，利用二氧化碳化学转化每年将会利用 3 亿~6 亿吨二氧化碳，其中，二氧化碳制备聚合物技术年消耗二氧化碳可达 5000 万吨[72]。机遇与挑战并存，与聚烯烃等成熟的石油高分子产业相比，二氧化碳基高分子的竞争力尚显不足。相信在国内外工业界和学术界的联合推动下，未来二氧化碳聚合物技术将展现更强大的生命力，有力推动我国绿色环保产业的发展。

参 考 文 献

[1] Le Quéré C, Andrew R M, Friedlingstein P, et al. Global carbon budget 2018 [J]. Earth System Science Data, 2018, 10(4): 2141-2194.

[2] Zhang Z E, Pan S Y, Li H, et al. Recent advances in carbon dioxide utilization [J]. Renewable and Sustainable Energy Reviews, 2020, 125: 109799.

[3] Song Q W, Zhou Z H, He L N. Efficient, selective and sustainable catalysis of carbon dioxide [J]. Green Chemistry, 2017, 19(16): 3707-3728.

[4] Burkart M D, Hazari N, Tway C L, et al. Opportunities and challenges for catalysis in carbon dioxide utilization [J]. ACS Catalysis, 2019, 9(9): 7937-7956.

[5] Artz J, Müller T E, Thenert K, et al. Sustainable conversion of carbon dioxide: An integrated review of catalysis and life cycle assessment [J]. Chemical Reviews, 2018, 118(2): 434-504.

[6] Cao H, Wang X H. C HAPTER 7. Carbon dioxide copolymer from delicate metal catalyst: New structure leading to practical performance//Zhao Z, Hu R, Qin A J, et al. Synthetic Polymer Chemistry: Innovations and Outlook[M]. London: RSC Publishing, 2020: 197-242.

[7] Iota V, Yoo C S, Cynn H. Quartzlike carbon dioxide: An optically nonlinear extended solid at high pressures and temperatures [J]. Science, 1999, 283(5407): 1510-1513.

[8] Grignard B, Gennen S, Jérôme C, et al. Advances in the use of CO_2 as a renewable feedstock for the synthesis of polymers [J]. Chemical Society Reviews, 2019, 48(16): 4466-4514.

[9] Inoue S, Koinuma H, Tsuruta T. Copolymerization of carbon dioxide and epoxide [J]. Journal of Polymer Science Part B: Polymer Letters, 1969, 7(4): 287-292.

[10] Tamura M, Matsuda K, Nakagawa Y, et al. Ring-opening polymerization of trimethylene carbonate to poly(trimethylene carbonate) diol over a heterogeneous high-temperature calcined CeO_2 catalyst [J]. Chemical Communications, 2018, 54(99): 14017-14020.

[11] Fukuoka S, Kawamura M, Komiya K, et al. A novel non-phosgene polycarbonate production process using by-product CO_2 as starting material [J]. Green Chemistry, 2003, 5(5): 497-507.

[12] 秦玉升, 王献红, 王佛松. 二氧化碳共聚物的合成与性能研究 [J]. 中国科学: 化学, 2018, 48(8): 883-893.

[13] Darensbourg D J. Chain transfer agents utilized in epoxide and CO_2 copolymerization processes [J]. Green Chemistry, 2019, 21(9): 2214-2223.

[14] Kember M R, Buchard A, Williams C K. Catalysts for CO_2/epoxide copolymerisation [J]. Chemical Communications, 2011, 47(1): 141-163.

[15] Qin Y S, Wang X H, Wang F S. Recent advances in carbon dioxide based copolymer [J]. Progress in Chemistry, 2011, 23(4): 613-622.

[16] Qin Y S, Sheng X F, Liu S J, et al. Recent advances in carbon dioxide based copolymers [J]. Journal of CO_2 Utilization, 2015, 11: 3-9.

[17] Luinstra A G, Borchardt E. Material properties of poly(propylene carbonates) [J]. Advances in Polymer Science, 2012, 245: 29-48.

[18] 吉林省人民政府. 吉林省禁止生产销售和提供一次性不可降解塑料袋、塑料餐具规定 [EB/OL]. http://www.jl.gpv.cn. [2020-04-01].

[19] 海南省人民政府. 海南省全面禁止生产、销售和使用一次性不可降解塑料制品实施方案 [EB/OL]. http://www.hainan.gov.cn/. [2020-04-01].

[20] Liu B Y, Zhao X J, Wang X H, et al. Copolymerization of carbon dioxide and propylene oxide with Ln(CCl₃COO)₃-based catalyst: The role of rare-earth compound in the catalytic system [J]. Journal of Polymer Science Part A: Polymer Chemistry, 2001, 39(16): 2751-2754.

[21] Lu H W, Qin Y S, Wang X H, et al. Copolymerization of carbon dioxide and propylene oxide under inorganic oxide supported rare earth ternary catalyst [J]. Journal of Polymer Science Part A: Polymer Chemistry, 2001, 49(17): 3797-3804.

[22] 张亚明, 蔡毅, 周庆海, 等. 一种二元羧酸锌催化剂、改性二元羧酸锌催化剂和二氧化碳-环氧化合物共聚物的制备方法: CN105418907A [P]. 2017-06-23.

[23] 高凤翔, 周庆海, 蔡毅, 等. 一种生物降解地膜及其制备方法: CN105623232A [P]. 2020-07-10.

[24] 高凤翔, 周庆海, 蔡毅, 等. 一种二氧化碳-环氧丙烷改性共聚物及其制备方法和二氧化碳基生物降解地膜: CN105482093A [P]. 2017-11-14.

[25] 高凤翔, 蔡毅, 王献红, 等. 一种抗粘结 PPC 材料及其制备方法: CN112646347A [P]. 2021-04-13.

[26] 周庆海, 张亚明, 高凤翔, 等. 一种生物降解农用地膜及其制备方法: CN105482385A [P]. 2016-04-13.

[27] 高凤翔, 蔡毅, 周庆海, 等. 一种黑色母料、其制备方法及黑色地膜: CN106977898B [P]. 2019-01-01.

[28] Global market insights: Polyurethanes Market size to exceed \$93 bn by 2026 [EB/OL]. https://www.gminsights.com/pressrelease/polyurethane-PU-market-size. [2020-04-01].

[29] William J K J, Daniel J S. Carbon dioxide oxirane copolymers prepared using double metal cyanide complexes: US4500704 [P]. 1985-02-19.

[30] Gavegnano C, Schinazi R F. Antiviral jak inhibitors useful in treating or preventing retroviral and other viral infections: AU2016244212B2 [P]. 2015-07-28.

[31] Hinz W, Wildeson J, Dexheimer E M, et al. Formation of polymer polyols with a narrow polydispersity using double metal cyanide (DMC) catalysts: US6713599B1[P]. 2003-03-31.

[32] von der Assen N, Bardow A. Life cycle assessment of polyols for polyurethane production using CO_2 as feedstock: Insights from an industrial case study [J]. Green Chemistry, 2014, 16(6): 3272-3280.

[33] Meys R, Kätelhön A, Bardow A. Towards sustainable elastomers from CO_2: Life cycle assessment of carbon capture and utilization for rubbers [J]. Green Chemistry, 2019, 21(12): 3334-3342.

[34] Market E C. CIS production and market of polyether and polyesters polyols [EB/OL]. http://www.chemmarket.info/en/ home/article/2413/. [2020-04-01].

[35] Lee S H, Cyriac A, Jeon J Y, et al. Preparation of thermoplastic polyurethanes using *in situ* generated poly(propylene carbonate)-diols [J]. Polymer Chemistry, 2012, 3(5): 1215-1220.

[36] Gao Y G, Qin Y S, Zhao X J, et al. Selective synthesis of oligo(carbonate-ether) diols from copolymerization of CO_2 and propylene oxide under zinc-cobalt double metal cyanide complex [J]. Journal of Polymer Research, 2012, 19(5): 1-9.

[37] 李端, 何毓嘉, 蒋新国, 等. 聚乙二醇单甲醚-dl-聚乳酸嵌段共聚物的制备方法: CN102219892A [P]. 2011-10-19.

[38] Gao Y G, Gu L, Qin Y S, et al. Dicarboxylic acid promoted immortal copolymerization for controllable synthesis of low-molecular weight oligo(carbonate-ether) diols with tunable carbonate unit content [J]. Journal of Polymer Science Part A: Polymer Chemistry, 2012, 50(24): 5177-5184.

[39] Liu S J, Qin Y S, Chen X S, et al. One-pot controllable synthesis of oligo(carbonate-ether) triol using a Zn-Co-DMC catalyst: The special role of trimesic acid as an initiation-transfer agent [J]. Polymer Chemistry, 2014, 5(21): 6171-6179.

[40] Liu S J, Miao Y Y, Qiao L J, et al. Controllable synthesis of a narrow polydispersity CO_2-based oligo(carbonate-ether) tetraol [J]. Polymer Chemistry, 2015, 6(43): 7580-7585.

[41] Ma K, Bai Q, Zhang L, et al. Synthesis of flame-retarding oligo(carbonate-ether) diols via double metal cyanide complex-catalyzed copolymerization of PO and CO_2 using bisphenol a as a chain transfer agent [J]. RSC Advances, 2016, 6(54): 48405-48410.

[42] Alagi P, Ghorpade R, Choi Y J, et al. Carbon dioxide-based polyols as sustainable feedstock of thermoplastic polyurethane for corrosion-resistant metal coating [J]. ACS Sustainable Chemistry & Engineering, 2017, 5(5): 3871-3881.

[43] DeBolt M, Kiziltas A, Mielewski D, et al. Flexible polyurethane foams formulated with polyols derived from waste carbon dioxide [J]. Journal of Applied Polymer Science, 2016, 133(45): 44086.

[44] Steinbach T, Becker G, Spiegel A, et al. Reversible bioconjugation: Biodegradable poly(phosphate)-protein conjugates [J]. Macromolecular Bioscience, 2017, 17(10): 1600377.

[45] Wang J, Zhang H M, Miao Y Y, et al. Waterborne polyurethanes from CO_2 based polyols with comprehensive hydrolysis/oxidation resistance [J]. Green Chemistry, 2016, 18(2): 524-530.

[46] Huang J, Worch J C, Dove A P, et al. Update and challenges in carbon dioxide-based polycarbonate synthesis [J]. ChemSusChem, 2020, 13(3): 469-487.

[47] Tullo A. Aramco buys Novomer's CO_2-based polyols unit[R]. Chemical & Engineering News, 2016, 94(45): 14-15.

[48] Ok M, Jeon M. Properties of poly (propylene carbonate) produced via SK Energy's Greenpol™ Technology. In ANTEC 2011 [C]. Richardson, T X: Society of Plastics Engineers, 2011.

[49] Econic Technologies Ltd. Nether alderley [EB/OL]. http: //www. econic- technologies. com/. [2020-04-01].

[50] Langanke J, Wolf A, Hofmann J, et al. Carbon dioxide (CO₂) as sustainable feedstock for polyurethane production [J]. Green Chemistry, 2014, 16(4): 1865-1870.

[51] Scott A. Learning to love CO₂ [R]. Chemical & Engineering News, 2015, 94(45): 10-16.

[52] Koning C, Wildeson J, Parton R, et al. Synthesis and physical characterization of poly (cyclohexane carbonate), synthesized from CO₂ and cyclohexene oxide [J]. Polymer, 2001, 42(9): 3995-4004.

[53] 李杨. 聚苯乙烯树脂及其应用 [M]. 北京: 化学工业出版社, 2015.

[54] Thorat S D, Phillips P J, Semenov V, et al. Physical properties of aliphatic polycarbonates made from CO₂ and epoxides [J]. Journal of Applied Polymer Science, 2003, 89(5): 1163-1176.

[55] Garside M. Global polycarbonate demand by application 2012-2022 [EB/OL]. https://www. statista.com/statistics/750971/polycarbonate-demand-worldwide-by-application/. [2021-01-01].

[56] Fukuoka S, Fukawa I, Adachi T, et al. Industrialization and expansion of green sustainable chemical process: A review of non-phosgene polycarbonate from CO₂ [J]. Organic Process Research & Development, 2019, 23(2): 145-169.

[57] Cossee P. Ziegler-Natta catalysis i. mechanism of polymerization of α-olefins with Ziegler-Natta catalysts [J]. Journal of Catalysis, 1964, 3(1): 80-88.

[58] Kaminsky W. Highly active metallocene catalysts for olefin polymerization [J]. Journal of the Chemical Society, Dalton Transactions, 1998, 9: 1413-1418.

[59] Sujith S, Min J K, Seong J E, et al. A highly active and recyclable catalytic system for CO₂/propylene oxide copolymerization [J]. Angewandte Chemie-International Edition, 2008, 47(38): 7306-7309.

[60] Qin Y S, Wang X H. Carbon dioxide-based copolymers: Environmental benefits of PPC, an industrially viable catalyst [J]. Biotechnology Journal, 2010, 5(11): 1164-1180.

[61] Sheng X F, Wu W, Qin Y S, et al. Efficient synthesis and stabilization of poly(propylene carbonate) from delicately designed bifunctional aluminum porphyrin complexes [J]. Polymer Chemistry, 2015, 6(26): 4719-4724.

[62] Cao H, Qin Y S, Zhuo C W, et al. Homogeneous metallic oligomer catalyst with multisite intramolecular cooperativity for the synthesis of CO₂-based polymers [J]. ACS Catalysis, 2019, 9(9): 8669-8676.

[63] Dong Y L, Wang X H, Zhao X J, et al. Facile synthesis of poly(ether carbonate)s via copolymerization of CO₂ and propylene oxide under combinatorial catalyst of rare earth ternary complex and double metal cyanide complex [J]. Journal of Polymer Science Part A: Polymer Chemistry, 2012, 50(2): 362-370.

[64] Beharaj A, Ekladious I, Grinstaff M W. Poly(alkyl glycidate carbonate)s as degradable pressure-sensitive adhesives [J]. Angewandte Chemie-International Edition, 2019, 58(5): 1407-1411.

[65] Zhao J, Schlaad H. Synthesis of Terpene-based Polymers// Schlaad H. Bio-synthetic Polymer Conjugates [M]. Berlin, Heidelberg: Springer, 2013.

[66] Hauenstein O, Agarwal S, Greiner A. Bio-based polycarbonate as synthetic toolbox [J]. Nature Communications, 2016, 7: 11862-11868.

[67] Byrne C M, Allen S D, Lobkovsky E B, et al. Alternating copolymerization of limonene oxide and carbon dioxide [J]. Journal of the American Chemical Society, 2004, 126(37): 11404-11405.

[68] Hauenstein O, Reiter M, Agarwal S, et al. Bio-based polycarbonate from limonene oxide and CO_2 with high molecular weight, excellent thermal resistance, hardness and transparency [J]. Green Chemistry, 2016, 18(3): 760-770.

[69] Wu P X, Cheng H Y, Shi R H, et al. Synthesis of polyurea via the addition of carbon dioxide to a diamine catalyzed by organic and inorganic bases [J]. Advanced Synthesis & Catalysis, 2019, 361(2): 317-325.

[70] Nakano R, Ito S, Nozaki K. Copolymerization of carbon dioxide and butadiene via a lactone intermediate [J]. Nature Chemistry, 2014, 6(4): 325-331.

[71] Song B, He B Z, Qin A J, et al. Direct polymerization of carbon dioxide, diynes, and alkyl dihalides under mild reaction conditions [J]. Macromolecules, 2018, 51(1): 42-48.

[72] Hepburn C, Adlen E, Beddington J, et al. The technological and economic prospects for CO_2 utilization and removal [J]. Nature, 2019, 575(7781): 87-97.

第**7**章　精细化工：染料精细化学品

7.1　技 术 概 要

精细化工是生产精细化学品工业的统称，是生产具有特定应用性能、合成工艺中步骤多、反应复杂、产品种类多及产品附加值高的精细化学品的技术领域[1]。精细化工也是当今化学工业中最具活力的新兴领域之一，直接服务于国民经济的诸多行业和高新技术产业的各个领域。大力发展精细化工已成为世界各国调整化学工业结构、提升化学工业产业能级和扩大经济效益的战略重点。

染料是典型的精细化学品，主要应用于各种纺织纤维的着色，同时也广泛地应用于塑料、橡胶、油墨、皮革、食品、造纸等工业，对丰富人们的物质生活和文化生活起着重要的作用。近年来，染料在光学和电学等方面的特性正逐渐为人们所认识，并逐步向信息技术、生物技术、医疗技术等现代高科技领域中渗透。

7.2　重要意义及国内外现状

自1857年Perkin合成苯胺紫至今，染料工业经历了若干重要历史阶段[2]。20世纪50年代活性染料的发现，实现了从纤维的吸附染色到共价染色的历史性跨越，解决了天然纤维染料耐水处理牢度的问题。但由于染料在染液和纤维中的"相分配"，约30%的染料和100%的助剂残留于废水中，对环境治理造成了很大的压力[3]。进入 21 世纪以来，随着电喷、热喷等技术的发展，清洁"干"染色新技术变为可能，染料可望被纤维完全利用[4]；同时染料的应用范围也逐步拓展到以打印、显示、标记为代表的高新技术领域，在材料、信息、生物医学等诸多领域的应用前景广泛[5]。这种具有新应用功能的染料，称为功能染料(functional dyes)，通常与近代高、新技术领域相关的光、热、电、化学、生化等性质相关，扭转了被认为是"夕阳工业"的染料工业的局面，它的发展正推动染料工业形成新的历史跨越。

2018 年是中国染料工业发展 100 周年。经过多年的努力，当前我国可生产的染料品种达 1200 多个，常用品种 600 多个，年产量占全球的 70%，出口量占世界染料贸易量的 30%以上，染料生产、出口和消费数量实现全球第一[6]。因此，我国已经成为世界上染料品种最全、产量最大的国家，少数龙头企业在国际市场上享有一定话语权。不仅如此，在一些细分领域上，少数中小企业生产的产品在国际某些细分市场上也具有较强的竞争力。

染料行业技术研发不断进步，已取得一批标志性的科研成果，技术创新成为行业发展的核心动力，清洁生产取得显著成效。目前我国已成功研发出近 500 种新型环保型染料，在全部染料种类中的占比已超过 2/3[6]。在新产品创制上，生产企业和科研院所开始了更广泛的研发工作，涉及染料、有机颜料和纺织助剂及相关中间体的所有类别。在装备提升上，合成反应设备的大型化成功解决了大型反应釜在质量传递、热量传递方面的工程技术难题，使合成过程中的单釜投料量及单批产量大幅提升；耐高温、耐有机溶剂的大型过滤设备，如自动板框压滤机提高了过滤的有效面积、过滤速率，减少了染料废水的排放。在清洁生产工艺方面，全行业大力开发新工艺取代污染严重的传统工艺，降低"三废"排放量。例如，采用加氢还原工艺替代铁粉还原，采用亚硝酰硫酸替代亚硝酸钠进行重氮化反应，采用无污染或低污染溶剂替代高污染溶剂等。在"三废"治理方面，加强末端治理，采用膜过滤和原浆干燥降低废水量，采用生化和物理方法处理废水使其达标排放，采用蒸汽机械再压缩技术(mechanical vapor recompression，MVR)和多效蒸发技术处理废酸和含酸废水等。

但目前，我国共有约 500 家染料生产企业，生产以中低端常规产品为主。染料行业发展现状指出，目前能够建立自有销售网络和自有产品体系和标准，有能力直接把产品销售到终端客户的染料企业相对较少。大多数染料生产企业规模和实力不强，能生产的产品系列不全，这些企业主要是通过贸易商销售或者替其他大型染料企业代工为主。随着"史上最严厉"的新《环境保护法》颁布实施，以及随之而来的一轮又一轮全国范围内的环境保护督查，染料行业的环保压力日益增大，一批环保不达标的中小型企业纷纷关停产能或停产整顿，迫使染料行业加快清洁生产技术改造的步伐。染料行业绿色发展不仅着眼于自身生产过程的绿色环保化，不断地创新升级清洁工艺，加快综合利用、循环利用技术的推广应用，同时通过加大环保投入，推动技术进步，调整产品结构，加快绿色环保型新产品、新技术的研发，涌现出了一批践行绿色发展的先进典型企业[7]。

近半个世纪以来，随着信息技术、生物技术、医疗技术的高速发展，对具有各种特殊功能染料的需求日益增多。根据这些情况，20 世纪 70 年代，各工业发达国家从事染料生产的大化学公司对生产的长期方针进行了细致、科学的分析，提出了染料研究需要转向新的战略思想，即集中力量致力于高技术领域所需染料的研究。结果引出了功能染料这一新的科学分支[8]。

功能染料的特殊性来源于与染料分子结构有关的各种物理、化学、生化性能。主要利用染料在紫外、可见、红外光谱区对光吸收，产生电子跃迁，形成激发态，通过能量转移、电子转移和化学反应等激发态能量的释放过程，将光能转化，从而使染料功能化，已发展成为光敏剂、光刻胶、荧光探针、光学显示材料等新兴产业不可或缺的关键化学品。1kg 功能染料的价值可能相当于几十吨乃至上百吨普通染料的价值，虽然产量不大，但是产值和利润相当可观。例如，Thermo Fisher Scientific 公司的一个荧光标记染料试剂盒，内含染料是微克或微升级，售价高达几千元。而相比于美国、日本、德国、瑞典等发达国家，我国对功能染料的开发与应用起步较晚，相关商品化染料种类较少，特别是高端品种稀缺，成为"卡脖子"的技术短板。例如，光刻胶是发展微电子信息产业及光电产业中关键基础工艺材料之一，而生产光刻胶的原料光引发剂(光敏染料)、光增感剂、光致产酸剂和光刻胶树脂等专用化学品是体现光刻胶性能的最重要原料，和光刻胶一样被国外公司垄断，严重制约了我国微电子产业的发展[9]。

7.3　技术主要内容

传统染料关注染料基态的颜色变化，主要应用于纺织、信息、打印和印刷等领域[10]。处于基态的染料吸收光后获得能量，产生电子跃迁，形成染料激发态。与基态相比，激发态能量高、不稳定，可通过热能散发、荧光发射、电子转移和光化学反应等多种释能过程回到基态。而抑制激发态其他释能过程，延长光敏染料激发态寿命是实现光化学反应的必要条件。基于这些性质，染料的功能也得以突破，并进一步产生了很多新技术及应用，这就是我们常说的功能染料。按照性能分类，染料主要可分为传统染色染料、生物医用染料、显示记录染料、能量转换染料、化学反应染料等(图 7.1)[11]。

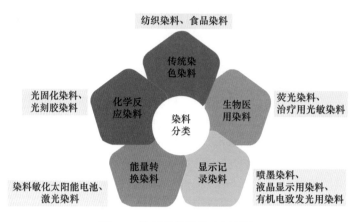

图 7.1　染料的分类及应用领域

7.3.1　传统染料

传统染料是指能使纤维或其他物质牢固着色的化合物，按来源可以分为天然染料和合成染料两大类。天然染料一般来源于植物、动物和矿物质，植物染料如茜素、靛蓝等；动物染料包括胭脂虫等。天然染料主要用于天然纤维(毛、麻、丝、棉)和部分人造纤维(牛奶纤维、大豆纤维、竹纤维、莫代尔等)纺织品上，还可以用在工艺品、皮具、竹木制品、化妆品上。合成染料主要从煤焦油分馏或石化初级产品加工后经化学加工而成。

1. 纺织染料

纺织用合成染料按应用性能分为分散染料、活性染料、酸性染料、直接染料、阳离子染料、还原染料、硫化染料等几大类，如表 7.1 所示。

表 7.1　纺织用合成染料的分类

染料类别	简介
分散染料	分散染料属于非离子型染料，染液中呈现分散状态，颗粒很细，溶解度很低，主要用于涤纶纤维及各类纺织品的染色和印花
活性染料	活性染料分子结构中含有活性基团，在适当条件下，能够与纤维发生化学反应，形成共价结合，主要用于以棉为主的纤维素纤维及各类纺织品的染色和印花
酸性染料	含有硫酸基等水溶性基团，可在酸性、弱酸性或中性介质中直接上染蛋白质纤维，湿处理牢度相对较差，主要用于羊毛、蚕丝、尼龙纤维及各种纺织品的染色和印花，也可用于皮革、纸张、墨水和化妆品等的着色
直接染料	直接染料不需依赖其他药剂就可直接染着于棉、麻、丝、毛等各种纤维，染色方法简单，色谱齐全，成本低廉，但耐洗和耐晒牢度较差，广泛应用于针织、丝绸、棉纺、线带、皮革、毛麻和造纸等行业，也可用于黏胶纤维的染色

续表

染料类别	简介
阳离子染料	该类染料因其在水中溶解后带阳离子，故称阳离子染料。阳离子染料色泽鲜艳，色谱齐全，染色牢度较高，但不易匀染，主要用于腈纶纤维
还原染料	该类染料不溶于水，强碱溶液中借助还原剂还原溶解进行染色，染后氧化重新转变为不溶性的染料而牢固地固着在纤维上。由于其碱性较强，一般不适宜于羊毛、蚕丝等蛋白质纤维的染色。还原染料颜色鲜艳，色牢度好，但价格较高，色谱不全，不易均匀染色。还原染料不能用于纤维素纤维的染色
硫化染料	该类染料大部分不溶于水和有机溶剂，但能溶解在硫化碱溶液中，但因其染液碱性太强，不适宜于染蛋白质纤维。硫化染料色谱齐全，价格低廉，色牢度好，但色光不鲜艳，可在溶解后直接染着纤维

染料产品的合成生产工艺流程，是一个涉及许多物理加工和化学反应的合成加工过程，涉及研碎、研磨、匀质、溶解过滤、盐析及喷雾干燥等一系列的物理加工过程和重氮化反应、偶合反应、缩合反应等主要的合成反应过程，通过实时在线生产控制技术完成整个生产(图7.2)。

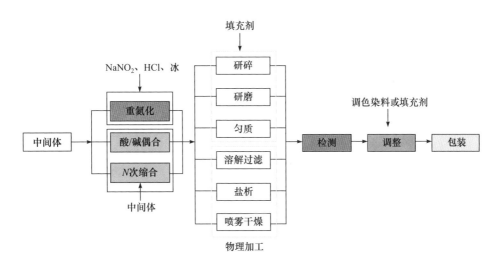

图 7.2　合成生产工艺流程

目前，印染产业以"提高产品品质、丰富终端色彩、承载时尚创意、增加附加价值"等功能，在纺织产业链条上是极为重要的价值增值环节。纺织印染产业水平是纺织强国的重要体现，但我国纺织印染产业依然存在许多问题。环保与生态安全对印染产业发展不断提出新要求。纺织品印染加工主要是以水为介质的化学加工过程，2019 年我国印染行业消耗染料和助剂 230 多万吨，印染废水排放量

14 亿~16 亿吨，COD(化学需氧量)排放量 20 万吨左右，二者均占纺织全行业的 70%以上。

印染行业是决定纺织产品及生产过程是否符合绿色生态标准的关键环节，也是纺织工业节能减排、环境保护的重点行业，对确保纺织工业可持续发展至关重要。尽管近十多年来，我国在节能减排印染技术开发应用方面取得了长足进步，单位产品的水耗和能耗指标大幅度降低，已达到了国际先进水平。但由于产能巨大，印染行业依然对我国资源环境造成较大的压力。国际上，以欧美发达国家为主推行的 REACH 法规、Bluesign、Oeko-Tex®Standard100 和 ZDHC 等认证体系，对纺织印染用化学品和生产工艺的绿色可持续化提出了更高的要求，对我国纺织产品出口形成了绿色贸易壁垒。"十三五"期间，生态文明建设首次纳入国家五年发展规划，已上升到国家发展战略层面，这对纺织印染行业的发展提出了更高要求。新《环境保护法》、《水污染防治行动计划》和《大气污染防治行动计划》的出台，《纺织染整工业水污染物排放标准》(GB 4287—2012)的实施，使纺织印染行业环保投入大幅度增加，由此带来的运行成本上升，对行业企业尤其是中小企业带来更大的压力。发展绿色可持续化印染工艺是纺织印染行业亟待解决的技术问题。

2. 食品染料

食用染料又称食用色素，指符合食品卫生法规定用于食品着色的一类染料[12]。常用食品染料有 60 多种，我国《食品添加剂使用卫生标准》允许使用的有 53 种，主要分为天然及合成两大类[13]。食用染料产品质量必须符合国家食品卫生法的规定，不仅要求染料本身没有毒性，还不允许含有任何重金属和其他有毒杂质，食用后在进入生物体内进行消化的过程中，也不能生成任何毒性产物。合成的食用染料品种主要有食用柠檬黄、食用橘黄、食用胭脂红、食用苋菜红、食用靛蓝、食用亮蓝等。食用染料除主要用于食品着色外，也用于药物和化妆品的着色。

多年来，食品工业的总产值在全球工业品产值中始终名列前茅，我国也是如此。在当今世界的食用色素消费中，各个国家和地区发展各不相同，其中美国占比 40%，是食用着色剂消费大国。根据美国食品药品监督管理局(FDA)公布的美国联邦食品药品和化妆品法(The United States Federal Food, Drug, and Cosmetic Act，缩写为 FFDCA、FDCA 或 FD&C)法定食用着色剂达 5000t，其中包括应用于医药和化妆品的色素。食用色素在最终食品市场的比例为：酒精饮料 29%、宠物食品 15%、糖果 13%、其他食品用途 12%、甜食粉 9%、焙烤食品 9%、谷物制品 5%、日常产品 5%、香肠制品 3%。近年来，随着我国食品添加剂消费量和消费水平的不断提高，我国的食用着色剂的消费量也增长很快。目前，虽然我国食用合成着色剂年消费量在 2500~2800t，但全国人均年消费量只有 2g 左右，与工

业发达国家人均年消费量 10~20g 相差甚远。因此，我国在食品染料上的发展还
有很大的上升空间。

7.3.2　生物医用染料

1. 荧光染料

荧光染料作为一种功能型精细化学品受到业内人士越来越多的关注。早在
1852 年，Stokes 就阐明了荧光发射机制，认为荧光是"重新发光"，并提出了"荧
光"的概念[14]。至 19 世纪末期，人们发现了 600 多种荧光化合物，包括荧光素、
曙红、多环芳烃等。20 世纪以后，对荧光染料的研究越来越多，尤其是荧光探针
的发展，在生物、化工、医药等领域的应用受到广泛关注[15,16]。至今，荧光分析
法因其高灵敏度、高选择性，已经发展成为一种不可替代的有效分析手段。随着
精细有机合成的发展，荧光染料的种类不断丰富，主要可分为：萘酰亚胺类、苯
乙烯类、呫吨酮类、香豆素类、噁唑衍生物类、氟硼二吡咯类、氧杂蒽类、菁染料
等(图 7.3)[17]。不同光学和化学性质的荧光染料成为不同研究领域的有力分析工具。

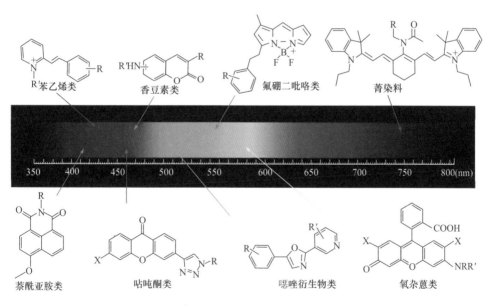

图 7.3　主要荧光染料的化学结构及所处波长范围[17]

20 世纪末，人类社会对环境和生命健康的重视程度与日俱增，荧光染料迎来
迅猛发展。基于荧光染料开发的探针分析技术首先应用于环境监测。调控与重金
属离子(如 Hg^{2+}、Cd^{2+}、Pb^{2+} 等)形成络合体系配体的供电子能力，可实现对环境中

重金属离子的荧光监测。利用特异性化学反应，荧光探针也应用于检测水体中的化学污染物的检测包括各种离子如 F^-、CN^-、NO_2^-，甲醛，水合肼等。这类荧光探针的开发也为复杂生命体系中的离子、活性小分子、生物大分子的荧光分析及成像提供了手段[15]。

由于生物体对短波长的光有吸收，并被激发产生自荧光，从而干扰对待测物的检测，因而开发具有近红外荧光发射的染料分子成为该领域研究的热点之一。除了传统的菁染料外，一系列光学性能优良的新型近红外染料分子被开发和报道，如硅杂罗丹明、氮杂 BODIPY、"长沙"系列染料等，极大地促进了荧光染料在生物医学中的应用[18]。

细胞内的金属离子(Zn^{2+}、Mg^{2+}、Ca^{2+}、Fe^{2+}等)、活性小分子如气体递质(NO、CO、H_2S)、活性氧(ROS)物种和生物硫醇等在许多生物过程中起着关键作用，也成为荧光识别的主要研究对象。荧光探针可为研究上述金属离子[19]和活性小分子[20]在细胞及组织内的分布、浓度和活性变化等提供实时可视化的工具，为研究生命过程、揭示生命机制提供有力的研究工具。

针对酶[21]、DNA[22]、RNA[23]等生物大分子的荧光成像和分析是荧光探针另一生物医学应用，特别在疾病的诊断和揭示疾病发生发展机制上发挥着重要作用。这类荧光染料的主要检测对象之一是参与细胞内生化反应的各种酶，通过对酶的荧光成像可深入研究生命过程。需要特别指出，癌症标志酶识别染料的设计近年来得到了快速发展，近百种不同类型的荧光识别染料被开发并被用于癌症相关研究。此外，癌症标志酶识别染料还在癌症的荧光手术中得到应用。例如，吲哚菁绿(ICG)类染料用于实体瘤的荧光成像早已有临床应用。近年来，ICG 荧光导航手术则首次应用于临床患者肝脏中恶性肿瘤的手术切除[24]。另外，荧光识别染料对于核酸的检测也具有非常重要的医学价值，广泛应用于临床疾病筛查。我国在这方面的研究起步较晚，缺乏核心技术，大部分商品化的核酸类染料从欧美进口。例如，华大基因的测序染料，需要从美国以高昂的价格进口，成为限制我国基因测序发展的关键。血液分析系统的核心也是核酸类染料，作为临床血液分析的核心，被列在"中国尚未掌握的核心技术清单"中。大连理工大学和深圳迈瑞生物医疗电子股份有限公司合作开发的 BC-6800 型"五分类血液细胞分析系统"一举打破国外垄断，应用于临床血液分析[25]。依托精细化工技术的不断成熟，我国在高端核酸染料上的发展将步入新的阶段。

2. 治疗用光敏染料

光动力疗法(photodynamic therapy，PDT)是光敏染料受光激发通过产生活性氧物种治疗肿瘤等疾病的方法。染料分子受光激发后到达第一激发态(S_1)，再经系间穿越到达三线态(T_1)并通过分子间的能量传递，敏化氧气产生单线态氧($^1O_2$)。

单线态氧能与附近的生物大分子发生氧化反应，产生细胞毒性进而诱导病变细胞凋亡[26]。

德国科学家 von Tappeiner 于 1903 年首次详细介绍了光敏剂伊红应用于皮肤癌的治疗过程，并在 1907 年提出光动力(photodynamic)这一概念[27]。此后，光动力疗法开始发展并完善。早期光动力治疗主要用于对皮肤疾病的治疗，相应的光敏感染料也大多集中在紫外光区或短波长可见光区。1953 年 Ingram 发展了蒽三酚染料用于对银屑病的治疗。蒽三酚是从巴西一种树木的树皮中提取的天然染料，在紫外线的照射下，该染料可有效治疗银屑病。20 世纪 70～80 年代，科学家相继开发了 5-甲基补骨脂素和 8-甲基补骨脂素，并配合紫外光照治疗皮肤类疾病。至今，补骨脂类染料如 5-甲基补骨脂素、8-甲基补骨脂素和 3-甲基补骨脂素依然是美国食品药品监督管理局及欧洲多国认可的治疗白癜风和银屑病的临床用染料[28, 29]。

研究中发现早期光敏剂在治愈病变的同时，存在不可忽略的副作用。染料涂于皮肤会引起皮肤损伤、红肿和水疱等严重反应，给患者造成痛苦。卟啉类染料的发展及人工合成促进了光动力治疗的迅速发展。1955 年，Schwartz 首次合成了一种复杂的混合卟啉制剂(血卟啉衍生物)。血卟啉衍生物被证实具有优良的生物相容性，同时具有较好的肿瘤荧光定位和光动力治疗效果，至今仍是临床上使用的主要光敏剂之一[30]。20 世纪 80 年代末至 90 年代初期，欧美国家又相继批准 Photofrin、Levulan、Visudune、Foscan 等光敏剂应用于治疗浅表、空腔和实质器官的肿瘤。光动力治疗不仅治愈了多种恶性肿瘤，而且在治愈良性疾病方面也取得了优异效果，如尖锐湿疣、鲜红斑痣和扁平疣等[28]。

进入新世纪以来，光动力染料的发展进入了繁盛时期，在 Web of Science 网站上搜索，近五年有超过 4000 篇关于光动力染料的文章发表。为了拓展光动力治疗的应用范围，目前大部分染料分子的响应波长集中于"治疗窗口"的红光或近红外光区(650～900nm)以用于对深层组织下病灶的治疗[31]。在染料分子设计上，提高系间穿越效率、延长染料三线态寿命是增强光动力效率的主要策略。研究发现，通过引入重原子如 Br、I、Pt 可有效延长三线态寿命，引入含有自由基的基团如 TEMPO 等则可提高系间穿越效率。此外，增加病变细胞的光敏剂摄取效率，是提高光动力治疗效果并降低毒副作用的另一有效方式。在这方面的研究主要体现通过向染料分子结构中引入癌症的特异性靶向基团包括多肽、抗体和核酸适配体等。另外，考虑到活性氧寿命短，扩散距离有限，也有很多研究致力于开发具有亚细胞器定位功能的光敏染料，主要通过定位细胞核或线粒体达到更高的光动力治疗效率。

治疗用光敏染料正朝着智能化的方向发展，癌症标志物激活型光敏染料受到越来越多的关注。癌细胞内还原环境、低 pH 和癌症特征酶等成为光敏染料的特异性激活因素。激活型光敏染料的开发和发展是未来的发展趋势，对于进一步提高光动力治疗的特异性和精准性具有重要意义。

7.3.3 显示记录染料

1. 喷墨染料

喷墨是较为成熟的显示记录染料。喷墨技术于 20 世纪 30 年代被首次应用，初期发展较缓慢，直到 60 年代才开始快速发展，到 80 年代该技术发展较成熟[32]。随着电子计算机技术飞速发展，喷墨打印技术和喷墨印花技术也迅速普及。喷墨技术中的喷墨染料是另一类极其重要的传统染料。染料墨水(墨水)由具有特定化学结构的单分子构成，最小单位仅为 1～2nm。染料墨水的着色剂为溶于水或有机溶剂的染料，染料分子在溶液中完全溶解。

喷墨技术在国外发展较早，如爱普生的"宝石级"快干墨水，不但色彩表现力极强，而且打印时遇纸即干；"恒彩防水耐光墨水"的防水和耐光性极佳，即使在普通纸上打印也能做到快干、不渗透，因而打印无毛刺，影像清晰，色彩表现力极佳。惠普公司特别重视墨水化学和物理性能的检测，每一种颜色的墨水都要经过 10～22 道有关污染物的测试程序，从而确保墨水的耐水性和快干性。利盟公司自有专利技术的染料型墨水，可以在任何种类的纸张上实现防水打印，打印图像在水中长时间浸泡，也不会出现熔化。佳能的改进型墨水，具有很强的防褪色能力，配合佳能专业相纸，可以保持图像颜色 25 年不褪色。我国的喷墨染料在近些年同样取得了飞速发展，达到国际成熟的技术标准。其中乐凯墨水是国内的领军品牌，乐凯墨水的打印流畅性好，尤其适用于新型高速打印机，其次，乐凯产品兼容性好，对介质的适应性强，适用于各种类型的打印介质。尤其在低温情况下，乐凯墨水能达到与高温时的流畅性一致，因此乐凯墨水对环境的适应能力强[33]。

国产染料的稳定性和耐光性曾远不及国外厂家的喷墨染料，直至大连理工大学精细化工国家重点实验室开发的大幅面数码喷墨染料及其应用项目的完成[34]。该项目拥有了中国人自己的大幅面数码喷墨染料发明专利，使得以前以国外墨水为主的局面彻底改变，进口染料价格在正常价格 10 倍以上的状况成为历史，目前国外大幅面喷绘墨水已基本退出中国市场。从 2002 年起，该项目喷墨染料技术已在 4 个企业规模化应用，产品已出口到 7 个国家和地区。主要性能优于国外产品，已实现规模化生产。

2. 液晶显示用染料

液晶在信息存储、安全设备、激光器及显示等领域有重要的应用。液晶显示(LCD)就是利用液晶的光电性能，把电信号转变成字符或者图像等可见信号[35]。

将染料分子加入液晶中，可使得液晶具有彩色显示的性质。而二向色染料溶于热致液晶溶剂中构筑的"宾-主"液晶显示器件，具有视角宽、显示柔和及稳定性好等优点。其中主体液晶材料以向列相液晶为主，客体染料应具有二向色性质，即对特定波长、不同取向状态下的光的吸收强弱不同。客体染料掺杂进主体液晶材料后，应保持与液晶分子定向的平行排列。在电场作用下，液晶分子的转动支配着客体二向色染料的排列情况，从而产生颜色的变化[36]。

目前，蒽醌和偶氮类化合物是最为常用的两类液晶染料[37]。偶氮染料含有偶氮连接基团(—N＝N—)，是最大的一类商业化染料，分子结构简单易于修饰，其颜色与偶氮基团两侧的芳香取代基密切相关，因此偶氮染料用于液晶显示的色谱比较齐全。偶氮染料自身的线型形状，可以和液晶主体材料进行很好地复配，有序参数通常大于 0.7。此外由于染料良好的溶解性，基于偶氮染料制备的器件通常呈现强烈的颜色对比度。1968 年，Heilmeier 等首次报道了以偶氮染料甲基红为二向色染料的"宾-主"液晶材料，外加电场可以控制材料的吸收特征，这一研究开启了液晶领域的新篇章[38]。此后各类偶氮染料在液晶材料中的应用被报道，研究者主要通过改进液晶染料的分子结构，如引入多个偶氮基团、两侧芳香环引入胺基、全氟烷烃链等，来调节偶氮染料的颜色、有序参数和溶解度，以满足应用需求。但是稳定性差是偶氮染料的一大缺陷，尤其是蓝色和紫色偶氮染料，也限制了其实际商用价值。

蒽醌染料是另一类重要的商业化染料，通过调节芳香环取代基的性质可使得蒽醌染料呈现各种颜色，而且良好的稳定性是蒽醌染料相比于偶氮染料的一大优势。但是蒽醌染料受分子结构特性的限制，使其无法和棒状的偶氮染料一样在液晶主体材料中呈现良好的有序性。针对该缺点，国内外研究人员主要通过在蒽醌环上不同位置修饰含各类取代基来改变分子形状使其更好地与液晶主体材料复配，提高有序参数。例如，蒽醌 2,6-位修饰 4-丁基苯硫酚取代基，有序参数可达到 0.80；修饰 4-戊基苯乙炔基后，有序参数达到了 0.84，满足了商业化要求[39]。但是相比偶氮染料，蒽醌染料的溶解度较差。因此基于蒽醌染料的器件颜色对比度要逊色于偶氮染料。

此外，除了吸收二向性外，某些染料分子也具有荧光二向性。在过去二十多年，基于萘酰亚胺、花和苯并噻唑衍生物的荧光二向性液晶染料也逐渐引起了研究者的关注，在构建液晶激光器和显示器方面有着潜在的应用[40]。但是由于强的刚性结构，很多荧光染料在液晶主体中的溶解性较低，因此发展新型二向性荧光染料满足实际应用需求是该领域的研究重点。

3. 有机电致发光用染料

有机电致发光(organic electroluminescence，OLED)的研究工作始于 20 世纪 60 年代，直到 1987 年美国柯达公司的邓青云等采用多层膜结构制作了第一个性能优良的有机电致发光器件，从此 OLED 成为发光器件研究的热点[41]。全球有超过 100 个科研团队致力于 OLED 的研究，并且其产业化前景也吸引了包括三星、索尼和 LG 在内的众多企业的关注。三十多年来，随着 OLED 技术的迅猛发展，相应的产品种类在市场上也迅速扩大，从最初的车载显示器等小型产品逐步发展为成熟的智能手机、电视和可穿戴等显示及固态照明产品。预计在 2020 年全球 OLED 的市场规模将超过千亿美元。

在 OLED 领域中，发光染料起着决定性作用。由电子-空穴复合形成的激子能否被发光材料有效利用，直接决定了 OLED 器件的性能。最初 OLED 发光材料均为传统荧光染料，在统计极限内，只有 25%的单重态激子参与辐射。因此传统的荧光 OLED 器件最大外量子效率最高只有 5%～7.5%，荧光 OLED 发光染料的典型代表是 8-羟基喹啉铝[42]。基于重金属配合物的磷光染料成为第二代 OLED 材料。金属的重原子效应可大大增加自旋轨道耦合(SOC)，提高单线态-三线态的系间穿越能力，因此磷光染料对电子-空穴复合形成的激子在理论上可实现 100%的利用率[43]。1998 年，S. R. Forrest 等开创性地将含重金属的磷光材料应用于 OLED 器件中[44]。自此以后，高效的红、绿、蓝磷光器件蓬勃发展，成为商业化 OLED 器件的主流。然而，由于稳定性较好的蓝色磷光染料相对缺乏，加之磷光染料采用资源稀缺且有毒的重金属元素，使得器件成本较高且后处理困难。热激活延迟荧光(thermally activated delayed fluorescence，TADF)材料的 T_1 态可在热能作用下反向系间穿越回到 S_1 态，进一步发生延迟荧光，和磷光材料一样可理论上实现 100%的激子利用率，因此 TADF 材料被称为第三代有机电致发光材料。2009 年，日本九州大学的 Adachi 课题组报道了卟啉锡(Ⅳ)在电致发光器件中的应用,使得 TADF 材料在 OLED 应用中取得了突破性进展[45]。2012 年 Adachi 又将纯有机 TADF 小分子应用于 OLED 器件，实现了高效的电致发光性能[46]。从此以后，基于红、绿、蓝三种发光颜色的 TADF 材料被大量报道，实现了超过 30%的器件最大外量子效率，可以与高效磷光 OLED 相媲美。但是器件效率滚降严重一直是 TADF 材料的短板，故其仍未达到实用化水平，需要进一步发展。

7.3.4　能量转换染料

1. 染料敏化太阳能电池

染料敏化太阳能电池模仿光合作用原理，将太阳能转换为电能。与无机硅和钙钛矿太阳能电池相比，染料敏化太阳能电池的光电转换效率仍然较低。除了优化器件结构和改善界面形貌，优化光敏染料分子结构是提高染料敏化太阳能电池光电转换效率的重要策略。光敏染料的作用是吸收光能，使电子从基态跃迁到激发态，然后处于激发态的染料分子将电子注入二氧化钛的导带中。因此光敏染料分子应该具有光捕获性能良好、与半导体氧化物结合性好及能级匹配等特性[47]。

常见的用于染料敏化太阳能电池的有机染料包括三类：金属钌配合物、金属卟啉和非金属有机染料。1991 年瑞士洛桑联邦理工学院的 Grätzel 教授在 Nature 杂志上报道了一种利用多吡啶钌配合物敏化二氧化钛半导体的太阳能电池，实现了 7% 的光电转换效率，这一成果为光电化学电池的发展开辟了新的途径[48]。随后染料敏化太阳能电池的研究蓬勃发展，通过设计新型光敏染料分子，电池的光电转换效率不断提高。2014 年 Grätzel 教授研究组报道了基于卟啉锌的染料敏化太阳能电池，效率达到了 13%[49]。在最近十年，非金属有机光敏染料由于种类多、制备成本低和环境友好等优点逐渐成为染料敏化太阳能电池的研究热点。非金属有机光敏染料通常具有 D-π-A 结构，其中给体 D 包括吲哚、三苯胺和咔唑等，π桥包括乙烯基、噻吩、吡咯和呋喃等基团，受体 A 常见的有氰基丙烯酸、吡啶等基团。给体、π桥和受体基团的广泛选择性为通过分子设计调节光敏染料的聚集态形貌、氧化电位、吸光范围和稳定性等重要性能参数提供了有力的支撑[50]。2015 年中国科学院长春应用化学研究所的王鹏研究员报道了一系列基于菲并咔唑为给体、噻吩和苯并噻唑作为π桥和受体的近红外光敏染料，电池的光电转换效率达到了 13%[51]。同年，日本 ADEKA 株式会社的 Toru Yano 研究团队报道了分别以咔唑和三苯胺为给体，氰基丙烯酸作为受体的两种光敏剂分子共同敏化，实现了 14.3% 的光电转换效率。

染料敏化太阳能电池目前还处于向产业化过渡的阶段，存在着效率较低、器件稳定性不足等缺陷，因此需要不断发展新型光敏染料和优化器件结构。增大染料分子的共轭体系或者采用多敏化染料，实现分子在可见光和近红外区域均有较强吸收，提高覆盖比率，从而提高光电转换效率。针对有机溶剂等液体电解质易于挥发和泄漏造成的器件封装困难和稳定性不足的问题，发展无溶剂反应是潜在的有效策略。相信随着技术的不断进步，染料敏化太阳能电池必定在未来能源结构中占有重要地位。

2. 激光染料

有机染料激光器包含增益介质、光学谐振腔和泵浦光源三个部分，其中增益介质为有机发光染料，通常需要分散在有机溶剂、聚合物或者液晶中，在泵浦光源激发下染料可产生光子[52]。在光学谐振腔作用下，受激辐射产生的光子不断地被反射，使得受激辐射连续进行，实现"粒子数反转"，当光放大超过光损耗时就产生了激光。

1966 年世界上第一台染料激光器问世，它是用脉冲红宝石激光器作为泵浦光源，氯化铝酞菁乙醇溶液作为增益介质，此后染料激光器和激光染料得到了迅速发展[53]。染料激光器输出激光波长覆盖范围为紫外到近红外波段(300nm～1.3μm)，通过混频等技术还可将波长范围扩展至真空紫外到中红外波段。常见的有机激光染料包括呫吨类、香豆素类、噁嗪类、花菁类、苝二酰亚胺类、BODIPY类、多甲川类等小分子染料，以及基于聚芴和苯乙烯框架的聚合物材料[54]。到目前为止，染料激光器已经应用于光化学、同位素分离、光生物学等领域。相比无机染料激光器，成本低、结构简单、灵活性好、波长连续可调谐是有机染料激光器的主要优势。有机染料激光器生物相容性好，并易于功能化修饰化学或者生物识别位点，增加其特异性和灵敏性，在生物医学领域有着潜在的应用价值[55]。

7.3.5　化学反应染料

光固化是指光引发剂/光敏剂在光激发下跃迁至激发态，产生自由基或阳离子活性基团，引发体系中单体或者低聚物发生交联聚合反应，使得体系由液态变为固态膜[56]。光固化技术具有高效、节能、经济、环保和适应性广的特点，从涂料、印刷油墨向微电子、医学材料、3D打印等新兴领域不断发展。高性能光引发剂在光固化过程中起着重要的作用，根据产生的活性中间体种类的不同，光引发剂可分为自由基型和阳离子型引发剂，自由基型引发剂包括苯偶姻类、苯偶酰类、二苯甲酮类、硫杂蒽醌类等化合物，阳离子型引发剂包括重氮盐、三芳基硅氧醚、烷基硫鎓盐等。为满足产品性能要求，应根据预聚体和单体的类型选用活性适当的光引发剂，如酰基膦氧化物具有高效、热稳定性好的特点，适用于厚涂层的光固化；硫杂蒽醌类引发剂必须与适当活性胺配伍才能发挥高效光引发性能[57]。

除了光固化应用，由光引发剂诱导的光降解反应同样在微电子工业中有着重要的应用。集成电路加工主要是通过光刻技术实现的，所需的关键材料是光刻胶，它分为以交联反应为主的负性光刻胶和以降解反应为主的正性光刻胶[58]。在光刻工艺中，光致产酸剂在光照下分解产生质子或自由基，诱导酸敏感材料发生分解或者交联反应，使光照和未光照部分溶解性能差异增大，经过刻蚀和去胶等过程后实现了精细图形转移。随着光刻技术的不断发展，曝光光源波长从传统的g线(436nm)逐步发展到ArF激光(193nm)，以及近几年进入实用阶段的极紫外(13.5nm)光刻[59]。

7.4　未来趋势及展望

染料工业是化工领域的重点产业，是世界各国重要的经济支撑之一。经过一个多世纪的发展，染料工业已经形成完备的体系，应用于社会生活的诸多方面。虽然染料极大地促进了国计民生，但也不可避免地造成了环境问题。因此，染料行业必须站在可持续发展战略的高度，为当代广大消费者及子孙后代着想，充分意识到染料工业对环境造成污染的危害性，大力发展染料绿色制造，增强环境保护意识，提出切实可行的战略措施。对于禁用的大宗染料产品，及时确立合适的代用途径及代用品种，积极研制开发新品种是确保染料使用及环保的双胜利关键所在。另外，从体制上着手，整合技术完善的大型企业，加强污染治理，提高染料质量。随着国际贸易关系进一步加深、加强，染料工业也会在世界范围内制定更为完善的行业标准，确定相关染料质量评价体系、环境污染综合评估方法，促进染料的国际化贸易。

传统染料的功能化和质量提升也是染料工业未来的发展方向。例如，增强染料染色效果、降低染料用量以减少能耗、解决环保问题，开发颜色随周围环境、温度可变的功能型纺织品染料等。随着人们生活水平的提高，功能型纺织品染料的需求将朝着功能型、个体需要化的方向发展。随着传统染料行业的日趋成熟，高端专业染料产品将会迎来大发展。高端专用染料产品是现代染料产业科技的核心体现，科技门槛高、利润空间大，是染料工业发展的新引擎。我国作为染料大国，在染料产品和消费上均居世界首位，实现了跨越式发展。但我国染料行业仍处于中低端水平，与欧美发达国家染料产业结构有着不小的差距，需要加大对高端专用染料的科技人员和研发费用的投入。

其中生物医用染料的设计和应用涉及多学科，开发性能优异的染料产品将结合化学、生物、药学、医学等多学科背景。其合成一般还存在工艺烦琐、价格高昂等特点，推进技术革新、优化工艺、降低成本是未来主要亟待解决的问题。此外，不仅对染料在生物体系中的光学性能提出了高要求，染料生物安全性包括生物相容性、细胞毒性、代谢等也将是该领域重点解决的问题。另外，基于功能染料的显示记录技术、能量转换技术和光固化技术已经发展成为跨化学、材料、信息和物理等多门学科的研究领域，并且正在或潜在应用于国民经济和人们日常生活的诸多方面。这些研究及应用领域的创新离不开功能染料的有力支撑，而遇到的瓶颈难点问题也有待化学和材料学家从基础材料方面着手攻克。例如，OLED已经在性能和产业化方面取得了显著的成绩，但是仍面临一系列问题，如功能染料的廉价批量生产、高效率和高稳定性蓝光染料的开发等。国外很多知名企业，如飞利浦、陶氏、惠普、索尼、三星、LG 等，都致力于显示记录染料的开发研究工作。光固化技术也关乎诸多关键技术的发展如光刻技术、3D 打印技术等，这些领域都是各国发展的重点领域。上述领域的核心之一即是相关高端染料产品的开发和产业化。目前，我国总体上在这些领域的研究滞后于欧美和日本等发达国家和地区，存在着基础研究和产业应用脱节的现象。因此，随着高新技术产业不断发展和低碳经济的到来，加大原创性技术创新和新产品开发，提高科技成果转化效率，发展高性能和绿色化有机光电功能染料成为我国染料精细化工的发展趋势，也是一大挑战。

但是，染料常规的可见光激发已经满足不了对特殊领域应用性能的需求。高能量的短波长光可以提供更高的分辨率：如极紫外光(EUV)光刻已成为高性能芯片领域的发展前沿和产业的重大需求；而低能波可以提供更深的穿透深度：如生命体系提供了 700～1700nm 的近红外(NIR)组织穿透窗口，超声波可以穿透组织10cm 以上，成为探索生命信息和向体内递送能量的新通道。

经过多年发展和探索，波长 13.5nm 光源的极紫外光刻技术(EUVL)已经被理论和实践证明了可行性，光刻机在荷兰 ASML 公司已经产业化，EUV(13.5nm)比深紫外光(DUV)(193nm)波长减少一个数量级，一次曝光便可以实现 10nm 的分辨节点，采用多次曝光，可望为 3～2nm 分辨节点提供可能。我国目前的半导体产业，尚处在 DUV 的中期阶段，最高分辨在 28nm 节点，与 5nm 的国际先进水平相比，存在较大的差距。为此，开展以小于 5nm 分辨节点光刻胶的研究，对解决我国高端半导体芯片的瓶颈难题，具有重大意义。

另外，常规可见光仅能穿透微米至毫米级别的组织。如何在体内应用，如对深部肿瘤进行精准诊疗，成为瓶颈。研究发现，0.2～3MHz 的超声波，对人体和组织安全，穿透力更强。例如，1MHz 通过 10cm 组织后，超声强度仍保持在 31%。若将超声的能量，通过染料的吸收，引发体内的活性物质，如将氧活化为活性氧(ROS，如单线态氧 $^1O_2$、超氧负离子 $O_2^{\cdot-}$、羟基自由基 $\cdot OH$ 等)，将有望在肿瘤深部进行"声动治疗"(sonodynamic therapy，SDT)，对于肿瘤扩散、脑部胶质瘤患者等提供了康复的机会。

综上所述，染料非常规激发，极紫外光激发提供光刻高分辨、超声波激发实现深部组织穿透和肿瘤治疗，两类超越常规紫外染料，具有特殊的应用性能，对半导体芯片和精准医疗领域两大重大领域的基础研究和产业化，具有重要影响。

参 考 文 献

[1] 王楠楠. 浅析我国精细化工的现状与前景 [J]. 化工管理, 2016, 403(6): 52.

[2] 徐毅. 世界上第一只合成染料是如何诞生的?——纪念苯胺紫发明 150 周年[J]. 印染, 2006, 32(16): 59.

[3] 周学双. 染料工业"三废"的特点及其对策 [J]. 化工环保, 1990, 10(3): 130-134.

[4] 吕丽华. 天然植物染料用于纤维素纤维织物染色性能研究 [D]. 大连: 大连轻工业学院, 2005.

[5] 田禾. 功能性色素在高新技术中的应用 [M]. 北京: 化学工业出版社, 2000.

[6] 程晋涛. 中国染料工业发展现状与未来 [C]//中国化工学会, 全国染料工业信息中心. 第十五届全国染料与染色学术研讨会暨信息发布会论文集. 绍兴: 第十五届全国染料与染色学术研讨会, 2018.

[7] 徐晓莉, 张燕深. 染料行业生产现状调查及环保现状 [J]. 化工管理, 2017, 7: 142-143.

[8] 程侣柏. 功能染料导论 [J]. 染料工业, 1991, 28(2): 48-52, 59.

[9] 韩长日, 宋小平. 电子与信息化学品制造技术 [M]. 北京: 科学技术文献出版社, 2001.

[10] 刘毅, 张淑芬, 杨锦宗, 等. 未改性丙纶纤维染色的新发展 [J]. 染料与染色, 2004, 41(3): 125-128.

[11] 宋小平. 染料生产技术[M]. 北京: 科学出版社, 2014.

[12] 曾顺德, 漆巨容, 张迎君. 天然食用色素的提取、纯化及应用 [J]. 食品研究与开发, 2004, 25(6): 79-81.

[13] 尤新. 中国食品加工和食品添加剂工业的发展现状及前景 [J]. 中国食品添加剂, 2000, 1(2): 1-5.

[14] 杨军浩, 李洪启, 卢聪聪. 荧光染料概述 [J]. 染料与染色, 2014, 51(5): 4-12.

[15] Yang Y, Zhao Q, Feng W, et al. Luminescent chemodosimeters for bioimaging [J]. Chemical Reviews, 2013, 113(1): 192-270.

[16] Sun W, Guo S, Hu C, et al. Recent development of chemosensors based on cyanine platforms[J]. Chemical Reviews, 2016, 116(14): 7768-7817.

[17] Vendrell M, Zhai D, Er J C, et al. Combinatorial strategies in fluorescent probe development[J]. Chemical Reviews, 2012, 112(8): 4391-4420.

[18] Guo Z, Park S, Yoon J, et al. Recent progress in the development of near-infrared fluorescent probes for bioimaging applications[J]. Chemical Society Reviews, 2014, 43(1): 16-29.

[19] Yin J, Hu Y, Yoon J. Fluorescent probes and bioimaging: Alkali metals, alkaline earth metals and pH[J]. Chemical Society Reviews, 2015, 44(14): 4619-4644.

[20] Chen X, Wang F, Hyun J Y, et al. Recent progress in the development of fluorescent, luminescent and colorimetric probes for detection of reactive oxygen and nitrogen species[J]. Chemical Society Reviews, 2016, 45(10): 2976-3016.

[21] Li H D, Yao Q C, Sun W, et al. Aminopeptidase N activatable fluorescent probe for tracking metastatic cancer and image-guided surgery via *in situ* spraying[J]. Journal of the American Chemical Society, 2020, 142(13): 6381-6389.

[22] Peng X J, Wu T, Fan J L, et al. An effective minor groove binder as a red fluorescent marker for live-cell DNA imaging and quantification[J]. Angewandte Chemie International Edition, 2011, 123(18): 4266-4269.

[23] Yao Q C, Li H D, Xian L M, et al. Differentiating RNA from DNA by a molecular fluorescent probe based on the "door-bolt" mechanism biomaterials[J]. Biomaterials, 2018, 177: 78-87.

[24] 吴远博, 赵钢军, 李宏. 腹腔镜荧光成像技术在肝癌手术导航中的应用进展[J]. 现代实用医学, 2020, 32(11), 1431-1433.

[25] 孙克. BC-6800 血细胞分析仪性能评价[J]. 国际检验医学杂志, 2013, 34(12): 1579-1581.

[26] Dolmans D E J G J, Fukumura D, Jain R K. Photodynamic therapy for cancer[J]. Nature Reviews Cancer, 2003, 3(5): 380-387.

[27] Daniell M D, Hill J S. A history of photodynamic therapy[J]. Australian & New Zealand Journal of Surgery, 2010, 61(5): 340-348.

[28] 丁慧颖. 光动力治疗基本原理及其应用[M]. 北京: 化学工业出版社, 2014.

[29] Celli J P, Spring B Q, Rizvi I, et al. Imaging and photodynamic therapy: Mechanisms, monitoring, and optimization[J]. Chemical Reviews, 2010, 110(5): 2795-2838.

[30] Kessel D. Proposed structure of the tumor-localizing fraction of HPD (hematoporphyrin derivative)[J]. Photochemistry and Photobiology, 1986, 44(2): 193-196.

[31] Swamy P C A, Sivaraman G, Priyanka R N, et al. Near infrared (NIR) absorbing dyes as promising photosensitizer for photo dynamic therapy[J]. Coordination Chemistry Reviews, 2020, 411: 213-233.

[32] 李新为, 李卫杰. 喷墨染料的现状及技术进展[J]. 信息记录材料, 2005, 6(4): 11.

[33] 骆小红. 水性颜料墨水技术文献综述[J]. 信息记录材料, 2009, 10(4): 37-43.

[34] 唐勇. 数码喷墨印花用活性墨水的开发及其应用[D]. 大连: 大连理工大学, 2010.

[35] 邵喜斌. 液晶显示技术的最新进展[J]. 液晶与显示, 2000, 15(3): 3-10.

[36] 王新久. 液晶光学和液晶显示[M]. 北京: 科学出版社, 2006.

[37] Kim D Y, Jeong K U. Light responsive liquid crystal soft matters: structures, properties, and applications[J]. Liquid Crystals Today, 2019, 28(2): 34-45.

[38] Heilmeier G H, Zanoni L A. Guest-host interactions in nematic liquid crystals. A new electro-optic effect[J]. Applied Physics Letters, 1968, 13(3): 91-92.

[39] Saunders F C, Harrison K J, Raynes E P, et al. New photostable anthraquinone dyes with high order parameters[J]. IEEE Transactions on Electron Devices, 1983, 30(5): 499-503.

[40] Sims M T. Dyes as guests in ordered systems: Current understanding and future directions[J]. Liquid Crystals, 2016, 43(13-15): 2363-2374.

[41] Tang C W, VanSlyke S A. Organic electroluminescent diodes[J]. Applied Physics Letters, 1987, 51(12): 913-915.

[42] Kwong C Y, Djurišić A B, Choy W C H, et al. Efficiency and stability of different tris (8-hydroxyquinoline) aluminium (Alq3) derivatives in OLED applications[J]. Materials Science and Engineering: B, 2005, 116(1): 75-81.

[43] Minaev B, Baryshnikov G, Agren H. Principles of phosphorescent organic light emitting devices[J]. Physical Chemistry Chemical Physics, 2014, 16(5): 1719-1758.

[44] Baldo M A, O' Brien D F, You Y, et al. Highly efficient phosphorescent emission from organic electroluminescent devices[J]. Nature, 1998, 395(6698): 151-154.

[45] Endo A, Ogasawara M, Takahashi A, et al. Thermally activated delayed fluorescence from Sn^{4+} porphyrin complexes and their application to organic light emitting diodes: A novel mechanism for electroluminescence[J]. Advanced Materials, 2009, 21(47): 4802-4806.

[46] Uoyama H, Goushi K, Shizu K, et al. Highly efficient organic light-emitting diodes from delayed fluorescence[J]. Nature, 2012, 492(7428): 234-238.

[47] Krishna J G, Ojha P K, Kar S, et al. Chemometric modeling of power conversion efficiency of organic dyes in dye sensitized solar cells for the future renewable energy[J]. Nano Energy, 2020, 70: 104537.

[48] O' Regan B, Grätzel M. A low-cost, high-efficiency solar cell based on dye-sensitized colloidal TiO_2 films[J]. Nature, 1991, 353(6346): 737-740.

[49] Mathew S, Yella A, Gao P, et al. Dye-sensitized solar cells with 13% efficiency achieved through the molecular engineering of porphyrin sensitizers[J]. Nature Chemistry, 2014, 6(3): 242-247.

[50] Wu Y Z, Zhu W H. Organic sensitizers from D-π-A to D-A-π-A: Effect of the internal electron-withdrawing units on molecular absorption, energy levels and photovoltaic performances[J]. Chemical Society Reviews, 2013, 42(5): 2039-2058.

[51] Yao Z Y, Wu H, Li Y, et al. Dithienopicenocarbazole as the kernel module of low-energy-gap organic dyes for efficient conversion of sunlight to electricity[J]. Energy & Environmental Science, 2015, 8(11): 3192-3197.

[52] Samuel I D W, Turnbull G A. Organic semiconductor lasers[J]. Chemical Reviews, 2007, 107(4): 1272-1295.

[53] Shank C V. Physics of dye lasers[J]. Reviews of Modern Physics, 1975, 47(3): 649.

[54] Kuehne A J C, Gather M C. Organic lasers: Recent developments on materials, device geometries, and fabrication techniques[J]. Chemical Reviews, 2016, 116(21): 12823-12864.

[55] Humar M, Yun S H. Intracellular microlasers[J]. Nature Photonics, 2015, 9(9): 572-576.

[56] 杨建文, 曾兆华, 陈用烈. 光固化涂料及应用[M]. 北京: 化学工业出版社, 2005.

[57] 朱俊飞, 龚灵, 樊彬, 等. 光引发剂的研究现状及进展[J]. 涂料工业, 2010, 40(5): 74-79.

[58] Dammel R R. Diazonaphthoquinone-based resists[M]. Bellingham: SPIE Press, 1993.

[59] 左保军, 祝东远, 张树青, 等. 下一代光刻技术的 EUV 光源收集系统的发展[J]. 激光与红外, 2010, 40(11): 1163-1167.

第**8**章 | 新能源：先进电池与储能技术

8.1 技术概要

随着全球化石能源短缺和环境污染问题日益严峻，储能技术作为二次能源不可缺少的技术手段得到快速发展。锂离子电池储能具备不受地理环境限制、安全便捷、环境友好等优势，引起了广泛关注。特别是近年来随着新能源汽车的推广应用，锂离子电池已经成功带动上千亿产业。社会发展迫切需要具有更高能量密度、更高功率密度、更长寿命的可充放储能器件与新技术。进一步提高锂离子电池的能量密度和功率密度，始终是二次电源研究最重要的目标。未来的重要发展方向包括新一代高性能锂离子电池、固态电池、锂液流电池等，创新关键材料、单体电芯工艺及储能系统集成是该行业实现重大技术突破的关键，对新能源汽车、智能电网、分布式能源、机器人、航空航天、先进通信、国家安全等领域的发展起到关键支撑作用，具有重大社会经济意义。

8.2 重要意义及国内外现状

工业化以来，支撑人类社会发展的化石能源面临枯竭，长期大量消耗化石能源导致的环境问题及全球气候变化，成为人类面临的巨大挑战。为解决能源需求逐年扩大与化石能源供应不足的矛盾，为应对环境污染和全球变暖的严峻挑战，能源领域正进行着深刻变革。为应对能源依赖和环境污染问题，汽车电动化已成为全球趋势。全球新能源汽车销售量从 2012 年的 11.6 万辆增长至 2019 年的 221

万辆，年复合增长率(compound annual growth rate，CAGR)达 60%以上。我国作为全球最大的新能源汽车市场，也是增长最快的市场，成为推动全球新能源车市增长的主要动力。在国家政策的大力支持下，我国新能源汽车产业取得了跨越式发展。根据中国汽车工业协会统计，2019 年我国新能源汽车销量超过 120 万辆，产销量连续三年位居全球第一。在成长初期，新能源汽车由于技术不成熟和基础设施不完善，需要政府通过补贴等优惠政策加以推动。因此，该产业的政策驱动性更强。当前，随着国家补贴政策的大幅退坡，已经倒逼全产业链共同推动技术进步，从而提升新能源汽车的核心竞争力。从现有政策导向及行业发展阶段来看，整车续航里程、电池能量密度、安全性提升及成本下降是整个行业的迫切技术需求。

规模储能产业作为能源结构的支撑产业和关键推手，在传统发电、输配电、电力需求侧、辅助服务、新能源接入等不同领域有着广阔的应用前景。作为新兴产业，储能在 2007 年以后一直保持较快增长。据不完全统计，全球储能项目在电力系统的装机总量已从 2007 年的不足 100MW 发展到 2019 年的 10GW 以上(不含抽水储能、压缩空气储能及储热)，年复合增长率达到 193%。在各类电化学储能技术中，锂离子电池储能的累计装机占比最大，液流电池基本进入大规模示范推广阶段，预计短期内电化学储能的装机规模还将保持高速增长。在各个应用领域中，分布式发电荷微电网领域新增投运规模的同比增速最大，其次是可再生能源并网领域。

在我国，国家发展和改革委员会、科学技术部、工业和信息化部及国家能源局等政府部门已在关注新能源储能产业的发展，普遍将其定位为重点支持的技术领域，出台了一系列关于锂离子电池、储能政策，给储能行业带来崭新的发展机遇，从支持建设储能到明确储能在实现智能控制、能源网络优化和缓冲的关键作用，储能产业必将迎来更加快速的发展。相关国家政策见表 8.1。

表 8.1　新能源储能相关的部分政策法规

序号	法律/规范名称	发布时间	相关内容
1	《关于进一步深化电力体制改革的若干意见》	2015 年 3 月	明确提到鼓励储能技术、信息技术的应用来提高能源使用效率
2	《关于推进新能源微电网示范项目建设的指导意见》	2015 年 7 月	储能作为微电网的关键技术，多次被重点提及
3	《能源技术革命创新行动计划(2016—2030 年)》	2016 年 4 月	明确要求先进储能技术创新，研究面向可再生能源并网、分布式及微电网、电动汽车应用的储能技术
4	《国家创新驱动发展战略纲要》	2016 年 5 月	攻克大规模供需互动、储能和并网关键技术，推动智慧电网等技术的研发应用

续表

序号	法律/规范名称	发布时间	相关内容
5	《中国制造 2025——能源装备实施方案》	2016 年 6 月	储能装备等 15 个领域的发展任务,并明确资金支持、税收优惠、鼓励国际合作等五大保障措施
6	《能源发展"十三五"规划》	2016 年 12 月	加速推动储能技术的发展开发,新型储能系统将有效提高整个能源系统乃至能源互联网的高效性、安全性、稳定性和智能性
7	《能源技术创新"十三五"规划》	2017 年 1 月	提出储能与互联网能源方面的 3 个集中公关类技术,5 个示范试验类项目,3 个推广应用类技术
8	《关于促进储能技术与产业发展的指导意见》	2017 年 10 月	提出未来 10 年中国储能产业发展的目标和五大重点任务
9	《完善电力辅助服务补偿(市场)机制工作方案》	2017 年 11 月	鼓励储能设备、需求侧资源参与提供电力辅助服务,允许第三方参与提供电力辅助服务
10	《鼓励外商投资产业目录(征求意见稿)》	2018 年 2 月	适应利用外资新形势新需求,扩大鼓励外商投资范围,涉及储能、氢能、锂电池等多领域
11	《分布式发电管理办法(征求意见稿)》	2018 年 3 月	适用于分布式储能设施,以及新能源微电一体化集成功能系统、区域能源网络
12	《河南省电力需求侧管理实施细则(试行)》	2018 年 2 月	推动储能资源、分布式可再生资源、新能源微电网综合利用
13	《进一步优化供给推动消费平稳增长 促进形成强大国内市场的实施方案(2019 年)》	2019 年 1 月	多措并举促进汽车消费,持续优化新能源汽车补贴结构,完善新能源汽车充电基础设施短板

2017 年,中国储能产业首个指导性政策《关于促进储能技术与产业发展的指导意见》正式发布,提出未来 10 年中国储能产业的发展目标,从技术创新、应用示范、市场发展和行业管理等方面对我国储能行业发展做了明确部署,将大大带动我国储能市场规模实现大幅增长。在众多储能系统中,锂离子电池、液流电池等电化学储能技术应用较为成熟,具有广阔的市场化前景,固态电池最近发展迅

速，吸引了学术界及产业界的普遍关注，被认为有望进一步提高新能源汽车的续航里程和安全性，并在未来智能社会、柔性电子等领域发挥重要作用。

8.3　技术主要内容

21 世纪以来，全球主要国家纷纷推出了自己在电池储能方向的研究发展规划，如图 8.1 所示，美国能源部的"Battery 500"，计划在 5 年时间内，投资 50亿美元支持先进电池材料及器件的研究，推动电池能量密度提升至 500Wh/kg；日本 NEDO 的 RISING Ⅱ 计划则期望在 2030 年左右实现这一目标；我国的"中国制造 2025"计划中也对电池能量密度、成本，以及在电动汽车等领域的用量等提出了系列规划[1]。

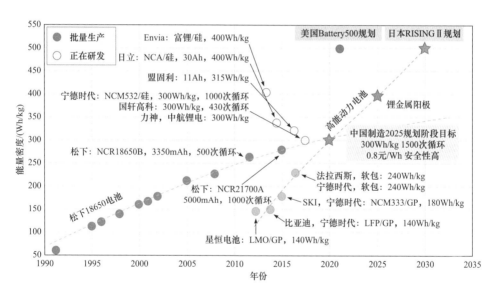

图 8.1　主要国家、机构锂电池发展路线图(数据来源，作者自行搜集)
Envia，美国 Envia 公司；SKI，韩国 SKI 公司；NCA，镍钴铝酸锂；NCM，镍钴锰酸锂；
NCR，三元锂电池；LMO，锰酸锂；LFP，磷酸铁锂；GP，石墨纸

在此背景下，自 2010 年起，我国各大科研机构、高校和企业均大力发展动力电池相关科学、技术，并取得了一定的成绩。从目前来看，我国 CATL、力神、国轩高科、中航锂电等均基本实现了到 2020 年电池能量密度达到 300Wh/kg 的目标，且成本也得到了较有效的控制。随着相关技术与产业的快速发展，人们也逐渐认识到，在不同的细分领域，对电池的要求有较大的差异，因此需要区别对待。

以近年来发展最为迅速的动力电池行业为例，纯电动汽车(EV)对电池组安全性、体积能量密度、电池日历寿命有着极高的要求，但在正常工况下，对大倍率放电性能要求并不高；但近年来发展迅速的混合动力车(HEV 和 PHEV)则对电池在大倍率充放电、相应速度上有更高的要求，对能量密度却不太敏感。而在无人机行业，则更需要质量能量密度高、大倍率放电性能好的电池。在更加贴近我们日常生活的消费电子产品如手机、平板电脑行业，电池的安全性与能量密度是所有厂家不断追求的目标，近年来快充、低温性能也被提上日程[2]。

而对锂电池来说，显然不能用一种电池满足所有的应用需求，因此在我国，也开始从政策层面上进行引导，2019 年科学技术部 "变革性技术关键科学问题" 重点专项申报指南中几个电池相关的项目，"3. 高能量密度锂二次电池电极材料" "28. 新型锂浆料储能电池关键技术研究"，正是从动力电池(目标是提升电池能量密度至 1000Wh/L、寿命>1000 次)、柔性可穿戴锂金属电池(能量密度不小于 400Wh/L，寿命>500 次)、大规模锂浆料储能电池(能量密度不小于 100Wh/kg，日历寿命>10 年)等三个不同的角度，力图引导电池行业的健康发展。这也充分体现了我国电池领域相关专家对这一行业认识的加深，对促进相关产业持续健康发展有着十分重要的意义。

8.3.1　锂离子电池

锂离子电池是过去十年电池领域的研究热点。自 1991 年松下推出第一款可充电锂离子电池以来，其应用领域逐渐从消费电子产品、电动工具等向动力、储能等领域拓展[3]。自 2008 年特斯拉推出其第一款电动汽车 Roadster 以来，目前全球电动汽车累计销量已接近 800 万台，而其成本也逐步下降，如图 8.2 所示，2013～2018 年电动汽车动力电池包价格从 650 美元/kWh 下降到 176 美元/kWh，降幅达

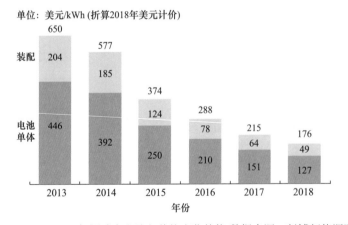

图 8.2　2013～2018 年间动力电池包价格变化趋势(数据来源：彭博新能源财经)

73%，同时电池包的能量密度也提升了近一倍。这当然有规模效应的作用，但更多的是依赖于材料与技术的进步。未来电池包价格将继续降低，但走势趋缓，如图 8.3 所示，并于 2030 年达到 62 美元/kWh 左右，当电池包价格低于 120 美元/kWh 时，电动汽车将获得较燃油车更大的成本优势。此外，全球主要国家和地区均推出了各自的燃油车退市时间表(表 8.2)，有预测表明，到 2030 年，我国电动汽车保有量将有望突破 1 亿台，因此我们有充分的理由相信，动力锂离子电池未来将有巨大的市场空间。

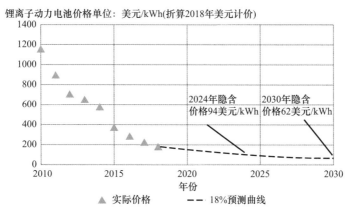

图 8.3　电动汽车电池包价格走势(2010～2030 年)(数据来源：彭博新能源财经)

表 8.2　各国家/地区燃油车禁售时间表

国家(地区)	提出时间	提出方式	实施时间	禁售范围
挪威	2016 年	国家计划	2025 年	汽油/柴油车
荷兰	2016 年	议案	2030 年	汽油/柴油乘用车
法国巴黎、西班牙马德里、希腊雅典、墨西哥墨西哥城	2016 年	签署行动协议	2025 年	柴油车
德国	2016 年	议案	2030 年	内燃机车
法国	2017 年	官员口头表态	2040 年	汽油/柴油车
苏格兰	2017 年	政府文件	2032 年	汽油/柴油车
印度	2017 年	官员口头表态	2030 年	汽油/柴油车
中国台湾	2017 年	政府规划	2040 年	汽油/柴油车
英国	2018 年	交通部门战略	2041 年	汽油/柴油车
美国加利福尼亚州	2018 年	政府法令	2029 年	燃油公交车

续表

国家(地区)	提出时间	提出方式	实施时间	禁售范围
爱尔兰	2018 年	官员口头表态	2030 年	汽油/柴油车
以色列	2018 年	官员口头表态	2030 年	进口汽油/柴油乘用车
意大利罗马	2018 年	官员口头表态	2024 年	柴油车
中国海南	2018 年	政府规划	2030 年	汽油/柴油车
西班牙	2018 年	政府规划	2040 年	汽油/柴油/混合动力汽车
加拿大不列颠哥伦比亚省	2018 年	官员口头表态	2040 年	内燃机车

动力锂离子电池制造方面，2015～2018 年，在电动汽车“白名单”的保护作用下，我国动力电池产业获得了快速发展，我国动力电池产销量 2018 年已全面超过日韩，成为全球第一大国，CATL、国轩高科、力神、中航锂电纷纷进入了全球动力电池产销量前十的榜单。从技术上来说，目前已呈现中、日、韩三国鼎立的态势。然而随着保护期的结束，外资开始加大在华投资力度，松下、三星、LG、SK 等电池厂家已经开始出现在工业和信息化部电动汽车配套名单中，动力电池市场竞争趋于白热化。

8.3.2　固态电池

固态电池技术作为下一代电化学储能技术，其研究开发工作得到了世界各国的高度重视，中国、美国、日本、德国等多个国家都相继启动了固态锂电池的重点研发计划和相关科技攻关项目，预期 5～10 年内产生重大技术突破和产业应用。2017 年 5 月，日本经济省宣布出资 16 亿日元，联合丰田、本田、日产、松下、GSYUASA(汤浅)、东丽、旭化成、三井化学、三菱化学等日本国内顶级产业链力量，共同研发固态电池，希望 2030 年实现 800 km 续航目标。法国 Bollore 公司的 EV "Bluecar" 配备其子公司 Batscap 生产的 30kWh 金属锂聚合物电池，采用 Li-PEO-LFP 材料体系，巴黎汽车共享服务 "Autolib" 使用了约 2900 辆 Bluecar，这是世界上首次用于 EV 的商业化全固态电池。松下的最新固态电池能量密度相对提高了 3～4 倍；德国 KOLIBRI 电池应用于奥迪 A1 纯电动汽车，目前尚未商业化应用。此外，三星、三菱、宝马、现代、戴森等数家企业也都通过独自研发或组合并购等方式加紧布局固态电池的储备研发。丰田宣布与松下合作研发固态电池；宝马宣布与 SolidPower 公司合作研发固态锂电池；博世与日本著名的 GSYUASA(汤浅)蓄电池公司及三菱重工共同建立了新工厂，主攻固态阳极锂离子电池；本田与日立造船建立的机构已研发出 Ah 级电池，正向量产方向努力[4, 5]。

固态电解质是固态锂电池技术的核心，对其展开的研究集中在三个方面：①无机固态电解质，其中研究热点是用在薄膜电池中的 LiPON 型电解质，以 LiPON 为电解质材料制备的氧化物电池倍率性能及循环性能都比较优异。硫化物固态电解质由氧化物固态电解质衍生而来，由于硫元素的电负性比氧元素小，对锂离子的束缚较小，有利于得到更多自由移动的锂离子。同时，硫元素半径大于氧元素，可形成较大的锂离子通道从而提升电导率。目前三星、松下、日立造船+本田、索尼都在进行硫化物无机固态电解质的研发。但空气敏感性、易氧化、高界面电阻、高成本带来的挑战并不容易在短期内彻底解决，因此距离硫化物电解质的全固态锂电池最终获得应用仍有很远距离。无机物固态电解质表现出机械强度差、电极/电解质界面阻抗大，这些缺点制约了其广泛应用于锂金属电池。②聚合物电解质，包括常见的 PEO 基聚合物固态电解质、PVDF 基凝胶电解质等，提高室温下的离子电导率依然是聚合物电解质面临的主要难题和挑战。③无机有机复合固态电解质，主要是无机填料和无定形聚合物的复合，无机惰性填料的加入提高了聚合物的机械性能、热稳定性能，并减少了电解质对电极的极化和腐蚀。由于该类电解质综合了上述两类电解质的优点，备受研究者青睐，成为未来固态电池的发展趋势。目前成熟度最高的 BOLLORE 的 PEO 基电解质固态电池已经商用，于英国少量投放城市租赁车，其工作温度要求 60~80℃，正极采用 LFP 和 $Li_xV_2O_8$，但目前 Pack 能量密度仅为 100Wh/kg[6-10]。

8.3.3　锂液流电池

自 1974 年美国 Thaller 等提出液流电池的概念以来，澳大利亚、日本、加拿大、英国、美国等国的学者提出多种体系：水系全钒液流电池(VRB)、全有机系液流电池、半固态浆料液流电池和有机靶向液流电池等，其中技术最成熟的是 VRB。目前，国外从事 VRB 开发的机构包括美国西北太平洋国家实验室、美国 UniEnergy Technologies(UET)公司、日本住友电工、美国麻省理工学院(MIT)、新加坡国立大学(NUS)等，如表 8.3 所示。

表 8.3　国外从事 VRB 相关研究的主要机构

序号	机构名称	主要研究内容	相关研究成果	应用情况
1	美国西北太平洋国家实验室	从事 VRB 关键材料、电堆等研究工作	采用硫酸/盐酸混合酸作为支持电解质，将钒离子浓度提高到 2.5mol/L	已授权 UET 在部分项目中进行应用
2	美国 UET	系统集成、运行策略开发	在美国境内开发了多套智能电网用储能系统	开发出 500kW 储能电池模块，在西雅图建成 2MW/8MWh 储能系统示范

序号	机构名称	主要研究内容	相关研究成果	应用情况
3	日本住友电工	电堆及系统集成	电堆和系统的制造技术	建成 42kW 电堆，北海道 15MW/60MWh 风光发电储能并网系统
4	美国麻省理工学院(MIT)	提出锂浆料电池	蒋业明提出半固态锂离子液流电池概念	提出浆料电池概念，创办全球第一家浆料电池公司 24M
5	新加坡国立大学(NUS)	从事"氧化还原靶向反应"锂离子液流电池	王庆教授开展高锂离子电导隔膜、靶向分子设计	完成了理论验证

目前取得规模化应用 VRB 的电解质活性材料浓度为 1~2mol/L，且电池电压平台低，这导致其能量密度低。为此，美国西北太平洋国家实验室提出用混合酸作为辅助电解质，将电解液的能量密度提高了约 40%。除水系液流电池系统外，国外有众多的研究团队正在研发具有更高能量密度的非水系液流电池。

新加坡国立大学王庆教授开发了基于"氧化还原靶向反应"的液流电池体系，得到了能量密度约 250Wh/L 的锂液流电池[11]。麻省理工学院蒋业明教授 2011 年发展了以锂离子化合物为主要活性材料成分的悬浮液代替传统全液态电极的策略，随后该团队开发了多硫化物溶液/沉淀混合的流动电极。这类新型的液流电池被称为半固态液流电池或浆料电池，活性物质以固体颗粒形态悬浮在电解液中，其浓度不受溶解度的限制，因此具有更高的能量密度。通过研究悬浮液电极导电渗逾网络的构筑方法、浆料的流变特性和空间荷电状态分布，科研人员发现浆料电池的性能需要从以下四个方面进行优化：浆料电极流变特性、材料热力学特性(如电压平台、锂离子扩散系数等)、反应器结构、集流体与流体电极的界面工程[12,13]。

国内研究机构方面，中国科学院大连化学物理研究所、清华大学、中国科学院金属研究所、中国科学院过程工程研究所、南开大学、中南大学等进行了多方面的研究，整体情况如表 8.4 所示。中国科学院大连化学物理研究所张华民团队在液流电池领域取得诸多创新，掌握了电极、电解液、双极板、离子交换膜等关键材料的构-效机理和制备方法。该团队实现了 VRB 电池和电堆的批量化生产，包括 2012 年全球最大规模 5MW 项目等近 30 项商业化储能项目，近年产品已成功进军欧美市场，推动 VRB 技术由示范应用阶段进入推广应用阶段。

表 8.4 国内从事相关研究的主要机构

序号	机构名称	相关研究内容	相关研究成果	科学意义/应用情况
1	中国科学院大连化学物理研究所	全钒液流电池关键材料批量化技术、电堆制造、系统集成及应用	离子交换膜、碳塑复合双极板、电堆、储能系统模块、系统的设计、集成及智能控制技术	应用于风电场配套用 5MW/10MWh、3MW/10MWh 等 30 余项全钒液流电池储能示范项目

续表

序号	机构名称	相关研究内容	相关研究成果	科学意义/应用情况
2	清华大学	大规模蓄电储能用全钒液流电池	高性能质子膜制备技术及工艺放大、全钒液流电池技术和工艺等	开发了 5~10kW 全钒液流电池电堆
3	南开大学	设计稳定有机活性材料和高效分离器的非水氧化还原液流电池	参考文献[14]、[15]	液流电池有机分子电极的设计和低温电解液的设计
4	中国科学院过程工程研究所	锂硫浆料电池流体正极及器件的设计制备	参考文献[16]、[17]	明确了电极材料/电解液耦合机制，浆料电池能量密度达 292Wh/L
5	中南大学	大规模、高效储能电池系统及其关键技术	全钒液流电池的电解液制备、电极材料、隔膜材料和结构设计与优化等关键技术	成功组装出 2kW 和 10kW 全钒离子液流电池堆

与 VRB 相比，使用有机电解液可拓展电池工作温度范围、提高放电电压、提升电池能量密度，因而具有更广阔的应用前景。南开大学、中国科学院过程工程研究所均在相关领域有一定的研究基础，陈军院士团队采用π共轭大环结构的卟啉类分子作为双极性的活性分子，构建了−40℃低温对称有机液流电池。

8.4　未来趋势及展望

国家和社会的发展对储能技术提出了更高要求，特别是近年来随着新能源汽车产业的飞速发展和环境污染问题的亟待改善，为加快新能源汽车取代燃油车的进程，需要开发更高能量密度、更宽适用性和更高安全性的动力电池体系；为真正把太阳能、风能等清洁能源利用起来，从源头上让新能源车成为真正的环保电动汽车，必须发展高效的大规模储能系统，相关的基础研究和产业化推广还需要进行长期而系统的研究，必须要深入研究各种储能技术所必需的关键材料、单元和系统，深入认识影响其性能发挥的关键科学问题，发展更加高效的能量存储与转化的新理论、新方法，突破关键材料的规模放大技术，完成系统工艺过程集成设计和总成技术，形成储能科学与技术的核心科学与工业基础。

8.4.1　锂离子电池

锂离子动力电池主要有日韩、欧美及中国的公司在进行开发。代表性企业包括日本 AESC、松下、索尼、日立，韩国 SK、LG、三星 SDI，以及中国的 CATL、比亚迪、国轩高科、力神、比克等。为了提升电池的能量密度，日本 NEDO 2008 年提出电池革新研究计划(RISING)，其 2020 年的目标是电池能量密度达到 250Wh/kg，主要通过第三代锂离子电池实现。2030 年的目标是 500Wh/kg，通过固态锂电池、锂空气、锂硫电池实现[14,15]。美国能源部 2012 年启动了储能联合研究中心(Joint Center for Energy Storage Research，JCESR)项目，提出车用演示电池能量密度达到 400Wh/kg，技术路线包括锂硫、锂空、镁电池等。因此，提高电池的能量密度是锂离子电池发展的一个重要方向。

提高能量密度，发展关键材料是核心。在负极材料方面，硅负极具有非常高的理论储锂容量，一直是国际研究热点。中国科学院物理研究所、三星、SANYO、松下、信越、三井金属、3M、斯坦福大学等先后提出了包括直接碳包覆、硅薄膜、双层复合薄膜、超级电化学镀铜、氧化亚硅、无定形硅合金、硅纳米线等多种技术解决方案。在基础研究方面，硅的制备、形貌与微结构、复合材料、结构演化、体积变化、裂纹演化、界面膜、输运特性获得了广泛关注。在正极材料方面，主要是开发高容量、高电压材料，包括富镍三元、镍钴铝、高电压锂镍锰氧、富锂层状氧化物材料等。高能量密度锂离子电池开发成功的关键是能找到耐受高电压的电解液。在碳酸酯中加入高电压添加剂是目前的主流方法，可获得 4.4～4.5V 的电解液。针对下一代 400Wh/kg 高能量密度锂离子电池新体系，需要开发 4.8～5V 电解液，同时能与高电压正极与硅负极匹配。主要思路是在正极表面形成更稳定的 SEI 膜，替换更稳定的氟代碳酸酯及醚，发展电压窗口更高的锂盐。提高能量密度后要兼顾高电压和安全性，隔膜也需要改进。动力电池隔膜发展的要求是提高性能和提高安全性并重。陶瓷涂覆的聚乙烯隔膜在 150℃ 基本可以保证电池的安全。为进一步提高隔膜耐受高温到 200℃ 甚至 300℃，在高熔点的基材上涂布无机颗粒或复合其他功能涂层也是隔膜技术发展的重要方向[16-19]。

8.4.2　固态电池

固态电解质是固态锂电池技术的核心，一直是固态电池的研究重点，未来技术突破预计主要集中在以下三个方面：①用在薄膜电池中的 LiPON(锂磷氧氮)电解质，以 LiPON 为电解质材料制备的氧化物电池倍率性能及循环性能都比较优异，比较适合未来智能电子和微器件应用领域。②聚合物电解质，包括常见的聚氧化乙烯(PEO)基聚合物固态电解质、聚偏氟乙烯(PVDF)基凝胶电解质等，固体聚合物电解质(solid polymer electrolyte，SPE)相比于无机固态电解质表现出更好的柔韧性，它具有较低的界面电阻及良好的机械强度(10^6～10^8Pa)，而且最近的研究表明它可以有效抑制锂枝晶的生成。当前，提高室温下的离子电导率是固体电解质面临的主要难题和挑战。③固体电解质界面问题，由于其缺乏流动性，固固接触形成的电解质-金属锂界面普遍存在接触面积小、离子传输慢、阻抗大等缺点。这一界面问题已成为制约固态锂电池发展的瓶颈[10,20,21]。

固态锂电池的生产设备虽然与传统锂离子电池电芯生产设备有较大差别，但从客观上看也不存在革命性的创新，可能 80%的设备可以延续锂离子电池的生产设备，只是在生产环境上有了更高的要求，需要在更高级别的干燥间内进行生产，这对于具备超级电容器、锂离子电容器、镍钴铝、预锂化、钛酸锂等空气敏感储能器件或材料的企业来说，制造环境可以兼容，但相应的生产环境成本显著提高。在各国政策的引领下，一场全球范围内的固态锂电池技术竞赛已经开启，固态锂电池将会作为新一代储能器件开始进入终端市场。最后随着循环性、倍率、高低温、安全性等综合技术指标的提升，逐渐进入电动汽车市场，蜂拥而至的研究机构和企业联盟有可能将固态锂电池的产业应用时间提前。

8.4.3　液流电池

液流电池以其特殊的工作模式，在大规模储能方面吸引了越来越多的关注，许多液流电池的大型示范系统近年来在世界各地出现。另外，液流电池的研究力度在过去五年中变得更大，许多新的体系和研究手段不断被报道出来。综述近几年的进展，高能量密度液流电池的研究经历着从水系到非水系，从全液流到混合液流，从液相到半固相再到全固相的发展阶段[22-24]。大多数水系液流电池由于电压的限制，其单个储液罐的能量密度一般低于 50Wh/L。以钒电池为代表的水系液流电池还面临着成本高和工作温度区间窄的缺点，阻碍了这类电池的产业化发展。而近年来广泛研究的非水系液流电池，虽然电池电压一般高于 2V，但由于活性物质的溶解度较低，并且缺乏合适的离子导电膜，短期内还看不到应用前景。半固态流体电池以悬浮的固体物质浆料作为活性材料，具有发展高能量密度流体电池的潜力，但由于浆料的流动性差，有很多工程上的问题需要解决。基于"氧化还原靶向反应"的液流电池体系结合了传统液流电池和半固态流体电池的优点，为发展高能量密度的液流电池提供了一种新途径。这种电池独特的工作原理，使得它可应用于不同电池体系，从而发展出更接近实用的液流电池系统。有望在较短的时间内完成从基础研究到工程展示的转化。液流储能具有比超级电容器和固态电池更高的功率和容量。此外，虽然同成熟的抽水储能和压缩空气储能技术相比其容量较小，但液流储能装备安置不受环境及地质条件限制。这些突出优点是现有成熟储能技术体系的有效补充，有助于人类摆脱对储量有限、高污染化石能源的依赖，对中国走上高质量的绿色发展道路具有重大意义。

8.4.4　展望

先进电池与储能技术是推动社会进步的关键，从综合技术发展来看，未来10～20 年在 3C 电子(计算机、通信和消费类电子产品)及交通等领域，主流技术仍是先进锂离子电池。固态电池会在柔性电子、智能装备等领域逐渐渗透，并有望最终解决新能源汽车的安全性问题。在规模储能领域，锂离子电池储能及液流储能技术会从小规模示范应用逐渐趋向商业化。针对下一代先进电池及储能技术变革和全产业链发展，绿色过程与制造技术的内涵主要体现在：①电池制造过程全流程的绿色化，从上游资源、关键正负极材料、电芯制造过程等，都需要提高工艺水平，控制污染；②锂电池、液流电池等退役后必须进行回收利用，从设计之初就应考虑回收问题、梯次利用等；③电池及储能器件制造过程的绿色化、智能化，从目前的自动化、数字化工厂到未来的智能工厂，提高一致性和良品率。

参 考 文 献

[1] 任泽平, 连一席, 陈栎熙, 等. 2019 年全球动力电池行业报告 [EB/OL]. (2019-12-19) http://finance.sina.com.cn/zl/2019-12-19/zl-iihnzhfz6938148.shtml. [2020-08-27].

[2] Guan P Y, Zhou L, Yu Z L, et al. Recent progress of surface coating on cathode materials for high-performance lithium-ion batteries [J]. Journal of Energy Chemistry, 2020, 43: 220-235.

[3] Zhao C Z, Zhao B C, Yan C, et al. Liquid phase therapy to solid electrolyte-electrode interface in solid-state Li metal batteries: A review [J]. Energy Storage Materials, 2020, 24: 75-84.

[4] 杜奥冰, 柴敬超, 张建军, 等. 锂电池用全固态聚合物电解质的研究进展 [J]. 储能科学与技术, 2016, 5(5): 627-648.

[5] 王伟, 朱航辉. 锂离子电池固态电解质的研究进展 [J]. 应用化工, 2017, 46(4): 760-764.

[6] Chen S M, Wen K H, Fan J T, et al. Progress and future prospects of high-voltage and high-safety electrolytes in advanced lithium batteries: From liquid to solid electrolytes [J]. Journal of Materials Chemistry A, 2018, 6(25): 11631-11663.

[7] Fu K K, Gong Y H, Dai J Q, et al. Flexible, solid-state, ion-conducting membrane with 3D garnet nanofiber networks for lithium batteries [J]. Proceedings of the National Academy of Sciences of the United States of America, 2016, 113(26): 7094-7099.

[8] Liu W, Lee S W, Lin D C, et al. Enhancing ionic conductivity in composite polymer electrolytes with well-aligned ceramic nanowires [J]. Nature Energy, 2017, 2: 17035.

[9] Kato Y, Hori S, Saito T, et al. High-power all-solid-state batteries using sulfide superionic conductors [J]. Nature Energy, 2016, 1: 16030.

[10] Liang J N, Luo J, Sun Q, et al. Recent progress on solid-state hybrid electrolytes for solid-state lithium batteries [J]. Energy Storage Materials, 2019, 21: 308-334.

[11] Zhao Y, Ding Y, Li Y T, et al. A chemistry and material perspective on lithium redox flow batteries towards high-density electrical energy storage [J]. Chemical Society Reviews, 2015, 44(22): 7968-7996.

[12] 李先锋, 张洪章, 郑琼, 等. 能源革命中的电化学储能技术 [J]. 中国科学院院刊, 2019, 34(4): 443-449.

[13] Hu L, Guo K, Zhai T, et al. 新型锂-液流电池 [J]. Chinese Science Bulletin, 2016, 61(3): 350-363.

[14] Wu F X, Maier J, Yu Y. Guidelines and trends for next-generation rechargeable lithium and lithium-ion batteries [J]. Chemical Society Reviews, 2020, 49(5): 1569-1614.

[15] Liu J, Bao Z N, Cui Y, et al. Pathways for practical high-energy long-cycling lithium metal batteries [J]. Nature Energy, 2019, 4(3): 180-186.

[16] Harper G, Sommerville R, Kendrick E, et al. Recycling lithium-ion batteries from electric vehicles [J]. Nature, 2019, 575(7781): 75-86.

[17] Choi J W, Aurbach D. Promise and reality of post-lithium-ion batteries with high energy densities [J]. Nature Reviews Materials, 2016, 1(4): 1-16.

[18] Kim J H, Pieczonka N P W, Yang L. Challenges and approaches for high-voltage spinel lithium-ion batteries [J]. ChemPhysChem, 2014, 15(10): 1940-1954.

[19] Li Q, Chen J E, Fan L, et al. Progress in electrolytes for rechargeable Li-based batteries and beyond [J]. Green Energy & Environment, 2016, 1(1): 18-42.

[20] Heiskanen S K, Kim J, Lucht B L. Generation and evolution of the solid electrolyte interphase of lithium-ion batteries [J]. Joule, 2019, 3(10): 2322-2333.

[21] Hou Z, Zhang J L, Wang W H, et al. Towards high-performance lithium metal anodes via the modification of solid electrolyte interphases [J]. Journal of Energy Chemistry, 2020, 45: 7-17.

[22] Hamelet S, Larcher D, Dupont L, et al. Silicon-based non aqueous anolyte for Li redox-flow batteries [J]. Journal of the Electrochemical Society, 2013, 160(3): A516-A520.

[23] Brushett F R, Vaughey J T, Jansen A N. An all-organic non-aqueous lithium-ion redox flow battery [J]. Advanced Energy Materials, 2012, 2(11): 1390-1396.

[24] Wang Y R, He P, Zhou H S. Li-redox flow batteries based on hybrid electrolytes: At the cross road between Li-ion and redox flow batteries [J]. Advanced Energy Materials, 2012, 2(7): 770-779.

第**9**章　信息材料：电子封装材料

9.1　技术概要

随着 5G 时代到来，集成电路朝密集化和小型化方向飞速发展，对电子封装的要求越来越高，同时环境和健康问题近年来也日益成为人们关注的焦点，因此电子封装材料在追求高性能的同时更要关注绿色、无毒和环保等问题。电子封装工艺对封装材料的要求存在较大差异，需要根据不同加工条件和应用场景选择不同类型的电子封装材料，在选用不同封装材料时，必须考量材料的各个重要性能指标，如热膨胀率、界面结合力、热导率、可靠性和环保性等。本章对电子封装材料进行了简单分类，按照材料组成将电子封装材料分为陶瓷基封装材料、塑料基封装材料、金属基封装材料三大类，介绍了各种封装材料的元素组成、主要性能和优缺点，同时列举了电子封装材料在 5G 背景下的相关应用，并对电子封装材料未来的发展趋势进行了展望。

9.2　重要意义及国内外现状

在当今科技时代，便携式设备、5G 通信、无人机、军事科技等领域迅猛发展，同时电子设备与人类的距离越来越近，电子元器件的封装在满足高性能和舒适性的同时更要兼顾绿色环保的要求。集成电路的特征尺寸从最初的微米级别跨入到如今的纳米级别，电子器件的电子封装形式也从最初的二维通孔插装时代进步到如今三维的硅通孔(through silicon via，TSV)时代，向着小型化和密集化方向不断发展[1]。电子封装工艺在 19 世纪 70 年代采用单列直插式封装(single-inline package，SIP)和双列直插式封装(dual-inline package, DIP)技术，具有封装体积大和I/O引脚密度小的特点，其中封装体积较大，有利于器件散热和电气安全。半导体发展历史如表9.1所示。21世纪，为降低器件功耗和减小信号传输距离，开发出了三维封装和硅通孔技术，封装体积减小和I/O引脚密度增大均呈指数变化，最终加大了电子封装的难度。

表 9.1 半导体封装发展历程

时间	代表工艺	密度	优点
通孔插装时代(1970s)	SIP DIP	≤10 引脚/cm²	结实、可靠、散热好、易于布线和操作
表面贴装器件(1980s)	小外形封装(SOP) 方形扁平式封装(QFP)	11～50 引脚/cm²	大幅提高引脚密度
面积阵列表面封装(1990s)	球栅阵列(BGA) 芯片尺寸封装(CSP)	40～60 引脚/cm²	解决了多功能、高集成度、高功耗、多引线集成芯片的封装问题
高密度封装时代	3D 堆叠 3DTSV	100 引脚/cm²	减少信号传输距离、降低功耗和提高集成度

注: SOP, small out-line package; QFP, quad flat package; BGA, ball grid array; CSP, chip scale package; TSV, through silicon via。

近年来，一方面为了保护生态环境和降低能源消耗，另一方面智能电子设备走进了人类生活的方方面面，半导体行业不再仅考虑经济效益和性能的因素，更多还要兼顾社会效益和绿色无害，包括绿色电子设计、绿色电子材料、绿色电子封装和工艺及绿色包装等环节，其中绿色电子封装材料要求实现无铅和无卤素的同时还要满足低成本运输、保存和可常温或低温环境加工等要求[2]。

电子封装主要是指对电子元器件进行保护，避免遭受空气中的水分、杂质和化学气氛的侵蚀，增强芯片性能，通过互联技术提供电流通路，对芯片输入或输出的信号进行分配，从而使集成电路的芯片能够正常稳定地运行。电子封装材料是电子封装机械保护、环境保护、信号传递、散热和屏蔽作用等的主体材料。因此，封装材料对电子封装的作用非常关键。先进的封装材料作为电子封装中最重要的一环，需要大力研发。目前，许多国家竞相开始拓展国内外的半导体材料市场。从国际半导体产业协会(Semiconductor Equipment and Materials International, SEMI)的数据报告可看出，2020年全球半导体封装材料的市场规模已超过200亿美元，其中中国和韩国等市场占据了全球绝大部分份额。可以预期，随着中国芯片制造厂的陆续建成和运作，未来国内对IC封装材料的需求增长空间巨大，而全球半导体封装材料的供应商大部分都是日本和美国厂商，日本的住友化学、新光电子和杜邦占据了市场销售额的前三名，总市场份额达到了30%。我国的半导体封装材料发展仍处于起步阶段，研发基础较薄弱，相信随着"中国制造2025计划"的实施，国内的半导体材料将迎来空前的发展机遇。

在现阶段，国内的电子封装材料已经初步构成了一条较完整的产业链，涵盖了基础原材料、中游功能材料到下游应用，如图 9.1 所示。陶瓷、塑料、金属材料作为电子封装最基础的原材料，经过工艺加工可以制备成符合电子设备某方面要求的功能材料。5G 设备、无人机、微基站等高新设备的出现不仅要求封装满足常规的散热、电磁兼容和高可靠性的要求，也需要满足无铅化、无卤素化和常温或低温加工等绿色环保的要求，这也是当前电子封装材料发展的趋势。

图 9.1　电子封装材料应用链[3-5]

9.3　技术主要内容

在选用电子封装材料时，往往需要重点考量材料的许多物理特性和绿色环保的指标，物理特性有材料的热膨胀系数(coefficient of thermal expansion，CTE)、热导率、质量密度和稳定性等要素：①选用材料的热膨胀系数最好与硅基板相近，二者差距过大会导致在冷热循环中因热应力疲劳损坏器件；②高热导率可以保证高频、高功率的元器件工作产生的热量可以及时散发；③低密度是航天航空、便携式设备必须要满足的要求[6]；④材料的化学、高温等稳定性是保障封装可靠性的重要前提；⑤绿色环保问题则需要考量原材料环保、成本、无铅、无卤素和无毒化等指标。

几种常见的电子封装材料性能参数如表 9.2 所示。

表 9.2　常用电子封装材料的性能指标[7]

材料	热导率/[W/(m·K)]	热膨胀系数/(10^{-6}/℃)	密度/(g/cm³)
硅	135	4.1	2.3
砷化镓	39	5.8	5.3
铝	230	23	2.7
铜	400	17	8.9

续表

材料	热导率/[W/(m·K)]	热膨胀系数/(10^{-6}/℃)	密度/(g/cm³)
银	429	19	10.53
钼	140	5.0	10.2
钨	168	4.45	19.3
铁镍合金	17	5.9	8.3

电子封装材料种类繁多，大致可按照封装结构及材料组成划分。从封装结构方面划分，电子封装材料包括基板、布线、框架、密封材料和界面材料等；从材料组元素划分，可分为陶瓷基、塑料基和金属基封装材料三种[8]。本节将从陶瓷基封装材料、塑料基封装材料和金属基封装材料三个方向，简要地介绍各种封装材料的元素成分、主要性能、优缺点和应用场景，同时列举了在 5G 时代的背景下，部分前沿电子封装材料的应用。

9.3.1　陶瓷基封装材料

陶瓷基封装材料是电子封装中最早使用的材料，具有如下优点：①绝缘性好，可靠性高；②热膨胀系数小，热导率高；③气密性好，化学性能稳定；④耐湿和耐高温性能好。陶瓷封装属于气密性封装，对电子设备有很好的保护作用，适用于高密封、高温的工作环境。常用的陶瓷基片材料有氧化铝(Al_2O_3)、氮化铝(AlN)、氮化硅(Si_3N_4)、碳化硅(SiC)、氮化硼(BN)、氧化铍(BeO)等，各种常用的陶瓷基片材料的性能参数如表 9.3 所示，其中氧化铍虽然拥有超高的热导率，但由于自身含有较大的毒性，不符合绿色环保的概念，因此未得到广泛应用。本节将介绍上述常用的陶瓷基片材料的特性以及 5G 器件中陶瓷封装材料的相关应用。

表 9.3　常用陶瓷基片的材料属性参数[9]

属性	材料					
	氮化铝	氧化铝	氮化硅	氮化硼	氧化铍	碳化硅
纯度/%	>99.6	96.0	96.0	99.5	99.6	—
密度/(g/cm³)	3.25	3.75	3.18	2.25	2.90	3.20
热导率/[W/(m·K)]	140	20	10～40	20～60	250	270
热膨胀系数/(10^{-6}/℃)	4.4	7.2	3.2	0.7～7.5	7.5	3.7
电阻率/(Ω·m)	>10^{14}	>10^{15}	>10^{14}	>10^{13}	>10^{14}	>10^{14}
介电常数/MHz^{-1}	8.9	9.3	9.4	4.0	6.7	40
介电损耗/(×10^{-4}MHz)	3～10	3	—	2～6	4	50

续表

属性	材料					
	氮化铝	氧化铝	氮化硅	氮化硼	氧化铍	碳化硅
击穿电压/(kV/mm)	15	10	100	300～400	10	0.07
硬度/GPa	12	25	20	2	12	25
弯曲强度/MPa	300～400	300～350	980	40～80	200	450
弹性模量/GPa	310	370	320	98	350	450
毒性	无毒	无毒	无毒	无毒	有毒	无毒

1. 氧化铝陶瓷

氧化铝陶瓷是一种以氧化铝为主体的材料，具有较好的热导率、机械性能和耐高温性能，也是常用的陶瓷基片材料，大致占到了陶瓷基封装材料使用总量的90%以上。氧化铝陶瓷的制备工艺多采用多层基片烧结的方法，其中氧化铝的含量越高，陶瓷的电绝缘性能、热导率和机械性能都会相应提升，但陶瓷的烧结温度也会因此提高，至少要达到 800℃[10]。为克服氧化铝陶瓷基片烧结温度过高的缺点，工业上会加入一定的烧结助剂如三氧化二硼等来降低烧结温度。氧化铝陶瓷基片的热导率约为 20W/(m·K)，与硅单片的热导率[0.21W/(m·K)]相差过大，容易在高温的环境下因热膨胀系数不匹配而造成器件开裂，因此仅用于汽车电子、半导体照明等低功率电子设备中。

2. 碳化硅陶瓷

碳化硅陶瓷具有高硬度、化学稳定性好、低膨胀、高热导率和高分解温度等优点，从表 9.3 可以看出，碳化硅的热导率高达 270W/(m·K)，远高于其他的陶瓷基片材料，但热膨胀系数却较低。碳化硅陶瓷材料的缺点是介电常数大，远高于同类的陶瓷基片材料，而且抗震性能差，所以常用在低密度和低频的电子器件封装中。

3. 氧化铍陶瓷

氧化铍陶瓷材料具有高熔点、耐热冲击性、化学稳定性和高导热性等优点[11]，但氧化铍本身具有很强的毒性，会对人体和环境造成极大的破坏，所以使用氧化铍陶瓷时需做好适当防护。氧化铍陶瓷基片材料的热导率为 250W/(m·K)，与金属的热导率相近，大约是氧化铝陶瓷热导率的 12.5 倍。在电子产品散热问题日益突出的现状下，氧化铍陶瓷由于拥有理想的热导率，有利于提高器件的使用寿命和促进电子器件朝微型化的方向发展，但应用时要特别注意人体防护，因此仅在军工中有少量应用。

4. 氮化硼陶瓷

氮化硼陶瓷是一类超高频绝缘陶瓷，硬度高，耐热高达 1500~1600℃，具有六方晶型和立方晶型两种结构；六方晶型结构的氮化硼是常用的高导热陶瓷填料，具有优异的化学和力学稳定性；立方晶型结构的氮化硼价格昂贵，热膨胀系数与硅片基底的热膨胀系数不匹配，但添加了立方晶型氮化硼填料的陶瓷基片具有韧性好、热膨胀系数小、力学稳定性好和抗震性能强等优点，特别是可以承受超过 1500℃以上的温差急剧变化，耐高温的同时仍保持着超群的润滑性能；综上，因氮化硼陶瓷基片具有较好的热稳定性、化学稳定性和电绝缘性，极高的热导率(在常温下的热导率与不锈钢相近)，介电性能好等优点，多被应用在超高频模块、大功率晶体管、散热片等电子零件中[12]。

5. 氮化铝陶瓷

氮化铝陶瓷具有优异的导热性(是氧化铝陶瓷的 5~10 倍，如表 9.3 中陶瓷基片的材料属性参数所示)、较低的介电常数、高绝缘性、耐高温性、高密度和耐化学腐蚀等优点，关键的是氮化铝与氮化硅、碳化硅等材料的热膨胀系数相近，被业界视为新一代的高集成度电子器件封装的理想材料[13]。氮化铝陶瓷基片在室温下机械强度高，且强度随温度升高下降缓慢，最高的稳定使用温度可达 2200℃，但由于价格昂贵、研发技术门槛高和周期长等原因，仅在日本一些企业有研发，其中包括京陶、住友金属工业、东芝等著名企业。

6. 陶瓷材料的前沿应用

1) 手机后盖材料

随着 5G 时代到来，传输信号的电磁波从厘米波变到毫米波，传统的手机金属后盖会直接屏蔽 5G 信号输入，除此之外无线充电技术的推广也是促进手机后盖去金属化的原因之一。陶瓷材料不具备导电性，不会对信号的接收和传输造成干扰，是现在主流的手机后盖材料。陶瓷手机后盖具有硬度高、耐磨性好、无信号干扰、表面视觉质感强和媲美金属后壳的散热性等优点，华为等厂商也将旗舰手机的金属后盖全部替换成玻璃和陶瓷后盖，可见开发优良的多功能陶瓷后盖必将成为 5G 手机部件的热点之一。

2) 陶瓷介质滤波器

陶瓷介质滤波器(图 9.2)也是陶瓷封装材料的重点应用之一，随着 5G 时代到来，陶瓷滤波器的需求将达到高峰。据市场调查预估，滤波器的市场规模在未来

5 年内总规模上千亿，其中陶瓷介质滤波器市场规模高达数百亿。传统的滤波器一般采用金属腔体制成，不同频率的电磁波在滤波器腔体内振荡，不能与滤波器发生谐振的频率的电磁波则被屏蔽消耗。在无线充电和 5G 技术应用发展的背景下，电子器件需要能够同时兼容多种密集频段的电磁波，而传统的金属腔体滤波器无法解决这一问题，所以金属腔体滤波器向陶瓷介质滤波器过渡是大势所趋。入射的电磁波会与高介电的材料发生谐振，工业上向陶瓷中添加特定频段的介电填料充当陶瓷滤波器的电磁波过滤材料，可以实现密集的多频段电磁波过滤。与金属腔体的体积相比，陶瓷滤波器具备小型化、轻量化、工作温度稳定和低损耗的优点。

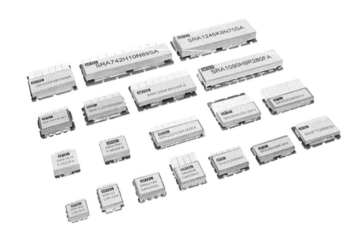

图 9.2　陶瓷介质滤波器

9.3.2　塑料基封装材料

塑料基封装材料由高分子聚合物和无机填料组成，结合了无机填料的优点(良好的导电性和导热性)和高分子聚合物的优点(质量轻、机械性能优异、黏结性好)，常被用于小型化、便携化设备的电子封装中。塑料基封装材料具有如下优点：①密度小、质量轻；②化学性质稳定；③价格便宜。塑料基封装材料的缺点是：①热膨胀系数过低(与硅片的 CTE 不匹配)；②热导率低；③介电损耗高；④脆性大。目前 95%以上的半导体器件都采用塑料基封装材料进行封装，其中 97%的塑料封装材料为环氧塑封料，因此开发出一类高性能和绿色环保型的环氧塑封料是当今研发的热点之一。本小节将主要介绍常用的环氧塑封料、底部填充胶、热界面材料(thermal interface material，TIM)和导电胶(conductive adhesive)等塑料基封装材料。

1. 环氧塑封料

环氧塑封料是最常见的芯片保护外壳，可以保护芯片不受机械损伤、化学损伤和吸潮短路等问题影响，其性能优劣直接决定了集成电路整体的电性能、热性能和可靠性。环氧模塑料(epoxy molding compound，EMC)主要含有填料(SiO_2)、酚醛环氧树脂、苯酚树脂、脱模剂、固化剂等组分材料。固化后的环氧塑封料具有优异的黏结性、抗化学腐蚀性、力学稳定性、高温稳定性和绝缘性等优点，并且吸水率极低，加工性强；但是环氧塑封料存在热导率低、介电常数和介电损耗过高的问题，可以通过添加适当的无机填料来改善环氧塑封料的热导率和介电性质。塑料在长期使用过程中，容易因热应力不匹配而产生翘曲，工业上采用环氧模塑料添加 SiO_2 填料的方法来减少与基材 CTE 的差别，减少翘曲。SiO_2 在环氧模塑料中的含量高达 $60\%\sim90\%$，它的性能优劣直接决定了整个环氧塑封料的长期稳定性，遗憾的是国内目前无法制备出粒径分布窄、高球形度和小粒径的优质 SiO_2，高质量的 SiO_2 填料仍依赖于日本进口。

2. 底部填充胶

如图 9.3 所示，倒装芯片封装技术是通过焊料凸点连接了芯片和基板，与传统的引线键合(wire bonding)工艺相比，大大缩短了焊点之间的互连长度并减小封装尺寸。如果受到冲击、弯折等外部作用力的影响，倒装芯片和有机基板焊接位置的焊点容易脱落。底部填充胶(underfill)作为一种胶体密封保护剂，固化后可以缓和温度冲击及吸收内部应力，增强焊锡球与 PCB 基板的结合作用，可以将基板上的焊锡球所受热应力降至原始应力的 $0.1\sim0.25$，延长 PCB 基板焊锡球的使用寿命达 $10\sim100$ 倍，避免芯片和基板因受热应力而变形，从而提高了芯片封装的可靠性。

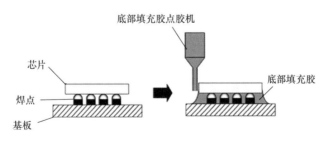

图 9.3　底部填充胶水在倒装芯片封装中的应用示意图[14]

3. 热界面材料

随着芯片功率的不断提升、散热问题日益突出，芯片内如何降低界面热阻并增加传热效率，已经引起了工业上的关注。热界面材料在高频、高功率的电子器件的热管理中发挥着巨大作用[15]。微电子器件的接触面凹凸不平，导致有效的实际接触面积大约只有 10%，而空气的导热系数只有 0.03W/(m·K)，这会严重降低电子器件的散热效率，因此需要在散热要求高的界面上添加良好的散热材料来提高热传输效率，保证微电子器件的正常运行[6]。热界面材料在芯片封装中的应用如图 9.4 所示，热界面材料可以应用在芯片和散热片之间(1)，以及散热器和散热片之间(2)。

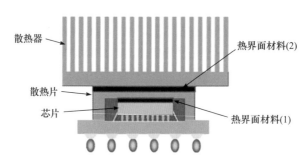

图 9.4　热界面材料在芯片封装中的应用[16]

由于热界面材料的聚合物基底是无序的链段结构，自身的导热性能差，需要将导热性能好的填料添加至聚合物基体中来提高聚合物材料的导热性，常用的无机导热填料有 Al_2O_3、SiC、BN、AlN、碳纳米管和石墨烯等。需要注意的是，无机导热填料的加入虽然提升了聚合物材料的导热性能，但会降低聚合物的机械性能和可加工性，所以工业上必须把握好导热填料的加入量，在导热性和机械性能之间找到平衡。

1) 导热垫片

导热硅胶片由硅胶基材和导热填料组成，经过高温硫化工艺制成的一类高绝缘性、表面天然黏性以及具备优异的柔韧性和热导率的热界面材料。由于硅胶基材具备天然的弯曲性和可压缩性，导热硅胶片不仅能够承担发热部件与散热部件间的热传递，同时还能起到减震、密封的作用。导热硅胶片被广泛应用在笔记本电脑、大功率电源、手机芯片外壳等器件中，充当 IC 和散热片之间或者 IC 和散热金属罩之间的热界面填充物。

2) 导热硅脂

导热垫片在电子器件中应用时，要求器件的接触面必须达到一定的光滑程度，否则会因为孔隙而增大传热接触热阻。导热硅脂(导热膏)是一种膏状物的热界面材料，可在-50~200℃的环境中长期保持脂膏的状态，几乎不会固化，对器件接触面的光滑度要求不高。商用的高导热硅脂是一种以硅油为主要原料，再添加耐热、导热性能优异的填料，制成的导热复合物[17]。器件接触面加入凝胶状的导热硅脂可以填补由于空气过多或者表面凹凸不平所产生的孔洞，以此来提升传热效率[18]，所以被广泛应用在电气设备中的发热体(功率管、电热堆等)与散热设施(散热片、散热条、壳体等)之间的接触面，从而保证仪器和设备的稳定。

4. 导电胶

在实现绿色封装的过程中，卤素和具有毒性的重金属铅(Pb)等一直是被严禁使用的，此外，传统的连接工艺 Pb/Sn 焊料不但无法适用于微米级别的线加工的节距，而且连接的工艺温度都高于 200℃，过高的加工温度会对器件和基板造成损伤，基于绿色环保、低温加工和窄间距线宽的出发点，人们开发出了导电胶互连材料。导电胶是一种以聚合物树脂为基底，填充导电颗粒及其他添加剂(偶联剂、增塑剂、消泡剂等)的复合材料，其中导电颗粒提供电学性能，聚合物提供力学性能，同时兼具黏结性和导电性。导电胶的固化温度较低，在室温下即可固化导电，或者在 100℃加热下快速固化，不会对元器件和基板造成损伤。按照导电方向划分，可以将导电胶的种类分为各向同性导电胶(isotropic conductive adhesive，ICA)和各向异性导电胶(anisotropic conductive adhesive，ACA)。如图 9.5(a)和(b)导电胶的原理示意图所示，各向同性导电胶和各向异性导电胶最大的区别是导电颗粒的填充量是否超过了渗流阈值，一旦填充量超过渗流阈值则在各方向上都会导电[19]。各向异性导电胶的填充量低于渗流阈值，则只在 X、Y、Z 其中一个方向导电，其余两个方向均不导电，而各向同性导电胶则在各个方向均导电。各向同性导电胶由微米导电颗粒嵌入黏合剂的基体中组成，目前大部分商用导电胶的基体通常都是热固性环氧树脂，加压固化后的导电颗粒互相连接形成导电网络[20]。在各向异性导电胶的制备中，必须要保证导电颗粒的填充量低于导电胶体的渗流阈值，也可以加入粒径比导电粒子小的绝缘粒子，在加压固化后，竖直方向由于受力导电粒子相互接触形成导电通路，而水平方向上由于有绝缘粒子的存在或者导

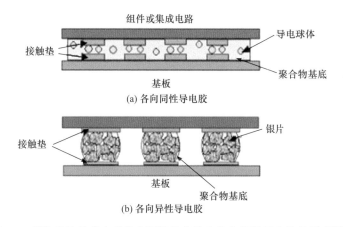

图 9.5 倒装芯片技术中的各向同性导电胶和各向异性导电胶的示意图[21]

电粒子含量不足而不导电,最终实现单一方向导电。各向异性导电胶被应用在液晶电视电路板和倒装芯片此类不能承受高温加热的互连工艺上。

9.3.3 金属基封装材料

金属材料具有以下优点:①高热导率;②高电导率;③优异的力学强度;④良好的可加工性。在电子封装中主要被应用在金属封装的壳体和互连的引线材料中。常用的传统金属基封装材料有铜、铝、银等纯金属材料,但应用在金属外壳时会出现机械弯折性差,与芯片、基板的 CTE 严重失配以及因热应力疲劳而易开裂等问题;为了克服这些缺点,科研工作者着力开发钼-铜、硅-铝、铜-碳纤维等新型金属封装材料。本小节将围绕金属封装保护壳所用到的金属材料展开介绍。

1. 传统的金属基封装材料

铝(Al)有高热导率、低密度、低成本、易加工等优点,而且铝被氧化成三氧化二铝后几乎不会降低金属基体自身的性能,故被广泛应用在航天航空、移动手机等领域中。但是金属 Al 与芯片 Si 的热膨胀系数相差很大,在长期高温循环的过程中,器件容易因热应力疲劳而失效。

铜基封装材料具有高导热性和高导电性的优点,铜的热导率为 400W/(m·K),约为铝的 1.7 倍,而热膨胀系数仅为 $17 \times 10^{-6}/℃$,低于铝的热膨胀系数($23 \times 10^{-6}/℃$)。因此,铜基封装材料与铝基等其他金属材料相比,只需要添加少量的低热膨胀系数的材料就能使材料整体的热膨胀系数与芯片相匹配,很好地维持了铜基体原本的导热性、导电性和力学强度[22]。

不难发现,传统的金属封装材料的导热性和导电性都很优异,但也存在密度大、不耐腐蚀等缺点,特别是金属的热膨胀系数远大于硅片和基板,这使传统金属制成的金属保护壳,容易在电子器件受高温时出现开裂、变形等情况。

2. 新型金属基封装材料

1) 铜/碳(Cu/C)纤维封装材料

前面提到传统 Cu 基封装材料的局限,主要包括芯片的热膨胀系数失配和力学强度差两点。初期为了解决 CTE 热失配的问题,会选择在铜基材中加入钼、钨等低 CTE 的填料,但是铜的熔点为 1083℃,钼和钨的熔点分别为 2620℃和3390℃,熔点差距过大,只有在高温、高压下才能发生融合。为了克服高温高压融合的难题,又相继开发出 Cu/B、Cu/C、Cu/Al 等纤维封装材料,降低铜基材热膨胀系数的同时还提升了抗弯折性,其中应用最广泛的是铜/碳纤维材料。碳纤维具有优异的热导率[纵向热导率为 1000W/(m·K)]、极低的热膨胀系数($-1.6 \times$

$10^{-6}/℃$）、良好的力学增强性能，因此成为铜材料增强体的首选。Cu/C 纤维封装材料的热导率具有各向异性的特征，沿着碳纤维的方向热导率远高于横向方向的热导率，因此可以对碳纤维进行定向排列来控制铜基复合材料的定向散热。碳纤维与铜的结合虽然比钼、钨等材料容易，但铜和碳之间不发生化学反应，二者的结合只能采用机械压合的方法，这导致界面结合较弱，所以 Cu/C 纤维增强材料首先要解决的是两组分的相融性问题。另外，碳纤维还存在生产成本极高、工艺复杂、自身的各向异性不利于铜基片状材料的平面散热等问题，导致其难以大规模量产使用，只能少量应用在军工和航天航空等高端领域[23]。

2) 铝/硅(Al/Si)基封装材料

铝/硅基封装材料是一类具有高导热、低膨胀系数且轻质量的新型合金，热导率大于 $100W/(m·K)$，热膨胀系数仅为 $6×10^{-6}/℃$，密度仅为 $2.5g/cm^3$。铝和硅的含量与铝/硅合金的整体性能密切相关，提高铝的含量会大幅提高材料整体的热膨胀系数、金属密度、热导率和抗弯折强度，而提高硅的含量则会起相反的作用，且会增加材料的气孔率。此外，在硅和铝的质量含量比相同时，选用大颗粒的硅颗粒会获得更大的合金的热导率，而选用小颗粒的硅颗粒则可以更好地填充在金属基本体中，从而获得更好的抗弯折强度。

3. 金属基封装的前沿应用

1) 金属保护壳

在 5G 时代下，电子器件的金属封装保护壳不但要满足常规的力学保护、防潮、防化学气体侵蚀等要求，还需要兼具高导热和防电磁干扰的功能。高频高功率的电子器件在工作时会向周围发射电磁波，不仅会对相邻的设备造成干扰和破坏，还会危害人体健康，更严重的在军事上电磁波的泄漏还会危害信息安全。根据法拉第电磁感应定律，闭合的良导体在磁场中切割磁感线时会产生感应磁场，方向与原来的磁场方向相反，从而达到衰减电磁波的目的。材料的导电性越好，相应的对电磁波的衰减作用也越好，所以导电性优异的金属材料，是电磁屏蔽材料最适合的原材料。此外，电子器件的小型化也对封装的散热性能提出了更高的要求，这要求新型的金属屏蔽罩不但要具备电磁屏蔽功能，还要兼具良好的散热性。如图 9.6 所示，蜂窝状金属屏蔽网是一类兼具高散热性和高导电性能的保护壳，常用作高导热的电磁屏蔽保护壳，壳体上蜂窝状的小孔使内外气体可以自由流动，很好地保证了器件的散热性。

2) 金属电磁屏蔽膜

随着可穿戴设备和便携式设备的飞速发展，柔性电路板(flexible printed circuit，FPC)被广泛应用在手机、平板电脑、笔记本电脑、OLED 等电子设备中。FPC 的发展趋向于高频高速化，由此带来的电磁波干扰问题日益严重，为了有效地抑制 FPC 中的电磁干扰问题,人们主要在其表面贴上电磁屏蔽膜,通过导电胶层与 FPC 的接地金面导通,用来防止 FPC 的线路及元器件在传输信号时受外界的电磁干扰。电磁屏蔽膜包含绝缘保护层、高导电性金属层、绝缘层和高导电黏结层组成,如图 9.7 所示。电磁屏蔽膜具有高弯折性、低密度、轻薄等优点,不仅在柔性电路板中有应用,还能应用在各类软质和硬质的电子器件表面上,它同时还符合绿色环保的概念,可在常温或者低温下固化、黏结,把对电子器件的损伤降到最低,同时还能降低加工成本。

图 9.6　蜂窝状金属基电磁屏蔽网

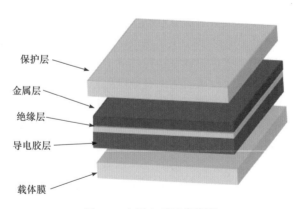

图 9.7　金属电磁屏蔽薄膜

9.3.4　电子封装材料总结

(1) 塑料基封装材料由聚合物基底和导电填料组成,热导率低,与芯片基底膨胀系数不匹配，但聚合物基封装材料的介电性能较好、成本低和质量轻，故常用在便携式和小型化的电子设备封装中。

(2) 金属基封装材料的热膨胀系数与硅片不匹配，且制备生产的成本过高，但金属具备高热导率和高导电性的优点，常被用在高功率散热和电磁屏蔽等封装领域中。

(3) 陶瓷基封装材料的烧结温度高、质量重和成本高，但陶瓷封装材料的热膨胀系数与硅片相近，具有电气性能稳定、机械强度高和耐高温等优点，常被用在军工等封装要求高的领域中。

在封装材料应用方面，为了满足 5G 时代智能设备的高电磁兼容性、多功能化和便携化等使用要求，人们致力于研发导电橡胶、微波介电陶瓷、导电金属泡沫、导热石墨膜、导热凝胶等功能材料，同时还需要兼顾社会经济效益和绿色环保的要求，各类封装材料也朝着无铅化、无卤素化、无毒化和低成本化方向快速发展。

9.4　未来趋势及展望

随着芯片制造工艺的特征尺寸迈向 3nm，晶体管的尺寸越来越小，接近物理极限，未来若想继续延续摩尔定律提升 CPU 性能，发展电子封装技术是必然趋势。然而封装材料的发展一直落后于封装技术的发展，在我国内更是如此，半导体封装材料的发展几乎为零，与日韩的差距极大。5G 时代的到来，让智能设备朝着高兼容性、多功能化、密集化等方向飞速发展，对电子封装材料提出了轻质、柔性、窄间距加工性和高可靠性等要求，同时从绿色环保的角度也提出了无铅化、常温固化和高温下安全稳定服役等要求。

1. 塑料基封装材料

在未来的封装材料使用上，塑料基封装材料将继续占据主导地位，但是与陶瓷基和金属基封装材料相比，塑料基封装材料的电导率和热导率都要低得多。因此如何利用添加的无机填料来提高塑料基封装材料的电学性能和力学性能将会是学术界和工业界的研究热点。

2. 陶瓷基封装材料

未来在航天航空和高端无人机等对电子封装的可靠性要求极高的领域中，陶瓷基封装材料将成为首选，低温共烧的多层化陶瓷将具有广阔的应用前景。多层陶瓷封装的发展方向将是高导热、高可靠性和低成本，相应地，基片填料种类的选择和加入量、填料粒度和陶瓷片共烧的温度等也都是陶瓷基封装材料未来需要克服的关键技术难点。

3. 金属基封装材料

金属基封装材料将朝着低密度、低成本和高可靠性的方向发展，应用上需要解决金属材料的密度大、热膨胀系数过高的问题。未来的金属基封装材料必须满足轻质、高热导率、高力学强度和 CTE 匹配的要求，满足这些要求的 Si/Al、SiC/Al 和 Cu/C 等合金材料将是接下来金属基封装材料的研究重点。

参 考 文 献

[1] 朱朋莉, 孙蓉, 汪正平. 高密度系统级封装中的纳米材料和技术 [J]. 集成技术, 2012, 1(3): 35-41.

[2] 杨艳, 尹立孟, 冼健威, 等. 绿色电子制造及绿色电子封装材料 [J]. 电子工艺技术, 2008, 29(5): 256-261.

[3] 申胜飞. 5G 通信技术关键材料发展研究 [J]. 新材料产业, 2019, (5): 43-50.

[4] 罗文谦. 电磁屏蔽和导热材料发展现状及行业趋势 [J]. 新材料产业, 2019, (6): 42-46.

[5] 刘金刚, 杨海霞, 范琳, 等. 先进封装用聚合物层间介质材料研究进展//2010'全国半导体器件技术研讨会论文集[C]. 杭州: 2010 全国半导体器件技术研讨会, 2010: 159-164.

[6] 何鹏, 耿慧远. 先进热管理材料研究进展 [J]. 材料工程, 2018, 46(4): 1-11.

[7] 张文毓. 电子封装材料的研究与应用 [J]. 上海电气技术, 2017, 10(2): 72-77.

[8] 汤涛, 张旭, 许仲梓. 电子封装材料的研究现状及趋势 [J]. 南京工业大学学报(自然科学版), 2010, 32(4): 105-110.

[9] 程浩, 陈明祥, 罗小兵, 等. 电子封装陶瓷基板 [J]. 现代技术陶瓷, 2019, 40(4): 265-292.

[10] 张兆生, 卢振亚, 陈志武. 电子封装用陶瓷基片材料的研究进展 [J]. 材料导报, 2008, 11: 16-20.

[11] 张伟儒, 郑彧, 李正, 等. 半导体器件用陶瓷基片材料发展现状 [J]. 真空电子技术, 2017, (5): 20-23.

[12] 宋维东. 电子封装用陶瓷基片材料的研究现状 [J]. 中国粉体工业, 2019, (4): 25-27.

[13] 郝洪顺, 付鹏, 巩丽, 等. 电子封装陶瓷基片材料研究现状 [J]. 陶瓷, 2007, (5): 24-27.

[14] Ng F C, Ali M Y T, Abas A, et al. A novel analytical filling time chart for design optimization of flip-chip underfill encapsulation process [J]. The International Journal of Advanced Manufacturing Technology, 2019, 105(7/8): 3521-3530.

[15] Prasher R. Thermal interface materials: Historical perspective, status, and future directions [J]. Proceedings of the IEEE, 2006, 94(8): 1571-1586.

[16] McNamara A J, Joshi Y, Zhang Z M. Characterization of nanostructured thermal interface materials: A review [J]. International Journal of Thermal Sciences, 2012, 62: 2-11.

[17] 丁宣中. 基于电热膜的车辆电加热装置研究 [D]. 兰州: 兰州交通大学, 2014.

[18] 陈世容, 暴玉强, 王强, 等. 高导热硅脂的研制 [J]. 有机硅材料, 2019, 33(6): 446-451.

[19] 黄丽娟. 各向同性铜粉导电胶的制备及性能研究 [D]. 武汉: 武汉理工大学, 2009.

[20] Pettersen S R, Kristiansen H, Nagao S, et al. Contact resistance and metallurgical connections between silver coated polymer particles in isotropic conductive adhesives [J]. Journal of Electronic Materials, 2016, 45(7): 3734-3743.

[21] Li Y, Wong C P. Recent advances of conductive adhesives as a lead-free alternative in electronic packaging: Materials, processing, reliability and applications [J]. Materials Science and Engineering R: Reports, 2006, 51(1/2/3): 1-35.

[22] 蔡辉, 王亚平, 宋晓平, 等. 铜基封装材料的研究进展 [J]. 材料导报, 2009, 23(15): 24-28.

[23] 吴泓, 王志法, 郑秋波, 等. 铜基电子封装复合材料的回顾与展望 [J]. 中国钼业, 2006, (3): 30-32.

第 **10** 章 生物医药：基于"安卓幸" 药物先导化合物的研发

10.1 技 术 概 要

臭氧化反应具备原子经济性、步骤经济性及环境友好的优点。但是，该反应也存在一些安全隐患，包括：①反应过程中生成的过氧化合物具有爆炸性；② 臭氧具有毒性，纯的臭氧液体或臭氧气体在−78℃以上易爆；③过氧化合物的还原是放热的过程，需要良好的冷却系统来维持反应的安全。

随着国家对节能减排和环保的不断重视，绿色化学化工，即减少或消除危险物质的使用和产生的化学品及过程的设计越来越受到企业的重视。为了实现由传统化学工艺转向绿色化学化工，就需要使用新技术、新设备。

本研究是利用近年来合成化学领域涌现出的流动化学为核心技术，通过与化工流程自动化相结合，解决传统臭氧化反应中存在的安全隐患。我们利用自然界含量高、廉价易得的天然产物为起始原料，通过设计特定的反应过程，建立化学和化工生产中一些重要中间体或原料的环境友好的制备过程，为规模化制备一些香料和药物的重要中间体提供绿色核心技术。

10.2 重要意义及国内外现状

一些具有重要生物活性的手性天然产物，在自然界中的含量甚微且难以分离，有些由于自然来源的限制不能重复性获取，因此限制了此类天然产物的生物学活性研究。化学合成已成为获取此类天然产物的重要途径和手段。21 世纪的今天，化学家们所面临的挑战不仅是提高合成化学技术本身的地位，更是如何利用合成手段来快速、有效地制备各种各样具有显著生理活性的天然产物，以用于寻找和发现调节重要生命过程的活性生物分子，获取可用于治疗危害人类健康的重大疾病的药物，从而保障人类社会可持续发展。这是摆在当今化学工作者面前最为重要的科研课题。

目前，精细化工或手性药物的手性中间体通常可以通过不对称催化合成、生物催化合成和"手性池合成"策略的方法来获取。近年来，不对称催化和生物合成取得了长足的进展[1-10]，使得一些精细化工中使用的重要手性原料或中间体可以通过不对称催化和生物合成方法来实现。然而，对于一些结构比较复杂的手性中间体，实现它们的不对称合成仍然充满了挑战[11,12]。

自然界存在一些来源丰富、廉价易得且具有光学活性的萜类天然产物(图 10.1)，若能将它们转化为具有重要生物功能且自然资源稀缺的天然产物或天然产物衍

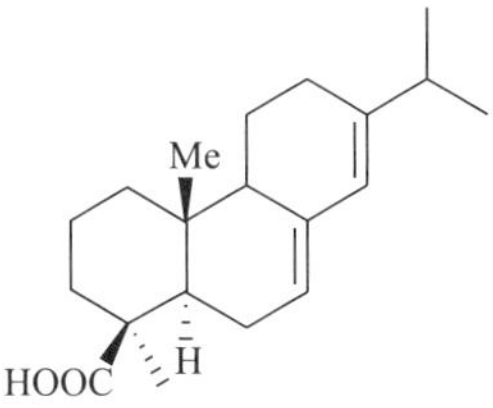

松香酸 (1)

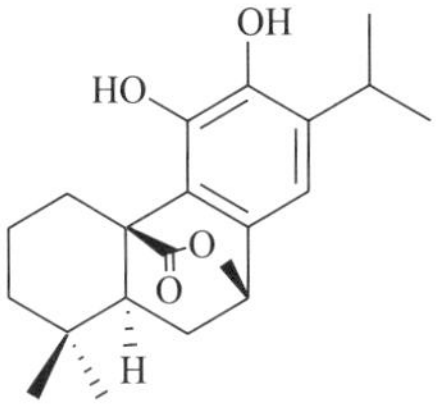

鼠尾草苦内脂 (2)

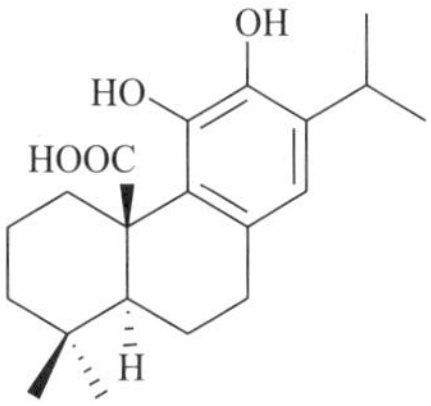

鼠尾草酸 (3)
(6800 元/kg)

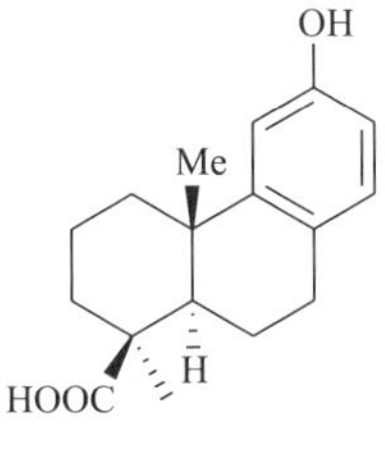

罗汉松酸 (4)

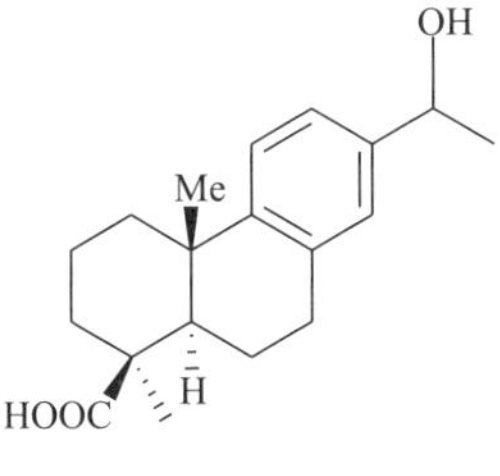

歧化松香 (5)
(560 元/kg)

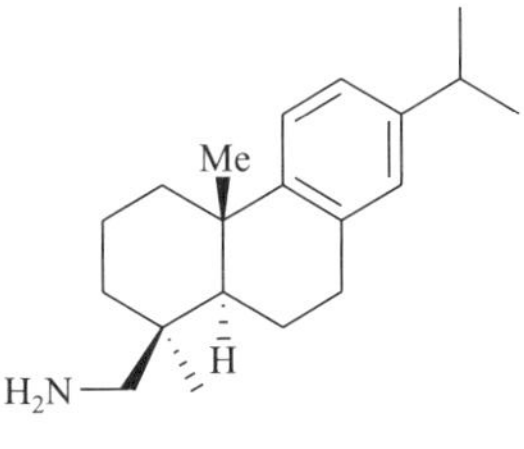

脱氢松香胺 (6)
(6300 元/kg)

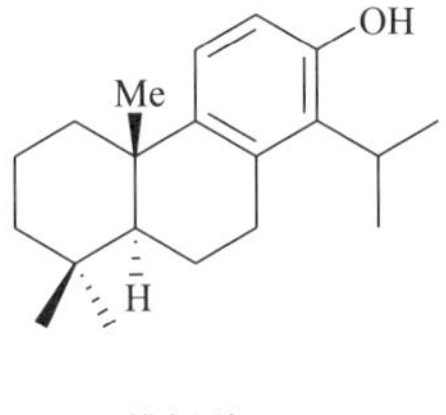

桃拓酚 (7)
(21000 元/kg)

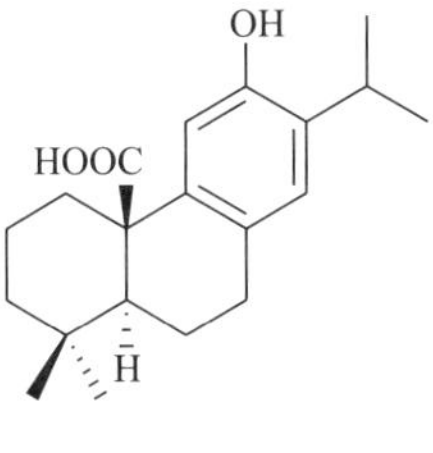

花柏酸 (8)

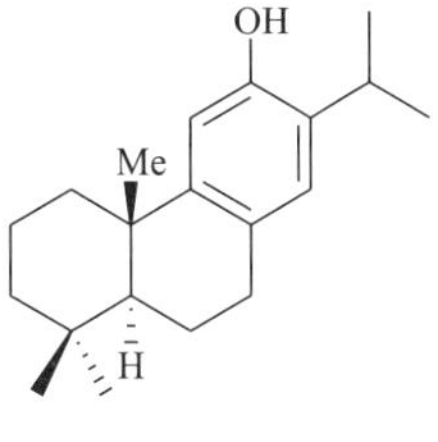

弥留罗松酚 (9)

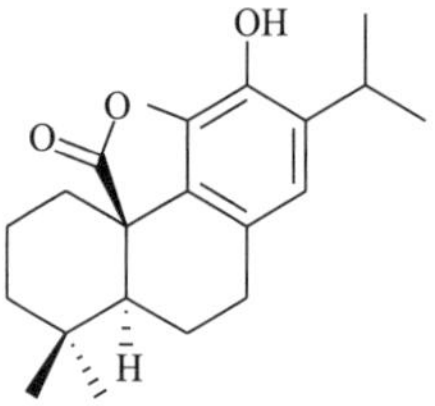

caryopincaolide A (**10**) 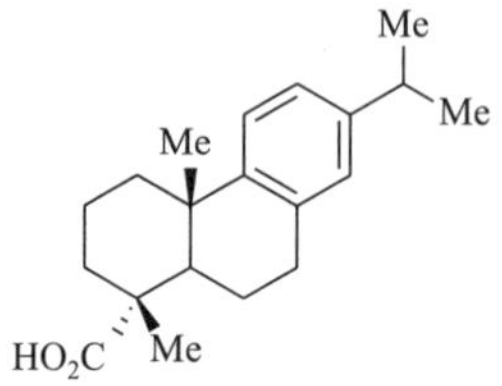   脱氢枞酸 (**11**) 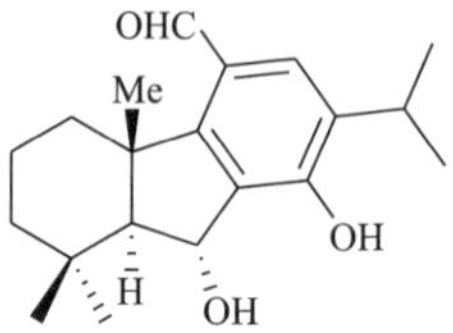   standishinal (**12**)

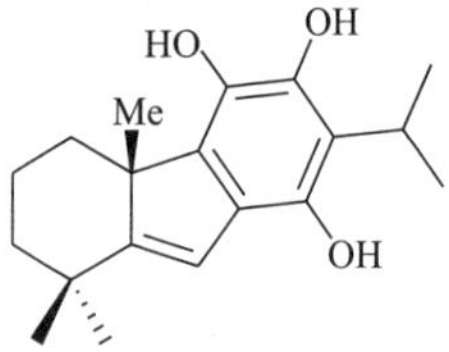

dichroanal B (**13**) 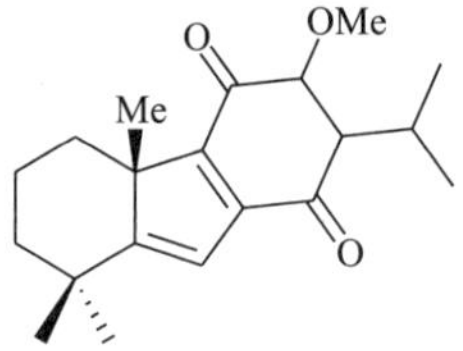   台湾杉醌D (**14**)

图 10.1   代表性的二萜类天然产物

生物,无疑在创新药物研发中至关重要。因此,建立自然资源转化途径从而获取具有重要生物学活性的功能分子,是实现稀缺自然资源的简洁、高效的绿色合成途径。

有机合成方法学领域在过去十多年间取得了一系列合成方法和策略的新进展及研究成果,推动了天然产物合成化学的进步。其中代表性的工作之一是流动化学(flow chemistry)在天然产物合成中的应用。结合化工流程自动化的理念,流动化学也从较为简单的药物工业产品的生产工艺进入到复杂天然产物的合成路线,开始挑战基于有机合成反应釜的传统工艺过程。

流动化学过程是在"微反应器"(microreactor)中进行的。微反应器是一种新型的、微型化的连续流动的管道式反应器,由微米级结构部件为核心的反应、混合、分离等设备组成。反应器中的微通道尺寸一般在 10~1000μm 之间,通过精密加工技术制造而成。微通道反应器的"微"是指流体通道在微米或毫米级别,而不是指微反应装置的外形尺寸小或者产品产量小。微通道反应器包含很多的微型通道,使流体在反应器中能够以特定的物理状态进行组合流动,产率及产量较高。微反应器始于 20 世纪 80 年代初,由 Tukerman 和 Pease 率先提出了"微通道散热器"的概念(图 10.2)。随后,20 世纪 90 年代,德国卡尔斯鲁厄理工学院采用极限微加工技术制造出的微反应器,最初用于制造铀浓缩分离喷嘴的副产品。1997年,在微通道尺寸 90μm 深、190μm 宽的莱克斯微反应器中可实现偶氮反应。2002年,美国 500 强企业康宁公司研发出更符合流动力学的新设备,被称为 G1 System,它是一种集合成、分离及分析全连续、一体化的系统,并且在我国进行推广。2017

年，国家安全生产监督管理总局(国家安监总局)首次指出危险度为 4 级和 5 级的工艺应通过微反应器，连续流完成反应。2018 年，辉瑞公司的"流动化学系统"，可实现一天筛选 1500 个反应条件。2019 年，MIT 流动化学和 AI 融合，可以实现自动化，同时，美国 FDA 也出台制药指南，鼓励采用流动化学。微通道反应器的研究和应用受到国内外研究人员的广泛关注，在医药、农药和精细化工产品以及中间体合成等领域中得到越来越广泛的应用，成为化工过程强化领域的重要发展方向之一[13-15]。

技术发展史

全间歇反应釜 　多釜串联连续 　管式反应器 　微通道反应技术

20世纪90年代，德国卡尔斯鲁厄理工学院采用极限微加工技术制造出的微反应器，初始是制造铀浓缩分离喷嘴的副产品

2002年，美国500强企业康宁公司研发出更符合流动力学的新设备，并在我国推广

2018年，辉瑞公司的"流动化学系统"，一天可筛选1500个反应条件

20世纪80年代初，Tukerman和IPease率先提出了"微通道散热器"概念

1997年，在微通道尺寸90μm深、190μm宽的莱克斯微反应器中进行偶氮反应

2017年，国家安监总局首次指出危险度为4级和5级的工艺应通过微反应器，连续流完成反应

2019年，MIT流动化学和AI融合；美国FDA出台制药指南，鼓励采用流动化学

微通道历程发展史

图 10.2　微通道反应器与流动化学发展史

资料来源：http://www.microche.com/microreactor.html

流动化学之所以发展迅速，主要是由于在许多情况下，与传统的反应釜(如全间歇反应釜及多釜串联反应器)相比具有突出的优势[16]：第一，流动化学具有非常好的安全性。由于流动化学微通道反应器具有较高的表面积体积比和较小的内部尺寸，可提供异常快速的传热和传质，因此可以有效地施加和除去热量，从而可以精确控制反应温度。第二，流动化学还可以实现瞬时混合，防止热点、温度梯度和热失控的形成。第三，微反应器的设置可以通过精确控制中间体或产物的停留时间，实现多步连续反应，避免了存储或使用有毒或易爆炸的中间体的需要。第四，由于小直径反应堆对高压的稳定性，可以保证其在极端反应条件下(高温高压)安全运行，较高的温度可以提高反应速率，从而提高生产效率，并使整体过程

更具成本效益(即过程强化)。第五，流动化学过程比传统反应釜过程更容易放大规模，实验室中开发的流路通常可以按比例缩放至生产量，而无需对合成路线进行重大更改。

　　基于以上优势，流动化学已被广泛应用于多种类型的反应中。如表 10.1 所示，流动化学具有很好的"混合/反应"和"换热"，以及超强耐腐蚀性，被用于高温反应时，其温度最高可达到 450℃，弥补了传统反应釜的不足。同时因其很好的传热性能，被应用于低温反应时，最低可至−100℃，这在传统反应釜中很难实现。

表 10.1　流动化学在化学反应中的应用及优势

应用	Vapourtec 公司	Uniqsis 公司	ThalesNano 公司	Syrris 公司	自定义选项
高温	R 和 E 系列 室温至 250℃	FlowSyn 系列 室温至 260℃	Phoenix 系列 室温至 450℃	Asia 系列 室温至 250℃	气相烘箱，加热板/油浴
低温	−70℃至室温	−88℃至室温	−70～80℃	Cryo 控制器 −70℃(管状)～ 100℃(微反应器)	干冰/丙酮浴，循环冷却器，浸入冷却器
气体反应	气液混合	气液混合，管套管	H-Cube 模块	—	质量流量控制器
光化学	紫外和 LED	LED	—	—	高压汞灯 LED 灯芯
电化学	Rleased 2018 系列	—	FLUC 系列	—	—

　　此外，流动化学的微通道反应器具有很高的混合/传质性能，特别是对于非均相反应，可以大大提高液-气、液-固反应效率。最后，流动化学具有高度的透光性、传质及传热效率，使得其可与目前研究较为前沿的光化学及电化学结合使用。流动化学可以将实验室进行的小量光化学及电化学合成，直接无间隙应用于医药中间体的规模合成中。基于流动化学在这些反应中的优异的反应性能，在医药领域被用于分子库的合成，高通量反应的筛选，原料药的规模制备等[17](表 10.2)。

表 10.2　流动化学在药物合成中的应用

药物研发	化学工艺/生产
高温/低温应用	工艺强化
非标准反应(光化学、电化学等)	危险反应
化合物库合成	连续流工艺
高通量筛选	连续流合成原料药中间体
合成/生物评价综合平台	原料药生产
药物放大生产	急需药物

　　近年来，以英国剑桥大学的 Steven Ley 教授、英国达勒姆大学的 Ian Baxendale

教授和美国麻省理工学院的 Timothy F. Jamison 教授为代表的合成化学家们，应用流动化学高效地完成了一系列具有重要生物活性天然产物的合成[18]。

最近，*Science* 刊登了来自麻省理工学院 Timothy F. Jamison 教授课题组的研究成果，他们研发出了一种仅冰箱大小的连续流系统(continuous-flow system)设备(图 10.3)，可以按照用户需要，每天连续不断地制备出成百上千份药物制剂。虽然这种机器一次只能生产一种药物，但是操作者可以很容易地在不到两小时的时间里，将系统切换成生产另一种药物的状态。这种连续流药物生产系统比传统的设备小得多，而且更便宜。根据该开发团队介绍，这种仪器可以"按需"生产那些保质期短的药物，或者患者群体很小的"孤儿药"，或者那些只针对特定地区或受突发公共卫生事件影响的少部分患者群体的药物[19]。此外，它将会减少对药物运输和储存的需求，让药物生产更加灵活和有针对性。事实上，美国 FDA 已建议将连续流操作作为药品生产现代化的一种方式，而这种新的仪器系统显然有助于推进这一目标的实现。

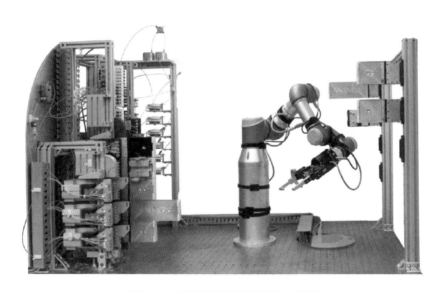

图 10.3 连续流系统用于药物生产[19]

制药工业一直在研发利用臭氧为氧化剂来实现烯烃的氧化过程[20]。臭氧化反应由于可以避免使用烯烃氧化通常使用的高毒性 OsO_4，目前不仅被应用于工业化制备醇、醛、酮和酸等重要的化学原料，而且是从事基础科研和应用研究的化学家们所使用的常用方法[21-24]。事实上，我们日常生活中常用的长链脂肪酸和长链醇，就是利用自然存在的生物质为原料通过臭氧化反应来制备的。因此，开发安全可靠的臭氧化反应关键步骤，用以实现规模化生物质转化为重要药用中间体和化工原料，代表了合成化学和化学工业的未来研究方向[25-27]。

早在 1954 年，著名化学家 Woodward 以底物 **15** 为原料，利用臭氧化反应为关键步骤将其二甲氧基取代的苯环裂解成中间体 **16** 的二羧酸酯(图 10.4)，实现了士的宁(strychnine，番木鳖碱)的全合成[28]。士的宁是从马钱子中提取的一种生物碱，能选择性兴奋脊髓，增强骨骼肌的紧张度，临床用于轻瘫或弱视的治疗。

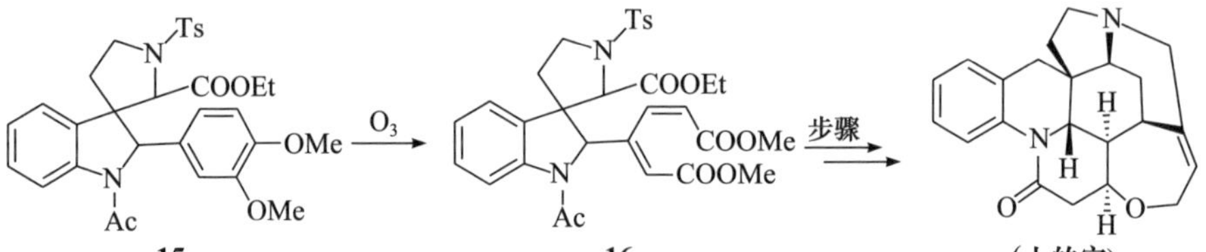

图 10.4 臭氧化反应在 Woodward 全合成士的宁中的应用

1970 年，加拿大化学家 Bell 和 Gravesto 阐述了罗汉松酸甲酯的臭氧化反应的机理[29](图 10.5)。此后，只有少数几篇文章报道了该类反应在合成一些二萜天然产物中的应用[30-34]。

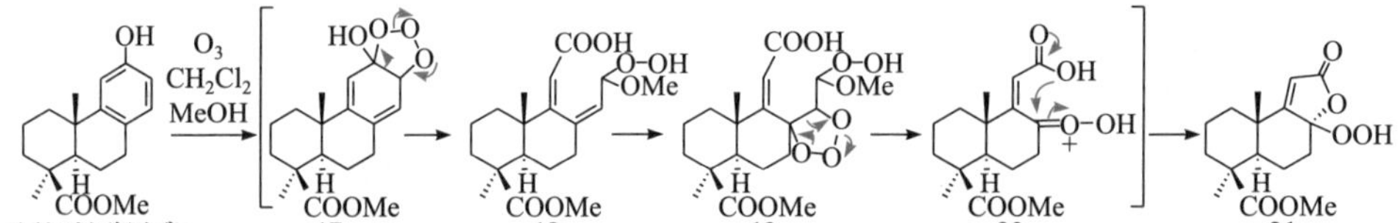

图 10.5 罗汉松酸甲酯的臭氧化反应的机理

安卓幸[35](antrocin)是从台湾地区特有樟芝(*Antrodia camphorate*)中分离出的倍半萜类天然产物。樟芝真菌生长在台湾地区特有老令牛樟树(*Cinnamomum kanehirae* Hay.)的腐朽内壁上，在台湾地区被视为上等药材，常用于肝炎、肝硬化、肝癌等肝疾病的治疗。由于安卓幸在牛樟芝中的含量极低(0.0003%)，限制了该天然产物更深入的生物学研究。自 2009 年起，北京大学深圳研究生院杨震教授课题组与台湾朝阳大学的曾耀铭教授联合开展了安卓幸的抗肿瘤研究，并于 2011 年完成了基于"金催化的双炔环化反应"为关键步骤的全合成路线，以 11 步反应实现了"消旋体安卓幸"的首次全合成[36]。生物学研究表明消旋体安卓幸具有抗肝癌的活性[37-41]。

在此基础上，希望利用光学纯的安卓幸来进行动物模型实验。为此，自 2016 年起，开始寻找更高效的合成方法和策略来实现光学纯的安卓幸不对称合成。鉴于天然产物鼠尾草酸中 AB 环系的两个手性中心(其中一个是全季碳中心)的绝对构型与安卓幸中 AB 环系两个手性中心相同(图 10.6)，因此，若能将鼠尾草酸中的手性中心转移到安卓幸中，通过手性传递，将实现利用廉价易得的天然手性源完成自然稀缺的安卓幸的手性合成。在这个设想的基础上，经过仔细地探索实验条件，成功地建立了"手性池合成"的策略，通过臭氧化反应为关键步骤，利用 5 步反应，以 16%的总收率，实现了(–)-安卓幸的首次不对称合成[42](图 10.6)。利用此合成途径，合成了20g 光学纯的安卓幸，有力地推动了与合作者开展相应的生物学研究。

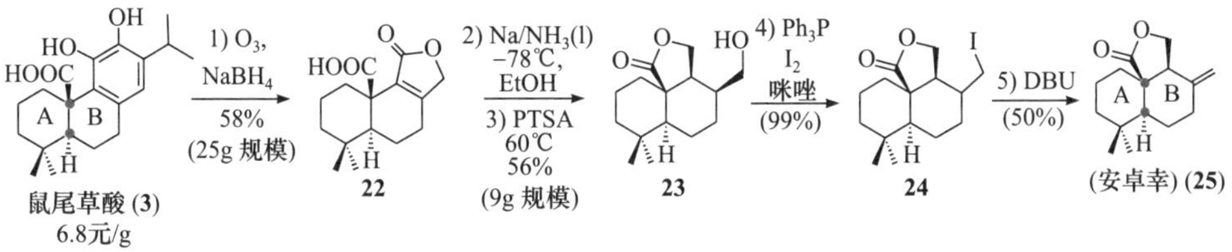

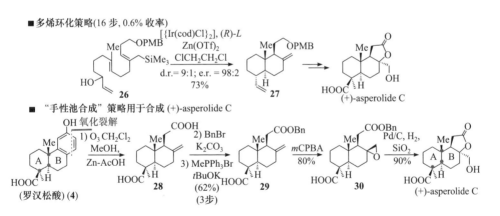

图 10.6　利用"手性池合成"策略制备光学纯的安卓幸

DBU：1,8-二氮杂二环[5.4.0]十一碳-7-烯

鉴于"手性池合成"策略的简洁性和高效性，杨震教授课题组开始尝试利用廉价易得的其他天然二萜来合成一些自然稀缺的天然二萜。选取天然产物(+)-asperolide C 为目标分子，该分子在 2013 年被化学家 Carreira 以手性铱催化的环化反应为关键步骤，通过 16 步反应，以 0.6%的总收率完成了全合成[43](图 10.7)。

图 10.7　利用"手性池合成"策略制备光学纯的(+)-asperolide C

d.r.：diastereo ratio，非对映体比例；e.r.：enantio ratio，对映体比例

鉴于罗汉松酸 AB 环系中三个连续的手性中心(其中两个是季碳手性中心)与(+)-asperolide C AB 环系中的三个手性中心完全相同，因此选择罗汉松酸为原料开展 (+)-asperolide C 的合成。经过反应的优化，最终以 5 步反应，44%的总收率实现了具有光学活性的(+)-asperolide C 的半合成[42]。

随后利用歧化松香酸(560元/kg)为原料，以 8 步反应，24%的总收率实现了光学纯的天然产物 4-表可木酸的合成[42]。

10.3 技术主要内容

10.3.1 背景简介

为了进一步验证安卓幸生物学活性，我们需要千克级制备光学纯安卓幸来进行相应的动物实验。为此，我们希望利用自然资源丰富的鼠尾草酸为原料，以"臭氧化反应"为关键步骤(图 10.6)，通过流动化学与化工流程自动化的先进合成工艺，实现光学纯安卓幸的规模化制备。

Criegee 于 1975 年发表了基于液相的烯烃臭氧化反应[44]，提出了以 1,3-环加成/环裂解反应为关键步骤的反应机理。该机理随后被 Bailey 等通过大量的实验验证[21,45-59]。该反应的机理示于图 10.8。

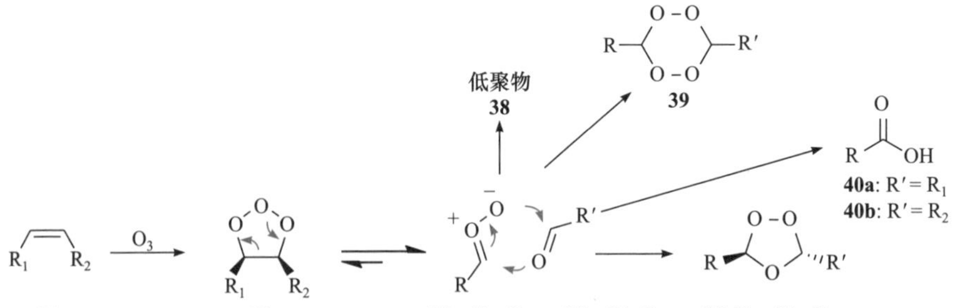

图 10.8　烯烃的臭氧化反应机理

如图 10.8 所示，根据该反应机理，臭氧首先与烯烃通过 1,3-偶极加成反应生成臭氧化物(ozonide)——32，该臭氧化物经过碳-碳键的切断生成羰基的氧化物(33)和醛或酮(34)。生成的这些物种在溶剂笼(solvent cage)内可以重新结合生成臭氧化物(32)；也可以重新组合生成 1,2,4-三氧烷(35)。这些物种(33 和 34)也可逃出溶剂笼与其他的羰基物种结合，生成不同的过氧化物，生成交叉糖基化产物(35~37)；或者是羰基过氧化物的二聚物四氧烷(39)[60]。在氧化剂或还原剂的存在下，上述系列环氧化合物和过氧化合物可以被转化成相应的醛、酮、醇和酸。需要指出的是，生成的这些臭氧化物和过氧化物通常不稳定，会发生热分解。

当前，流动反应器由于其优越的可控性，在易燃易爆、有毒和剧烈放热反应中得到越来越多的关注[60-63]。鉴于流动反应器的这些优点，该技术有望将传统反应中具有易燃易爆、有毒和剧烈放热等危险的工艺过程，转化为稳定可控、温和放热、有毒物质随制随用的绿色化学化工过程。近年来，一系列结构新颖的流动反应器在文献中不断被报道，并成功地应用到一些特殊的臭氧化反应中[20,64-71]，实现规模化制备相关的羰基化合物(图 10.9)。为此，一些设计精致的流动反应以及相关的流动反应操作技术相继涌现，展示出流动反应器比传统的反应釜有更大的优势[72-75]。流动化学已成为近年来合成化学研究领域的一个亮点[76-81]。

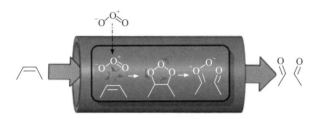

图 10.9 基于臭氧化反应的流动反应器[65]

流动反应通常是将一些反应试剂或吸附剂固载化到流动反应器中，从而可以省去传统反应釜反应后从反应体系中清除这些试剂或吸附剂的步骤，减少了重复性的体力劳动[82-85]。除此之外，由于流动反应的过程是基于小体积流动的反应过程，因此，流动反应器大大地提升了反应的安全性。当反应涉及有害物质和爆炸性物质时，或需要高温高压的反应时，流动反应将更具优势[86-88]。

目前流动化学技术在药物生产中已经得到成功应用的工艺类型有：①生物有机合成；②有机金属试剂参与的连续合成；③气-液两相反应；④光反应连续合成；⑤固载催化剂(柱)和固载试剂(柱)参与的连续合成；⑥微波技术与连续流合成；⑦连续多步流动合成等。

本节将结合现有已经市场化的微通道连续流反应器(如美国的康宁微通道连续流反应器公司、英国的 Syrris 微通道连续流反应器公司等的产品)，根据上述已经开发的反应类型，在探索规模化制备安卓幸的过程中，我们将对每一步进行工艺优化，尝试不同的反应条件，使其更适用于连续流动反应技术。在完成了工艺优化之后，基于流动化学高效的传质、传热，无明显放大效应的特点，实现实验室制备到工业化生产的无缝转化。应用流动反应器制备安卓幸的研究设计方案如下。

10.3.2 鼠尾草酸的臭氧化反应和原位还原反应的研究

1. 流动反应器中臭氧化反应

我们首先要进一步优化目前的臭氧化反应条件：通过将鼠尾草酸溶解于二氯甲

烷和甲醇的混合溶剂中，温度为−78℃时向反应体系中通入臭氧气体，持续 1.5h，直到反应溶液变为蓝绿色，并且薄层色谱检测无原料剩余。随后在相同温度下，向反应体系缓慢加入硼氢化钠，搅拌 1h 后将反应体系再升至室温搅拌 1h。减压下旋干溶剂，粗产物用乙醚稀释后再用盐酸溶液调节 pH 为 1~2。用乙酸乙酯萃取，所得有机相用饱和食盐水洗涤，再用无水硫酸钠干燥。减压下旋干溶剂，并进行重结晶可得到产物。

根据目前的液相反应条件，我们需要研究流动反应器中臭氧化反应，其中包括：①如何实现多相反应体系，如气相-液相反应，以及液相-固相反应；②臭氧反应在液相反应中需要在−78℃的条件下进行，该反应在微通道连续流反应器中能否实现常温操作？③连续流反应器进料需要相对较高的压力，目前臭氧发生器产生的臭氧压力较低，需要解决此步反应的压力问题；④臭氧化反应在大规模生产时的安全问题需要详细考察和评估。

2. 连续流动 Birch 还原

中间体 **22** 中不饱和内酯的还原是利用 Birch 还原通过金属钠在液氨溶剂中实现的。该反应过程中内酯先被还原成二醇，该二醇经对甲苯磺酸的处理发生内酯化反应生成羟基内酯 **23**。我们设计了微通道连续流反应工艺(图 10.10)，该工艺有以下几点考虑：①开发微通道连续反应器，实现常温下的 Birch 还原反应，为此，需要进一步筛选该反应温度；②为了避免金属钠的易燃易爆，能否利用金属锂代

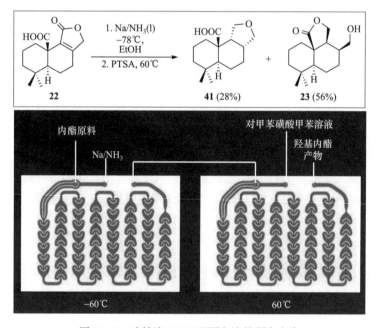

图 10.10　连续流 Birch 还原方法的研究方案

替金属钠来进行 Birch 还原？③液氨的操作具有高度危险性，可否利用乙胺或乙二胺来代替液氨实现安全的 Birch 还原？

由于氨气和氢气的潜在危险性，在碱金属还原的众多替代方法中，电化学还原无疑是最理想的方案。

近期，*Science* 报道了美国斯克里普斯研究所的 P. S. Baran 教授课题组发展的安全和可扩大规模的电化学 Birch 还原，反应使用镁或铝作为牺牲电极材料，廉价无毒的 1,3-二甲基脲(DMU)作为水溶性的质子源，三吡咯烷基磷酰胺(TPPA)作为过充电保护剂，在室温下即可进行反应，该方法可成功应用于药物前体的批次和流动合成[89]。他们构建的模块化流动合成设备非常简单，可以安全、持续地将合成规模增加几个数量级，即使在 100g 规模下也可以实现完全相同的转化效果，无需对方法进行重大的改变，也不会影响产率。根据该前沿报道，我们拟采用连续流电化学 Birch 反应来实现安卓幸生产的研究方案(图 10.11)。

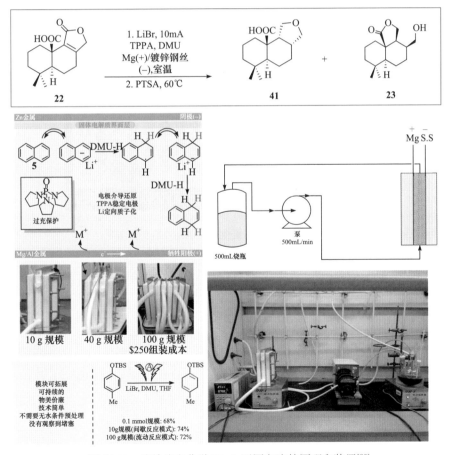

图 10.11　连续流电化学 Birch 还原方法的原理和装置[89]

3. 羟基醇的磺酰酯化/消除反应合成安卓幸的连续流工艺

该化学转化是把一级羟基转化为环外双键，从而完成安卓幸的合成。我们前期报道的策略是通过一级羟基先进行碘代反应，再经过 DBU 条件下消除反应得到环外双键，考虑到碘代反应中所使用的单质碘可能会对微管道连续流反应器的微管道产生堵塞，同时产生的三苯氧膦溶解度很差也会影响反应的后处理效率，所以本节拟采用磺酰酯化反应来代替碘代反应，该反应的微管道连续流研究方案如图 10.12 所示。

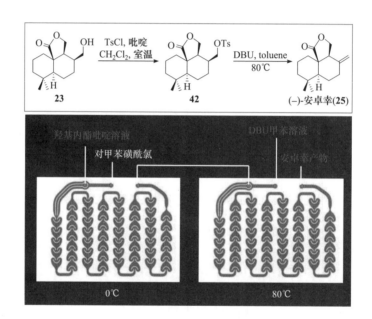

图 10.12　连续流的磺酰酯化及消除反应研究方案

10.3.3　临床前研究

(1) 需要提高实验小鼠数量(每组至少 6～8 只动物)，在不同肿瘤模式包括皮下肿瘤、原位肿瘤及转移等模式下是否明确显现出安卓幸治疗功效(图 10.13)。

(2) 药物毒理：执行药品非临床安全性试验的重复剂量毒性试验，其给药的时间长短，通常与想要进行临床试验与上市后临床使用的期间、规模与治疗用途有关。一般而言，其毒性试验的给药时间，必需等于或大于人体临床使用周期，依照 ICH M3 的规范，如表 10.3 所示。

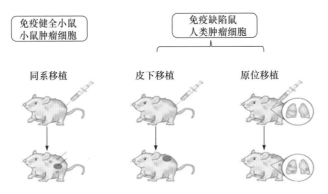

1. 测试安卓幸抑制肿瘤生长功效
2. 测试安卓幸抑制肿瘤转移功效
3. 测试安卓幸透过提高宿主免疫监控能力达到抑制肿瘤生长转移功效

图 10.13　不同模式下测试安卓幸的功效

表 10.3　人体临床试验所需重复剂量毒性试验试验周期对照表

临床试验试验周期	重复剂量毒性试验试验周期	
	啮齿类	非啮齿类
单一剂量	2~4 周	2 周
≤2 周	2~4 周	2 周
≤1 个月	1 个月	1 个月
≤3 个月	3 个月	3 个月
≤6 个月	6 个月	6 个月
>6 个月	6 个月	6 个月

目前安卓幸例子应该采取 2~4 周单一剂量啮齿类方案。

(3) 依照 ICH S4 的规范，标准的综合基因毒性试验须在临床试验第二阶段开始前完成，试验内容包括：微生物基因突变分析：一般使用细菌突变测试法，建议使用以下 5 种菌株：①S. typhimurium TA98；②S. typhimurium TA100；③S. typhimurium TA1535；④S. typhimurium TA1537、TA97 或 TA97a；⑤S. typhimurium TA102、E. coli WP2 uvr A、或 E.coli WP2 uvr A(pKM101)。

体外哺乳类细胞遗传毒性分析：包括体外哺乳类细胞的染色体伤害分析法和体外鼷鼠淋巴瘤 tk 分析法。

动物活体基因毒性分析：一般使用啮齿类动物造血细胞的染色体伤害分析法，测试方法有：①啮齿类骨髓细胞之染色异常测试法；②啮齿类骨髓细胞之微核测试法；③啮齿类红细胞之微核测试法。以安卓幸为例，将采取以上啮齿类动物造血细胞的染色体伤害分析法。

(4) 安卓幸体外药物动力学试验(*in vitro* ADME)：以下药物动力学的参数将先透过体外试验取得：①药物通过肠细胞膜(Caco2 cell)穿透性测试；②药物蛋白质结合率测试；③肝脏细胞体微粒药物代谢安定性测试；④药物细胞色素 CYP 诱导及抑制的定量评估。

(5) 安卓幸体内代谢动力学试验分析(*in vivo* ADME)：①生体可用率试验(bioavailability)；②脏器分布浓度；③药动与药效(PK/PD)关系分析；④药物代谢产物鉴定和图谱。

10.3.4　临床试验

第一阶段(Phase I，最典型的试验为人体药理学)：第一阶段始于安卓幸首次用于人体。此阶段的研究通常并无治疗性的目的，而可能进行于自愿的健康受试验者或某些特定受试验者族群。具有显著潜在毒性的药品，如细胞毒性药品，通常以病患进行研究。此阶段的研究可为开放性并以基线对照或随机盲性，以提高效度。第二阶段(Phase II，最典型的试验为治疗探索)：第二阶段起始于以对患者进行疗效探索为主要目标的试验。初期疗效探索试验可使用各种试验设计，包括使用同步对照组及基本状况的比较，后续试验则通常为随机、同步对照组的试验，以对某一适应证的疗效和安全性进行评估。第二阶段的试验通常由一群严格条件筛选出同质性高的病患族群来执行，并进行严密监测作业。此阶段的另一重要目的是决定第三阶段试验所使用的剂量及治疗方法。此阶段中，早期的试验通常采用逐步剂量增加的设计，以进行剂量-效应初步的估算，后期试验则可经平行剂量-效应设计(也可延至第三阶段执行)，以确认该适应证的剂量-效应关系。剂量-效应确认试验可在第二阶段或第三阶段进行。第二阶段所用的剂量，通常(但非绝对)低于第一阶段所用的最高剂量。第二阶段临床试验的目的还包括：评估其他可能试验指标、治疗方法(包括并用药品，如阿斯利康 PD-L1 单抗 Imfinzi)、目标族群(初期肝癌患者)等，以供第二阶段后续试验或第三阶段试验之需。为达成上述目的，可借助探索分析、研究数据。

10.4　未来趋势及展望

流动化学是近些年来合成化学领域发展最为迅速的多学科交叉融合的化学合成方法，代表着合成化学可持续发展的方向，具有广阔的应用前景[17]。流动化学是以特定的化学转化问题为导向，将特定的化学反应在连续反应器中实现的新的合成工艺技术。在过去的 20 年里，连续流动化学取得了长足的进步，也让我们发现了在连续流动化学中运行反应的一些优越性。Bogdan 教授在 2019 年[17]综述了过去 8 年流动化学在医药行业的许多进展和广泛应用，展示了连续流动化学在许多间歇流动反应中的应用。

本书讨论的内容涉及商业可得天然萜类化合物[90]。与糖和氨基酸一样，萜类化合物也被称为自然母亲恩赐给人类的"手性源"。鉴于它们比较廉价，自然资源丰富和可再生性，萜类手性源被广泛地应用到重要化学产品、催化剂的配体、天然产物、药物、香料和香水的合成中[91]。化学家在一个世纪以前已经开始采用从一种萜类化合物转化成另一种萜类化合物的合成策略。当前，随着合成技术的不断完善，萜类化合物作为原料不断地被应用到复杂天然产物和药物分子的半合成中[92-142]。

图 10.14 中列出的是合成化学中经常使用的萜类化合物，其中标出的价格是根据 Aldrich 2016 年的美元价格。其中代表性的萜类化合物包括：(−)-香茅醇 (citronellol，43)是经常被使用的手性原料[143]，它可以通过氧化反应生成合成化学中经常使用的醛和酸[123,127,130-132,138]；柠檬烯(limonenes，45 和 46)和它的烯丙位氧化生成的香芹酮(carvone，47 和 48)都是合成化学中经常使用的手性源原料[144]；α-蒎烯和β-蒎烯(α-pinene 和 β-pinene，52 和 53)是双环类单萜(52~62)的代表性化合物，该类萜类化合物在合成应用中有待开发。

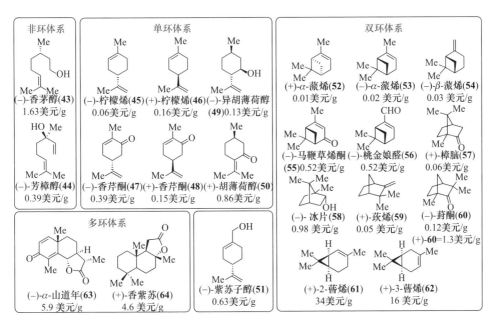

图 10.14　合成化学中常用的萜类化合物[145]

除了上述简单萜类化合物，自然界中还有一些资源丰富、廉价的二萜类化合物，可以作为重要的合成化学中间体用来合成重要的化学化工或药物生产的重要中间体。流动化学的特点是将整个合成化学过程系统地分成诸个板块，将合成化学和化学工程学巧妙地融合到合成工艺过程中，实现原料、能源、产品和废料处置的绿色化学工艺过程。目前，流动化学在制药、原料药、化工、精细化工、石化等领域已经得到了广泛的关注，其中部分合成过程已经得到了应用，被认为是改变制药过程的下一代绿色技术之一。

流动化学技术为化工产业提供了一种更优的选择，应用最新的技术可以满足现在以及未来的工业绿色化需求。流动化学辅助的化工制造将会以一种温和可控的方式改进传统化工中高温、高压、氧化等危险化工生产过程，同时可以与光化学、电化学及人工智能有机结合起来，实现多个反应过程的串联和自动化。相比于传统的釜式合成过程，流动化学技术具有过程可控和设备精度要求高的特点。传统的化学实验室设备均不能满足要求，一般实验室想开展流动化学相关研究十分困难。目前，该项技术在我国合成化学领域的研究和应用极其有限。因此，开展该领域的研究不仅为合成化学的污染问题提供了解决方案，而且为合成化学的可持续发展提供了核心技术。

参 考 文 献

[1] Agarwal P K. A biophysical perspective on enzyme catalysis [J]. Biochemistry, 2019, 58(6): 438-449.

[2] Chrzanowska M, Grajewska A, Rozwadowska M D. Asymmetric synthesis of isoquinoline alkaloids: 2004～2015 [J]. Chemical Reviews, 2016, 116(19): 12369-12465.

[3] Gopalaiah K. Chiral iron catalysts for asymmetric synthesis [J]. Chemical Reviews, 2013, 113(5): 3248-3296.

[4] Klinman J P, Offenbacher A R, Hu S S. Origins of enzyme catalysis: Experimental findings for C—H activation, new models, and their relevance to prevailing theoretical constructs [J]. Journal of the American Chemical Society, 2017, 139(51): 18409-18427.

[5] Mao B, Fañanás-Mastral M, Feringa B L. Catalytic asymmetric synthesis of butenolides and butyrolactones [J]. Chemical Reviews, 2017, 117(15): 10502-10566.

[6] Menger F M, Nome F. Interaction *vs* preorganization in enzyme catalysis. A dispute that calls for resolution [J]. ACS Chemical Biology, 2019, 14(7): 1386-1392.

[7] Otocka S, Kwiatkowska M, Madalińska L, et al. Chiral organosulfur ligands/catalysts with a stereogenic sulfur atom: Applications in asymmetric synthesis [J]. Chemical Reviews, 2017, 117(5): 4147-4181.

[8] Parra A. Chiral hypervalent iodines: Active players in asymmetric synthesis [J]. Chemical Reviews, 2019, 119(24): 12033-12088.

[9] Richard J P. Protein flexibility and stiffness enable efficient enzymatic catalysis [J]. Journal of the American Chemical Society, 2019, 141(8): 3320-3331.

[10] Rössler S L, Petrone D A, Carreira E M. Iridium-catalyzed asymmetric synthesis of functionally rich molecules enabled by (phosphoramidite, olefin) ligands [J]. Accounts of Chemical Research, 2019, 52(9): 2657-2672.

[11] Deng J, Zhou S, Zhang W, et al. Total synthesis of Taiwaniadducts B, C, and D [J]. Journal of the American Chemical Society, 2014, 136(23): 8185-8188.

[12] Jeker O F, Kravina A G, Carreira E M. Total synthesis of (+)-asperolide C by iridium-catalyzed enantioselective polyene cyclization [J]. Angewandte Chemie International Edition, 2013, 52(46): 12166-12169.

[13] Baumann M, Moody T S, Smyth M, et al. A perspective on continuous flow chemistry in the pharmaceutical industry [J]. Organic Process Research & Development, 2020, 24(10): 1802-1813.

[14] Harmsen J. Process intensification in the petrochemicals industry: Drivers and hurdles for commercial implementation [J]. Chemical Engineering and Processing: Process Intensification, 2010, 49(1): 70-73.

[15] Porta R, Benaglia M, Puglisi A. Flow chemistry: Recent developments in the synthesis of pharmaceutical products [J]. Organic Process Research & Development, 2015, 20(1): 2-25.

[16] Wegner J, Ceylan S, Kirschning A. Ten key issues in modern flow chemistry [J]. Chemical Communications, 2011, 47(16): 4583-4592.

[17] Bogdan A R, Dombrowski A W. Emerging trends in flow chemistry and applications to the pharmaceutical industry [J]. Journal of Medicinal Chemistry, 2019, 62(14): 6422-6468.

[18] Brzozowski M, O'Brien M, Ley S V, et al. Flow chemistry: Intelligent processing of gas-liquid transformations using a tube-in-tube reactor [J]. Accounts of Chemical Research, 2015, 48(2): 349-362.

[19] Coley C W, Thomas D A, Lummiss J A M, et al. A robotic platform for flow synthesis of organic compounds informed by AI planning[J]. Science, 2019, 365(6453): eaax1566.

[20] Allian A D, Richter S M, Kallemeyn J M, et al. The development of continuous process for alkene ozonolysis based on combined *in situ* FTIR, calorimetry, and computational chemistry [J]. Organic Process Research & Development, 2011, 15(1): 91-97.

[21] Bailey P S. The reactions of ozone with organic compounds [J]. Chemical Reviews, 1958, 58(5): 925-1010.

[22] Bunnelle W H. Preparation, properties, and reactions of carbonyl oxides [J]. Chemical Reviews, 1991, 91(3): 335-362.

[23] Caron S, Dugger R W, Ruggeri S G, et al. Large-scale oxidations in the pharmaceutical industry [J]. Chemical Reviews, 2006, 106(7): 2943-2989.

[24] van Ornum S G, Champeau R M, Pariza R. Ozonolysis applications in drug synthesis [J]. Chemical Reviews, 2006, 106(7): 2990-3001.

[25] Louis K, Vivier L, Clacens J M, et al. Sustainable route to methyl-9-hydroxononanoate (polymer precursor) by oxidative cleavage of fatty acid methyl ester from rapeseed oil [J]. Green Chemitry, 2014, 16(1): 96-101.

[26] Nishikawa N, Yamada K, Matsutani S, et al. Structures of ozonolysis products of methyl oleate obtained in a carboxylic-acid medium [J]. Journal of the American Oil Chemists' Society, 1995, 72(6): 735-740.

[27] Omonov T S, Kharraz E, Foley P, et al. The production of biobased nonanal by ozonolysis of fatty acids [J]. RSC Advances, 2014, 4(96): 53617-53627.

[28] Woodward R B, Cava M P, Ollis W D, et al. The total synthesis of strychnine [J]. Journal of the American Chemical Society, 1954, 76(18): 4749-4751.

[29] Bell R A, Gravestock M B. Ozonolysis of podocarpic acid [J]. Canadian Journal of Chemistry, 1970, 48(7): 1105-1113.

[30] Akita H, Oishi T. Ozonolysis of phenolic dehydroabietic acid-derivatives [J]. Tetrahedron Letters, 1978, (39): 3733-3736.

[31] Bendall J G, Cambie R C, Grimsdale A C, et al. Synthesis of winterin from podocarpic acid[J]. Australian Journal of Chemistry, 1992, 45(6): 1063-1067.

[32] Cambie R C, Clark G R, Goeth M E, et al. Chemistry of the podocarpaceae. LXXIV. The conversion of podocarpic acid into γ-bicyclohomofarnesals [J]. Australian Journal of Chemistry, 1989, 42(4): 497-509.

[33] Cambie R C, Coddington J M, Rutledge P S, et al. Chemistry of the podocarpaceae. LXXIV. The conversion of 2-oxomanoyl oxide into 2-oxo-γ-bicyclohomofarnesal [J]. Australian Journal of Chemistry, 1989, 42(7): 1115-1124.

[34] Cambie R C, Grimsdale A C, Rutledge P S, et al. Syntheses of confertifolin, winterin and isodrimenin congeners from podocarpic acid [J]. Australian Journal of Chemistry, 1990, 43(3): 485-501.

[35] Chiang H C, Wu D P, Cherng I W, et al. A sesquiterpene lactone, phenyl and biphenyl compounds from antrodia cinnamomea [J]. Phytochemistry, 1995, 39(3): 613-616.

[36] Shi H, Fang L C, Tan C H, et al. Total syntheses of drimane-type sesquiterpenoids enabled by a gold-catalyzed tandem reaction [J]. Journal of the American Chemical Society, 2011, 133(38): 14944-14947.

[37] Chen J H, Wu A T H, Tzeng D T W, et al. Antrocin, a bioactive component from antrodia cinnamomea, suppresses breast carcinogenesis and stemness via downregulation of β-catenin/notch1/Akt signaling [J]. Phytomedicine, 2019, 52: 70-78.

[38] Chen Y A, Tzeng D T W, Huang Y P, et al. Antrocin sensitizes prostate cancer cells to radiotherapy through inhibiting PI3K/AKT and MAPK signaling pathways [J]. Cancers, 2019, 11(1): 34-58.

[39] Chiu K Y, Wu C C, Chia C H, et al. Inhibition of growth, migration and invasion of human bladder cancer cells by antrocin, a sesquiterpene lactone isolated from antrodia cinnamomea, and its molecular mechanisms [J]. Cancer Letters, 2016, 373(2): 174-184.

[40] Rao Y K, Wu A T H, Geethangili M, et al. Identification of antrocin from antrodia camphorata as a selective and novel class of small molecule inhibitor of Akt/mTOR signaling in metastatic breast cancer MDA-MB-231 cells [J]. Chemical Research in Toxicology, 2011, 24(2): 238-245.

[41] Yeh C T, Huang W C, Rao Y K, et al. A sesquiterpene lactone antrocin from antrodia camphorata negatively modulates JAK2/STAT3 signaling via microRNA let-7c and induces apoptosis in lung cancer cells [J]. Carcinogenesis, 2013, 34(12): 2918-2928.

[42] Li F Z, Li S, Zhang P P, et al. A chiral pool approach for asymmetric syntheses of (−)-antrocin, (+)-asperolide C, and (−)-trans-ozic acid [J]. Chemical Communications, 2016, 52(84): 12426-12429.

[43] Jeker O F, Kravina A G, Carreira E M. Total synthesis of (+)-asperolide C by iridium-catalyzed enantioselective polyene cyclization [J]. Angewandte Chemie International Edition, 2013, 52(46): 12166-12169.

[44] Criegee R. Mechanism of ozonolysis [J]. Angewandte Chemie International Edition in English, 1975, 14(11): 745-752.

[45] Bishop C E, Denson D D, Story P R. Mechanisms of ozonolysis. The *cis*, *trans*-stilbene system[J]. Tetrahedron Letters, 1968, (55): 5739-5742.

[46] Bishop C E, Story P R. Mechanisms of ozonolysis. Reductive cleavage of ozonides [J]. Journal of the American Chemical Society, 1968, 90(7): 1905-1907.

[47] Klopman G, Joiner C M. New evidence in the mechanism of ozonolysis of olefins [J]. Journal of the American Chemical Society, 1975, 97(18): 5287-5288.

[48] Kuczkowski R L. Formation and structure of ozonides [J]. Accounts of Chemical Research, 1983, 16(2): 42-47.

[49] Kuczkowski R L. The structure and mechanism of formation of ozonides [J]. Chemical Society Reviews, 1992, 21(1): 79-83.

[50] Lattimer R P, Gillies C W, Kuczkowski R L. Mechanism of ozonolysis-conformations of propylene and trans-2-butene ozonides [J]. Journal of the American Chemical Society, 1973, 95(4): 1348-1350.

[51] Loan L D, Murray R W, Story P R. The mechanism of ozonolysis. Formation of cross ozonides [J]. Journal of the American Chemical Society, 1965, 87(4): 737-741.

[52] Murray R W. Mechanism of ozonolysis [J]. Accounts of Chemical Research, 1968, 1(10): 313-317.

[53] Murray R W, Suzui A. Mechanism of ozonolysis-new route to ozonides [J]. Journal of the American Chemical Society, 1973, 95(10): 3343-3348.

[54] Story P R, Alford J A, Burgess J R, et al. Mechanisms of ozonolysis-reductive ozonolysis with aldehydes and ketones [J]. Journal of the American Chemical Society, 1971, 93(12): 3042-3044.

[55] Story P R, Alford J A, Ray W C, et al. Mechanisms of ozonolysis-new and unifying concept [J]. Journal of the American Chemical Society, 1971, 93(12): 3044-3046.

[56] Story P R, Bishop C E, Burgess J R, et al. Evidence for a new mechanism of ozonolysis [J]. Journal of the American Chemical Society, 1968, 90(7): 1907-1909.

[57] Story P R, Bishop C E, Burgess J R, et al. Evidence for a new mechanism of ozonolysis [J]. Advances in Chemistry. Washington D. C. : American Chemical Society, 1968, (77): 46-49.

[58] Story P R, Whited E A, Alford J A. Mechanisms of ozonolysis-isolation of the dioxetane intermediate [J]. Journal of the American Chemical Society, 1972, 94(6): 2143-2144.

[59] Wadt W R, Goddard W A. Electronic-structure of the criegee intermediate-ramifications for mechanism of ozonolysis [J]. Journal of the American Chemical Society, 1975, 97(11): 3004-3021.

[60] Nieves-Remacha M J, Jensen K F. Mass transfer characteristics of ozonolysis in microreactors and advanced-flow reactors [J]. Journal of Flow Chemistry, 2015, 5(3): 160-165.

[61] Hartman R L, Jensen K F. Microchemical systems for continuous-flow synthesis [J]. Lab on a Chip , 2009, 9(17): 2495-2507.

[62] McMullen J P, Jensen K F. Integrated microreactors for reaction automation: New approaches to reaction development [J]. Annual Review of Analytical Chemistry, 2010, 3:19-42.

[63] Wiles C, Watts P. Continuous flow reactors, a tool for the modern synthetic chemist [J]. European Journal of Organic Chemistry, 2008, 10: 1655-1671.

[64] Hübner S, Bentrup U, Budde U, et al. An ozonolysis-reduction sequence for the synthesis of pharmaceutical intermediates in microstructured devices [J]. Organic Process Research & Development, 2009, 13(5): 952-960.

[65] O'Brien M, Baxendale I R, Ley S V. Flow ozonolysis using a semipermeable teflon AF-2400 membrane to effect gas-liquid contact [J]. Organic Letters, 2010, 12(7): 1596-1598.

[66] Pelletier M J, Fabiilli M L, Moon B. On-line analysis of a continuous-flow ozonolysis reaction using raman spectroscopy [J]. Applied Spectroscopy, 2007, 61(10): 1107-1115.

[67] Pflieger M, Goriaux M, Temime-Roussel B, et al. Validation of an experimental setup to study atmospheric heterogeneous ozonolysis of semi-volatile organic compounds [J]. Atmospheric Chemistry and Physics, 2009, 9(6): 2215-2225.

[68] Pflieger M, Monod A, Wortham H. Kinetic study of heterogeneous ozonolysis of alachlor, trifluralin and terbuthylazine adsorbed on silica particles under atmospheric conditions [J]. Atmospheric Environment, 2009, 43(35): 5597-5603.

[69] Steinfeldt N, Abdallah R, Dingerdissen U, et al. Ozonolysis of acetic acid 1-vinyl-hexyl ester in a falling film microreactor [J]. Organic Process Research & Development, 2007, 11(6): 1025-1031.

[70] Steinfeldt N, Bentrup U, Jähnisch K. Reaction mechanism and in situ ATR spectroscopic studies of the 1-decene ozonolysis in micro- and semibatch reactors [J]. Industrial & Engineering Chemistry Research, 2010, 49(1): 72-80.

[71] Wada Y, Schmidt M A, Jensen K F. Flow distribution and ozonolysis in gas-liquid multichannel microreactors [J]. Industrial & Engineering Chemistry Research, 2006, 45(24): 8036-8042.

[72] Ahmed-Omer B, Brandt J C, Wirth T. Advanced organic synthesis using microreactor technology [J]. Organic & Biomolecular chemistry, 2007, 5(5): 733-740.

[73] Anderson N G. Practical use of continuous processing in developing and scaling up laboratory processes [J]. Organic & Biomolecular Chemistry, 2001, 5(6): 613-621.

[74] Kirschning A, Solodenko W, Mennecke K. Combining enabling techniques in organic synthesis: Continuous flow processes with heterogenized catalysts [J]. Chemistry: A European Journal, 2006, 12(23): 5972-5990.

[75] Mason B P, Price K E, Steinbacher J L, et al. Greener approaches to organic synthesis using microreactor technology [J]. Chemical Reviews, 2007, 107(6): 2300-2318.

[76] Mccreary M D, Lewis D W, Wernick D L, et al. Determination of enantiomeric purity using chiral lanthanide shift-reagents [J]. Journal of the American Chemical Society, 1974, 96(4): 1038-1054.

[77] Miura M, Fujisaka T, Nojima M, et al. Ozonolysis of 1-methylindenes-solvent, temperature, and substituent electronic effects on the ozonide exo endo ratio [J]. The Journal of Organic Chemistry, 1985, 50(9): 1504-1509.

[78] Murray R W, Hagen R. Ozonolysis.-temperature effects [J]. The Journal of Organic Chemistry, 1971, 36(8): 1098-1102.

[79] Pryde E H, Moore D J, Cowan J C. Hydrolytic reductive and pyrolytic decomposition of selected ozonolysis products. Water as an ozonization medium [J]. Journal of the American Oil Chemists' Society, 1968, 45(12): 888-894.

[80] Thompson Q E. Ozonolysis of dihydropyran-reactions of 4-hydroperoxy-4-methoxybutyl formate [J]. The Journal of Organic Chemistry, 1962, 27(12): 4498-4502.

[81] Wojciechowski B J, Chiang C Y, Kuczkowski R L. Ozonolysis of 1,1-dimethoxyethene, 1,2-dimethoxyethene, and vinyl-acetate [J]. The Journal of Organic Chemistry, 1990, 55(3): 1120-1122.

[82] Baumann M, Baxendale I R, Martin L J, et al. Development of fluorination methods using continuous-flow microreactors [J]. Tetrahedron, 2009, 65(33): 6611-6625.

[83] Benito-López F, Egberink R J, Reinhoudt D N, et al. High pressure in organic chemistry on the way to miniaturization [J]. Tetrahedron, 2008, 64(43): 10023-10040.

[84] Siu J, Baxendale I R, Lewthwaite R A, et al. A phase-switch purification approach for the expedient removal of tagged reagents and scavengers following their application in organic synthesis [J]. Organic & Biomolecular Chemistry, 2005, 3(17): 3140-3160.

[85] Smith C D, Baxendale I R, Tranmer G K, et al. Tagged phosphine reagents to assist reaction work-up by phase-switched scavenging using a modular flow reactor [J]. Organic & Biomolecular Chemistry, 2007, 5(10): 1562-1568.

[86] Baxendale I R, Ley S V, Mansfield A C, et al. Multistep synthesis using modular flow reactors: Bestmann-ohira reagent for the formation of alkynes and triazoles [J]. Angewandte Chemie International Edition, 2009, 48(22): 4017-4021.

[87] Carter C F, Baxendale I R, O'Brien M, et al. Synthesis of acetal protected building blocks using flow chemistry with flow ir analysis: Preparation of butane-2,3-diacetal tartrates [J]. Organic & Biomolecular Chemistry , 2009, 7(22): 4594-4597.

[88] Saaby S, Knudsen K R, Ladlow M, et al. The use of a continuous flow-reactor employing a mixed hydrogen-liquid flow stream for the efficient reduction of imines to amines [J]. Chemical Communications, 2005, 23: 2909-2911.

[89] Yan M, Kawamata Y, Baran P S. Synthetic organic electrochemical methods since 2000: On the verge of a renaissance [J]. Chemical Reviews, 2017, 117(21): 13230-13319.

[90] Leibfarth F A, Russell M G, Langley D M, et al. Continuous-flow chemistry in undergraduate education: Sustainable conversion of reclaimed vegetable oil into biodiesel [J]. Journal of Chemical Education, 2018, 95(8): 1371-1375.

[91] Blaser H U. The chiral pool as a source of enantioselective catalysts and auxiliaries [J]. Chemical Reviews, 1992, 92(5): 935-952.

[92] Brown H C, Zaidlewicz M, Bhat K S. Hydroboration of terpenes.10. An improved procedure for the conversion of alpha-pinene into beta-pinene in high chemical and optical yield using a combination of the schlosser allylic metalation of alpha-pinene and allylborane chemistry [J]. The Journal of Organic Chemistry, 1989, 54(7): 1764-1766.

[93] Budnikopp P P, Shilov E A. The chemistry of the terpene medium for ceramic liquid gold [J]. Journal of the American Ceramic Society, 1923, 6(9): 1000-1006.

[94] Cocker W, Gordon R L, Shannon P V R. The chemistry of terpenes. 26. A re-examination of the neutral products of the oxidation of (−)-fenchone and of (+)-2-endo-fenchyl acetate, and of the bromination of (+)-fenchone [J]. Journal of Chemical Research, 1985, 6: 172-173.

[95] Cocker W, Shannon P V R, Dowsett M. The chemistry of terpenes. 27. The halogenation of (+)-thujone and of (−)-carvotanacetone, and the stereochemistry and mechanism of formation of tribromothujone [J]. Journal of the Chemical Society, Perkin Transactions 1, 1988, 6: 1527-1535.

[96] Frenz-Ross J L, Enticknap J J, Kerr R G. The effect of bleaching on the terpene chemistry of plexaurella fusifera: Evidence that zooxanthellae are not responsible for sesquiterpene production [J]. Marine Biotechnology, 2008, 10(5): 572-578.

[97] Hanson J R. Steroids: Partial synthesis in medicinal chemistry [J]. Natural Product Reports, 2006, 23(1): 100-107.

[98] Hanson J R. Steroids: Partial synthesis in medicinal chemistry [J]. Natural Product Reports, 2006, 23(6): 886-892.

[99] Hanson J R. Steroids: Partial synthesis in medicinal chemistry [J]. Natural Product Reports, 2007, 24(6): 1342-1349.

[100] Hanson J R. Steroids: Partial synthesis in medicinal chemistry [J]. Natural Product Reports, 2010, 27(6): 887-899.

[101] Hantzsch A. The significane of the absorption method for the chemistry of terpenes [J]. Berichte der Deutschen Chemischen Gesellschaft, 1912, 45: 553-559.

[102] Harries C. Adolf von bayer and his influence on the development of chemistry of hydroaromatic compounds and terpene bodies [J]. Naturwissenschaften, 1915, 3(1-53): 587-594.

[103] Henderson G G. Contributions to the chemistry of the terpenes part II the oxidation of limonene with chromyl chloride [J]. Journal of the Chemical Society, 1907, 91: 1871-1877.

[104] Henderson G G, Agnew J W. Contributions to the chemistry of the terpenes part VI the oxidation of pinene with mercuric acetate [J]. Journal of the Chemical Society, 1909, 95: 289-294.

[105] Henderson G G, Boyd R. Contributions to the chemistry of the terpenes part XII synthesis of a menthadiene from thymol, and of a diethylcyclohexadiene from phenol [J]. Journal of the Chemical Society, 1911, 99: 2159-2164.

[106] Henderson G G, Cameron W. Contributions to the chemistry of the terpenes part V the action of chromyl chloride on terpinene and on limonene [J]. Journal of the Chemical Society, 1909, 95: 969-978.

[107] Henderson G G, Caw W. Contributions to the chemistry of the terpenes part XIII the preparation of pure bornylene [J]. Journal of the Chemical Society, 1912, 101: 1416-1420.

[108] Henderson G G, Caw W. Contributions to the chemistry of the terpenes part XVI the oxidation of bornylene with hydrogen peroxide [J]. Journal of the Chemical Society, 1913, 103: 1543-1550.

[109] Henderson G G, Gray T. CXXIII - contributions to the chemistry of the terpenes. Part I the oxidation of pinene with chromylchloride [J]. Journal of the Chemical Society, 1903, 83: 1299-1305.

[110] Henderson G G, Heilbron I M. Contributuins to the chemistry of the terpenes part III some oxidation products of pinene. [J]. Journal of the Chemical Society, 1908, 93: 288-295.

[111] Henderson G G, Heilbron I M. Contributions to the chemistry of the terpenes part X the action of chromyl chloride, nitrous acid, and the nitric acid on bornylene [J]. Journal of the Chemical Society, 1911, 99: 1887-1901.

[112] Henderson G G, Heilbron I M, Howie M. Contributions to the chemistry of the terpenes. Part XVII. The action of hypochlorous acid on camphene [J]. Journal of the Chemical Society, 1914, 105: 1367-1372.

[113] Henderson G G, Sutherland M M J. Contributions to the chemistry of the terpenes part VII synthesis of a monocyclic terpene from thymol [J]. Journal of the Chemical Society, 1910, 97: 1616-1620.

[114] Henderson G G, Marsh J K. Contribution to the chemistry of the terpenes. Part XX. The action of hypochlorous acid on pinene [J]. Journal of the Chemical Society, 1921, 119: 1492-1500.

[115] Henderson G G, Sutherland M M J. Contributions to the chemistry of the terpenes. Part VII. Synthesis of a monocyclic terpene from thymol [J]. Journal of the Chemical Society, 1910, 98: 1616-1620.

[116] Henderson G G, Pollock E F. Contributions to the chemistry of the terpenes. Part VIII. Dihydrocamphene and dihydrobornylene [J]. Journal of the Chemical Society, 1910, 97: 1620-1622.

[117] Henderson G G, Schotz S P. Contributions to the chemistry of the terpenes. Part XV. Synthesis of a menthadiene from carvacrol [J]. Journal of the Chemical Society, 1912, 101: 2563-2568.

[118] Henderson G G, Smeaton T F. Contributions to the chemistry of the terpenes. Part XIX. Synthesis of a m-menthadiene from m-isocymene [J]. Journal of the Chemical Society, 1920, 117: 144-149.

[119] Henderson G G, Sutherland M M J. Contributions to the chemistry of the terpenes. Part IX. The oxidation of camphene with hydrogen peroxide [J]. Journal of the Chemical Society, 1911, 99: 1539-1549.

[120] Henderson G G, Sutherland M M J. Contributions to the chemistry of the terpenes. Part XVIII. Camphenanic acid and its isomerides [J]. Journal of the Chemical Society, 1914, 105: 1710-1733.

[121] Hepburn J S. Recent progress in the chemistry of the terpenes and camphors [J]. Journal of the Franklin Institute, 1911, 171: 179-203.

[122] Huckel W. From the story of terpene chemistry [J]. Naturwissenschaften, 1942, 30: 17-30.

[123] Jansen D J, Shenvi R A. Synthesis of medicinally relevant terpenes: Reducing the cost and time of drug discovery [J]. Future Medicinal Chemistry, 2014, 6(10): 1127-1146.

[124] Liang L F, Guo Y W. Terpenes from the soft corals of the genus sarcophyton: Chemistry and biological activities [J]. Chemistry & Biodiversity, 2013, 10(12): 2161-2196.

[125] Lombardero M J, Pereira-Espinel J, Ayres M P. Foliar terpene chemistry of *Pinus pinaster* and *P. radiata* responds differently to Methyl Jasmonate and feeding by larvae of the pine processionary moth [J]. Forest Ecology and Management, 2013, 310: 935-943.

[126] Maimone T. Award address (national fresenius award sponsored by the phi lambda upsilon, the national chemistry honor society). Synthesis of complex terpenes from simple precursors[J]. Abstracts of Papers of the American Chemical Society, 2018, 255: 437-443.

[127] Maimone T J, Baran P S. Modern synthetic efforts toward biologically active terpenes [J]. Nature Chemical Biology, 2007, 3(7): 396-407.

[128] Miyazawa M, Asakawa Y. Special issue: Symposium on the chemistry of terpenes, essential oils and aromatics (TEAC) foreword [J]. Journal of Oleo Science, 2017, 66(8): 803.

[129] Miyazawa M, Asakawa Y. Special issue: Symposium on the chemistry of terpenes, essential oils and aromatics (TEAC) foreword [J]. Journal of Oleo Science, 2018, 67(10): 1177.

[130] Newman D J, Cragg G M. Natural products as sources of new drugs from 1981 to 2014 [J]. Journal of Natural Products, 2016, 79(3): 629-661.

[131] Nugent W A, Rajanbabu T V, Burk M J. Beyond nature's chiral pool-enantioselective catalysis in industry [J]. Science, 1993, 259(5094): 479-483.

[132] Qiao T J, Liang G X. Recent advances in terpenoid syntheses from china [J]. Science China Chemistry, 2016, 59(9): 1142-1174.

[133] Ruzicka L. The isoprene rule and the biogenesis of terpenic compounds [J]. Experientia, 1953, 9(10): 357-367.

[134] Salvador J A R, Ppinto R M A, Silvestre S M. Recent advances of bismuth(III) salts in organic chemistry: Application to the synthesis of aliphatics, alicyclics, aromatics, amino acids and peptides, terpenes and steroids of pharmaceutical interest [J]. Mini-Reviews in Organic Chemistry, 2009, 6(4): 241-274.

[135] Sato K, Uritani I, Saito T. Phytopathological chemistry of sweet-potato with black rot and injury.139. Characterization of the terpene-inducing factor isolated from the larvae of the sweet-potato weevil, cylas-formicarius fabricicus (coleoptera, brenthidae) [J]. Applied Entomology and Zoology, 1981, 16(2): 103-112.

[136] Simonsen J L. Recent progress in the chemistry of the terpenes [J]. Journal of the Chemical Society, 1935, 781-785.

[137] Thorpe C F. Section Ⅱ (1) early work (2) the formation of carbon rings (3) the chemistry of camphor (4) the chemistry of the terpenes (5) miscellaneous research work-covering the wurzburg munich edinburgh and manchester periods (1880-1912) [J]. Journal of the Chemical Society, 1932: A38-A74.

[138] Urabe D, Asaba T, Inoue M. Convergent strategies in total syntheses of complex terpenoids [J]. Chemical Reviews, 2015, 115(17): 9207-9231.

[139] Vesterberg K A. Contributions to the chemistry of terpenes, phytosterins and resins [J]. Liebigs Annalen der Chemie, 1922, 428(1/3): 243-246.

[140] Yamada K, Ojika M, Kigoshi H. Ptaquiloside, the major toxin of bracken, and related terpene glycosides: Chemistry, biology and ecology [J]. Natural Product Reports, 2007, 24(4): 798-813.

[141] Zalevskaya O A, Gur'eva Y A, Kutchin A V. Terpene ligands in the coordination chemistry: Synthesis of metal complexes, stereochemistry, catalytic properties and biological activity [J]. Russian Chemical Reviews, 2019, 88(10): 979-1012.

[142] Zhao T, Krokene P, Björklund N, et al. The influence of ceratocystis polonica inoculation and methyl jasmonate application on terpene chemistry of norway spruce, picea abies [J]. Phytochemistry, 2010, 71(11-12): 1332-1341.

[143] Lenardão E J, Botteselle G V, de Azambuja F, et al. Citronellal as key compound in organic synthesis [J]. Tetrahedron, 2007, 63(29): 6671-6712.

[144] Wu Y K, Liu H J, Zhu J L. An efficient procedure, for the 1,3-transposition of allylic alcohols based on lithium naphthalenide induced reductive elimination of epoxy mesylates [J]. Synlett, 2008, (4): 621-623.

[145] Brill Z G, Condakes M L, Ting C P, et al. Navigating the chiral pool in the total synthesis of complex terpene natural products [J]. Chemical Reviews, 2017, 117(18): 11753-11795.

第11章

生物材料：分离、组织工程、剂型等生物医用材料

11.1 技术概要

生物医用材料是生物医药产品的重要载体，支撑并推动了生物医药产业的迅猛发展。近些年，该领域绿色化和智能化制造发展迅速，不仅满足了高端化产品的发展需求，并且有望实现进口替代。主要的发展动态包括：用于生物产品分离纯化的生物分离介质，通过对介质粒径均一性、超大孔结构、功能配基等的理性设计，实现复杂生物大分子医药产品的高效制备与分析检测，并逐步替代进口产品；以组织器官替代修复及诱导再生为目标的组织工程材料，深度融合了组织学、材料学和制造工程技术的前沿，催生了多尺度仿生修复材料，同时兼具生物相容性和生态友好的绿色新材料已成为研发新宠；能够调控药物溶出、扩散和体内吸收、分布、代谢和排泄过程的药物缓释剂型，相应的可控制备技术日益完善，其中注射型缓释剂型(如微球、微囊、脂质体等)已成为研发热点并逐渐走向应用；以克服抗肿瘤药物体内递送多级屏障为目标的靶向递送载体，目前的主要智能策略包括体内长循环、生物识别靶向、磁靶向、肿瘤微环境敏感靶向、仿生靶向等；用于增强抗原免疫后应答水平的疫苗佐剂，其中纳微米颗粒佐剂逐渐成为研究热点，可以高效装载多种疫苗多组分，并且能够模拟天然病原体与免疫细胞的相互作用，有望实现烈性传染病的有效防控和重大疾病的高效治疗。

11.2　重要意义及国内外现状

生物医药材料的基础研究和产业化在美国、欧洲、日本等发达国家和地区开展较早，随着国家经济和科技实力的增强，我国在该领域也呈现出迅猛发展的态势。

11.2.1　生物分离介质

分离纯化是生物技术产业化的关键步骤和主要瓶颈，其成本占生物技术产品总生产成本的 60%～80%。我国分离介质的市场大约为 20 亿元，但我国的分离介质基本被欧美企业所垄断，是《科技日报》曾报道的 35 项"卡脖子"技术之一。此外，现有的分离介质也还存在介质孔径小、机械强度低、粒径不均一等问题，影响了其应用性能；广泛使用的机械搅拌微球制备技术和后续筛分处理，造成原料转化率低、溶剂使用量大等问题。我国分离介质研发和产业化起步晚，基础相对薄弱，在规模化制备、介质验证、实际生物样品体系的配套工艺开发等方面与欧美发达国家还存在一定差距。近年来，随着我国分离介质技术水平和产品质量提升以及生产规模的扩大，越来越多的生物制品(原料药、重组蛋白、疫苗、抗体等)开始使用国产分离介质。值得注意的是，微孔膜乳化等新型微球制备技术的开发[1]，提高了微球粒径均一性和机械强度，显著提升了分离介质的分辨率和分离纯化效果；同时简化了微球制备过程，减少了筛分步骤，提高了原料转化率，减少了溶剂用量，制备过程更加绿色和节能。2019 年，中国科学院过程工程研究所联合中国标准化研究院等机构共同制定了我国首批 3 个琼脂糖微球分离介质的国家标准[2]，为我国分离介质行业提供统一、规范的检测方法支持和产品质量控制依据，有利于推动我国分离介质产品性能的提升和高附加值产品的开发，加速国产化替代进程。

11.2.2　组织工程材料

由于组织器官自发愈合过程的固有缺陷，愈合过程中会造成一定程度的再生障碍甚至遗留永久性缺损，如何修复和再生缺损组织是世界性难题。在我国发展大健康产业和经济转型的形势背景下，组织工程材料产业作为重大战略目标之一厚栋任重，其转化出口直面再生医学的临床需求，已成为再生医学发展的重要推力。因此，可绿色制备并兼具良好生物相容性的新材料成为组织工程材料转化研究的主流方向。近年来在再生医学前沿发展需求的牵引下，组织工程材料的设计理念和研发方式已发生了革命性变化。随着仿生学、生物工程、纳米技术及 3D

打印等新理念新技术的注入，以及外泌体、二维材料及响应性材料等新型生物组分和材料的出现，使得组织工程材料的设计研发更加精准高效，生产制备日益绿色智能，并且应用转化逐渐拓宽加深。综上所述，随着生物材料种类的更新迭代，在新理念新技术的推动下，当前组织修复生物材料正向着绿色、仿生、智能方向加速跃进。

11.2.3　药物缓释剂型

为了提高药物的使用效率，降低给药频率，减少多次注射给药给患者带来的痛苦和不便，药物研发人员发明了缓、控释长效剂型。缓释剂型的研究始于20世纪50年代末，我国在70年代末也开始了相关研究。近年来，发达国家的辅料产业形成了生产专业化、品种系列化、应用科学化的形式。研发成果与企业生产密切结合，根据企业生产需求，不断开发新辅料，发展迅速，辅料品种迅速增加。与国外相比，目前我国缓释材料产业结构还不够完善，品种相对较少，质量不够稳定，且前沿研究仍处于实验室研究阶段，这些原因使得目前国产缓释材料无法满足巨大研究和生产需求，很大一部分市场被国外企业所占据。随着缓释材料的开发和应用，缓释制剂也得到了更好的发展，定速、定时、定位释放技术日益完善，应用优势逐步显著，剂型也从单一处方向复方缓控释方向发展，凝胶型、注射型缓控释制剂开发成为研究热点。与此同时，越来越多的新制备技术也不断成熟发展，能够突破常规搅拌、超声等方法带来的高能耗、不环保等缺点。例如，微孔膜乳化技术较好地解决了高端均一纳微球产品的制备技术瓶颈，可以提高原料药利用率，降低成本浪费，减少有机试剂的使用，并且装备较为成熟，生产出的高载药量微球有望实现进口替代。

11.2.4　靶向递送载体

恶性肿瘤已经成为威胁人类健康、制约社会经济发展的重要因素之一。目前多数传统的抗肿瘤药物治疗缺乏特异性，需要给予较高的剂量才能在肿瘤部位达到有效浓度，不仅生物利用度低造成临床药物浪费，也会对身体正常组织和器官造成毒副作用。因此，如何使药物特异性或智能化地递送给肿瘤细胞而非正常组织细胞，提高肿瘤治疗效果的同时降低毒副作用，是恶性肿瘤治疗的关键问题，具有十分重要的意义。基于多糖、无机盐、高分子等天然或绿色可降解生物材料设计的靶向递送载体，可在一定程度上克服直接给药的弊端，有望达到更好的治疗/诊断效果。然而，生物体内环境十分复杂，在将药物递送到肿瘤靶点过程中会面临多重生物屏障。例如，载体容易被大量单核巨噬细胞清除，肿瘤致密组织的渗透阻力、细胞膜的屏障作用或胞内细胞器的阻隔，严重降低了药物的递送效率。

因此，靶向抗肿瘤载体的合理化设计和制造对于达到药物的成功递送尤为关键，也是研究者不断探索的重要方向。

11.2.5　疫苗递送佐剂

疫苗能够预防诸多传染病，为人类健康事业做出了不可磨灭的贡献。为尽快控制突发疫情，如新型冠状病毒(severe acute respiratory syndrome coronavirus 2，SARS-CoV-2)、流感病毒、埃博拉病毒等，快速构建安全、高效的新冠疫苗成为世界各国关注的焦点。随着全基因组学测序和合成生物学技术的蓬勃发展，现代疫苗技术可以精准地甄别病原体(病毒、细菌和肿瘤细胞等)的核心免疫成分，并快速构建亚单位抗原(重组蛋白、多肽等)，在新型传染病的防控和肿瘤个体化免疫治疗领域具备广阔的应用前景。但是，这些抗原免疫原性弱[3]，需要加入佐剂才能提升疫苗的免疫应答水平。现有被批准使用的疫苗佐剂主要为铝盐类和油乳类[4]。然而，这些佐剂只对部分抗原有效，限制了其在疫苗领域的广泛使用。为提升其免疫活化效果，往往需要加入细胞因子、Toll 样受体激动剂、抗体等免疫刺激分子，不仅价格昂贵，而且免疫刺激分子可能会引起细胞因子风暴等免疫毒性；更重要的是，这些佐剂多与抗原简单混合，无法随抗原一同进入细胞，难以影响抗原胞内递呈行为，致使抗原只能通过溶酶体途径被降解而被 II 型主要组织相容性复合体(major histocompatibility complex，MHC II)递呈，难以满足治疗性疫苗、肿瘤疫苗等领域的高端化发展需求[5,6]。因此，如何发展绿色经济的制备过程，创建安全高效的智能化疫苗递送佐剂，也是生物材料领域亟待解决的前沿问题。

11.3　技术主要内容

11.3.1　生物分离介质

分离介质的开发及应用，主要包括微球制备、孔径调控、微球交联、亲水改性、功能基团衍生、性能评价与应用工艺开发等 6 个方面(图 11.1)。

1. 微球制备技术

微球的制备方法主要包括机械搅拌法、种子溶胀法、微孔膜乳化法等。机械搅拌法最常用，但所制备的微球粒径不均一，需要通过进一步的筛分。种子溶胀法中，单体液滴内的单体不断溶解于分散介质内继而被种子微球吸收，直至达到溶胀平衡后，即可进行聚合反应[7]；一步溶胀法往往难以达到所需要的尺寸，必须采用两步甚至多步溶胀达到目的；该方法适合单体聚合反应的体系，不适合多糖等高分子体系。膜乳化技术的原理如图 11.2 所示，分散相在一定压力下挤压通过微孔膜进入连续相，形成粒径均一、可控的稳定乳液，固化(或聚合)后形成粒径均一、可控的微球；该技术适用范围广，可用于水包油(O/W)、油包水(W/O)和复乳体系；可在100nm～100μm 范围内精确控制乳滴尺寸；重现性好、放大容易，使用配套的自动化操控膜乳化仪器，可快速实现粒径均一微球的批量制备。制备技术的创新，省去了筛分步骤和额外溶剂的使用，原料得到了完全利用，制备过程更加高效和绿色。

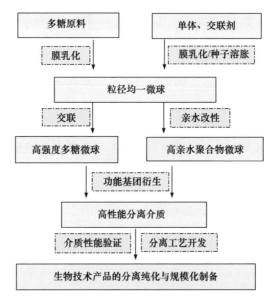

图 11.1　分离介质开发及应用技术路线图

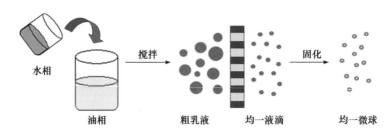

图 11.2　膜乳化制备粒径均一多糖微球原理示意图

2. 孔径调控技术

大多数微球的孔径都在几纳米至几十纳米，制备方法相对简单。例如，琼脂糖等多糖微球，孔径主要通过调节水相中多糖的含量、冷却降温、交联工艺来调控；对于聚合物微球，孔径主要通过交联剂与单体的比例、致孔剂种类和用量来调控。为了获得孔径几百纳米，甚至高达微米级别孔径的微球，则需要采用一些特殊的致孔技术，包括碳酸钙颗粒致孔法、复乳法、反胶团溶胀法等。天津大学孙彦教授等以碳酸钙颗粒为致孔剂，制备了具有超大孔结构的琼脂糖/玻璃珠复合介质[8]；瑞典隆德大学 Larsson 等采用复乳法制备了孔径在 2～20μm 的超大孔琼脂糖介质[9]；中国科学院过程工程研究所马光辉研究员等分别采用反胶团溶胀法、复乳法制备了孔径 100～1000nm 的聚苯乙烯(PST)微球、聚甲基丙烯酸缩水甘油酯(PGMA)微球和琼脂糖微球[10-12](图 11.3)。

(a) PST微球　　　(b) PGMA微球

图 11.3　超大孔聚合物微球

3. 交联技术

为了获得更高的机械强度、耐压性能和操作流速，用于制备分离介质的微球还需要进行交联处理。对于 PST 等聚合物微球，在微球制备过程中就已经加入了不同比例的交联剂，成球阶段同时实现了微球的交联。对于多糖类微球，通常在乳化成球后再引入交联剂，进行一步、两步甚至多步交联来提高微球的强度和操作流速。为了解决多糖类"软胶"耐压相对不高的问题，研发人员开发了新型的交联技术，即预交联技术来进一步提高琼脂糖微球的耐压性能和流速[13]。新型交联技术的应用，可以将多糖微球的耐压从 0.3MPa 进一步提高到 0.5MPa，甚至达到 1.0MPa 以上的水平。

4. 亲水改性技术

对于 PGMA、PST 等疏水聚合物微球，需要对其进行亲水改性，以便提高其生物相容性和降低非特异性吸附。亲水改性方法主要包括水解改性、物理镀层改性、化学偶联改性等方法。对于含有环氧活性基团的 PGMA 微球，可直接加入稀酸进行水解，环氧开环得到羟基。物理镀层法是直接在聚合物微球表面吸附一层亲水性分子，然后用交联剂对镀层进行交联来增加其稳定性，使微球表面达到亲水化的目的[14-16]。当微球本身具有或者通过化学修饰偶联上功能基团，如氯甲基、羟基、羧基、氨基、环氧基等，则可以通过化学偶联在聚合物表面修饰上亲水分子(琼脂糖、葡聚糖、聚乙烯醇等)，达到亲水化和功能化的目的[17]。

5. 功能基团衍生技术

分离介质的功能基团多种多样，其偶联技术也千差万别，需要特别关注如下几方面内容：配基均匀修饰在微球表面和内部孔道表面，不仅有利于提高介质载量，还有利于降低非特异性吸附和提高分离效率；合适的间隔臂长度，有利于提高介质的吸附能力和纯化效果；配基和微球之间形成的化学键要足够稳定，可以耐受分离纯化所用缓冲液和各种剧烈的介质清洗条件，减少配基脱落和提高介质使用寿命；对于具有多个(或多种)活性基团和偶联位点的大分子配基，特别是 Protein A、Protein G、Protein L、抗原、抗体等亲和配基，不仅要考虑配基的偶联量，还需要注意偶联位点的选择，以确保固定在微球上的配基保持其结合目标蛋白的能力。

6. 性能评价与应用工艺开发

分离介质在用于生物制品的大规模纯化和生产之前，还需要进行系统的评价和验证研究，为工艺开发和产品申报提供参考和依据。评价内容主要包括分离介质的理化参数(粒径大小和分布、耐压、流速、配基密度、载量等)、微生物污染和内毒素残留、化学稳定性、储存稳定性、运输稳定性、清洗方法、使用寿命、溶剂残留、配基脱落和去除以及生物安全性等。生物制品的性质(分子大小、等电点、疏水性、稳定性等)存在显著差异，这就决定了其分离纯化工艺也是个性化的。为了获得高活性、高纯度、高回收率且易于放大的纯化工艺，需要对介质筛选、分离工艺优化进行系统的研究。对于稳定性差的生物分子，还需要特别关注它们在纯化过程中的结构稳定性和活性保持[18]。分离介质性能的提升和高效分离工艺的开发，提高了纯化效率和生物制品的质量，简化了纯化步骤，降低了溶剂消耗和生产成本。

11.3.2 组织工程材料

在多学科交叉背景下，组织修复生物材料近年来不断更新换代，在传统材料的基础上通过制造技术革新及新材料的融合，诞生了多种具有突出性能和发展潜力的新型修复材料类型，能够满足硬组织(骨骼、牙齿等)和软组织(皮肤、血管等)的不同修复需求(图 11.4)。

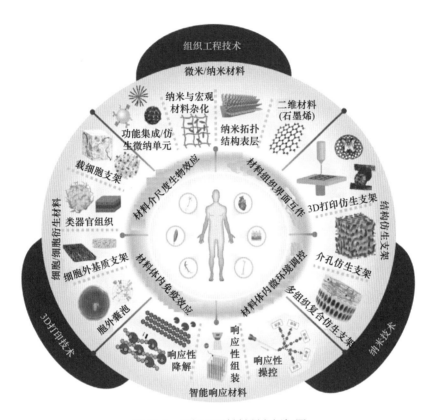

图 11.4　组织工程材料研究框架图

1. 仿生结构支架

仿生结构支架，是基于仿生学理念并利用生物相容性材料模拟组织结构构建的组织工程支架，其多级孔隙结构可原位募集体内细胞并诱导分化修复组织。增材制造(3D 打印)技术的应用一改传统植入支架的制备模式，利用有机生物大分子、无机生物可吸收材料以及活体细胞等生物墨水打印多尺度多层次的支架结构[19]，可对组织结构进行多级仿生，对修复神经[20]、骨骼[21]等具有高度有序结构的组织具有独特优势，避免了传统制造方式对材料的浪费以及为制备有序结构而进行的复杂工艺过程。除 3D 打印外，近年来利用生物相容性水凝胶交联程度的可调节性，可制备具有多级孔隙性结构的仿生凝胶支架材料[22]，此外通过凝胶与矿物支架叠装模拟骨-软骨界面结构，并分层嵌合软骨及骨分化刺激因子，可实现结构及成分双仿生，进行软硬组织同步修补，实现关节损伤生理性修复[23]。

2. 纳微米材料

纳微米材料由于其微观体量，在体内应用可产生独特的尺度效应，其应用形式主要包括：通过巧妙修饰或自组装构建功能集成[24]或功能仿生[25]的纳微单元，优化配比整合功能发挥协同修复作用；将微米/纳米颗粒与宏观材料杂化作为活性组分[22]或靶向递送载体[26]发挥功效，提高药物及活性成分局部生物利用度降低毒副作用；通过简单高效的原位装配附着于基底材料，赋予宏观材料表面的纳米拓扑结构[27]，并通过成分缓释及界面效应提升基底材料的生物学功能。近年来，以石墨烯为代表的二维纳米材料因其高机械强度、高导电性、高比表面积、易修饰、抗菌及光热效应等特性，可用于骨诱导膜[28]、骨修复支架[29]、神经修复导管[30]及多功能修复水凝胶[31]等的构建，显示出广阔的应用前景，但其生物相容性还需进一步研究。

3. 细胞植入及细胞衍生材料

细胞植入材料是通过生物材料辅助可再生细胞植入，利用其强大的增殖分化能力修复受损组织，避免有毒有害物质掺杂，相对于人工材料具有天然的生物相容性优势。利用可注射水凝胶或预成型支架搭载干细胞[32]并配载刺激因子强化干细胞活性局部植入[33]，是当前干细胞植入材料的主要应用模式。近年来，体外类器官培植成为一种新策略[34, 35]，由于其将分化细胞与外基质进行共同植入，因而相较干细胞植入具有植入细胞存活率高及精准定向修复的独特优势。然而活细胞植入不可避免地提高了应用成本，随着无细胞修复理念的兴起，天然细胞衍生材料逐渐成为研发新热点。例如，可利用细胞外基质的天然生物活性构建体内细胞巢修复多种组织。此外，另一种细胞衍生纳米生物材料"胞外囊泡"也成为组织修复材料领域的关注焦点[36-38]，其不仅具有纳米材料的尺度效应，还作为载体继承了母细胞天然的组分，同时兼具易储存、易修饰和低成本等多种优点，因而具有多样的生物学功能和应用优势。

4. 智能响应材料

智能响应材料是可以感知外部刺激并能够自动做出程序性响应的新型材料，通过其响应性实现材料制备和应用的绿色、高效和智能化。①响应性降解：利用材料对体内离子[37]与酶[39]浓度的响应进行化学键程序性降解，达到感知控释活性组分的目的，可实现内环境与材料间的智能交互及活性组分的高效利用；②响应性组装：光敏[40]和温敏[41]水凝胶可通过光照及温度控制化学键连接和组装以此控制溶胶-凝胶态相变，以此实现在温和生理条件下的材料原位固化成型，避免了极端制备条件对生物活性组分的破坏，并通过原位成型填充缺损实现组织修复材料植入操作的微创化，减少组织损伤和手术操作，从而降低医疗成本；③响应性操控：利用磁响应纳米颗粒标记细胞，通过简单的改变外部磁场实现对细胞的时空操控，用以构建多维形态可控的细胞片用于组织修复[42]，满足对不同结构组织的个性化修复需求，更进一步可应用磁响应材料构建磁控微米机器人靶向运送干细胞修复软骨缺损[43]，通过对修复材料的动态实时操纵实现组织损伤的精准定向修复。

11.3.3　药物缓释剂型

药物缓释剂型指能够在规定介质中缓慢释放药物的剂型，其中，能够影响药物活性成分从制剂中溶出、扩散的辅料称为缓释材料。与普通制剂相比，缓释制剂的优势表现为：①可以降低给药频率；②减少用药的总剂量；③降低毒副作用；④减少血药浓度的"峰-谷"现象，增加药物治疗的稳定性；⑤增加患者的依从性，提高治疗效果[44,45]。

药物缓释剂型发挥缓释作用的机理包括：溶出、扩散、溶蚀与溶出扩散相结合、渗透作用及离子交换等。制备药物缓释剂型需要合适的缓释材料，使剂型中药物的释放量和释放速度符合用药需求，以确保药物在组织或体液中保持在有效药物浓度范围内，从而获得预期治疗效果[45]。因此，缓释材料是药物缓释剂型的重要组成部分，也是缓释制剂研究和应用的关键。目前已报道的缓释材料主要可分为两大类：一类是有机材料，主要为高分子材料；另一类是无机材料，如沸石、碳纳米材料、介孔硅酸盐材料等。

1. 高分子缓释材料

在药物缓释剂型研究领域中，高分子材料发挥着重要作用，也是应用最为广泛的一类缓释材料，表 11.1 中总结了高分子缓释材料的不同分类及各类材料的特性。其中，天然高分子材料因其良好的生物相容性最早被应用到缓释系统中，但是随着研究和应用需求的不断增长，天然材料逐渐无法完全满足需求，合成高分子材料越来越受到重视[46]。起初应用的合成高分子材料是非降解的，如聚甲基丙烯酸甲酯、离子交换树脂等，虽然具有较好的力学性能，但是不能降解或者难以降解，容易造成一定程度的副反应，且操作较为困难，需要植入等。近 30 年来，可降解高分子材料应用越来越多[47,48]，其应用优势表现为：良好的生物相容性；可生物降解性；材料本身及其降解产物对机体无毒副作用；具有良好的物理、化学和机械性能等。聚乳酸类(聚乳酸、聚羟基乙酸、聚乳酸-羟基乙酸共聚物等)是目前应用最广泛的缓释材料之一[49]，降解后的小分子可以被机体所代谢，高分子本身的分子量、聚合方式、聚合比例、亲疏水性等性质可根据缓释需求进行调节，因此被众多研究者和药物公司所使用[50]，广泛用于注射、口服、黏附等多种形式的药物缓释剂型中。

表 11.1　高分子缓释材料分类及特性

分类依据	分类	描述与特性	常用材料
来源[44,51]	天然高分子材料	稳定，无毒，生物适应性好，易于分离纯化，产量高成本低，具有已知结构、物理或化学特性	海藻酸盐、壳聚糖、蛋白类(明胶、白蛋白)等[52]
	半合成高分子材料	毒性小、黏度大、成盐后溶解度增大	纤维素类衍生物(羟甲基纤维素钠、乙基纤维素等)，壳聚糖衍生物(氨基多糖)[53]等
	合成高分子材料	成膜性及成球性好，化学稳定性高	聚乳酸、聚乙烯、聚氨基酸等
降解特性[44]	非生物降解型材料	力学性能好，化学性质稳定，但是在生命体中难以降解，通过粪便排出或手术取出	聚乙烯醇、聚丙烯酸、聚酰亚胺等
	生物降解型材料	在机体生理环境下可以降解或酶解为可被机体吸收或代谢的小分子，良好的生物相容性、无毒或低毒性	脂肪族聚酯(聚乳酸、聚羟基乙酸、聚乳酸-羟基乙酸共聚物等)[49]、聚氨基酸、壳聚糖、明胶等[54]
作用形式	骨架型缓释材料	在制剂中以骨架结构的形式存在，药物分散在多孔或无孔的材料中，起到药物储库的作用	聚乙烯、聚丙烯、羟丙甲基纤维素、硬脂酸等
	包衣膜型缓释材料	pH 敏感性，良好的成膜性	羟丙甲基纤维素邻苯二甲酸酯、醋酸纤维素等
	增稠剂	提高黏度，从而减缓药物释放，用量少	海藻酸盐、明胶、聚乙烯吡咯烷酮、羧甲基纤维素、聚乙烯醇、右旋糖酐等

在高分子载药剂型的制备方法中，使用常规包埋方法。例如，喷雾干燥法，会造成单位产品的耗热量大，设备的热效率低，介质消耗量大。在上述传统制备过程中，微球产品易吸附于干燥器室壁上，收率较低；同时大多市售剂型特别是微球类在生产过程中因为粒径不够均一，需要进行筛分，造成原料的浪费。相比较而言，国内自主研发的微孔膜乳化技术能够实现微球的均一可控制备，无需额外的筛分，节省原料，减少部分有机试剂的使用，在"三废"的处理上更简单快捷，有望实现绿色制造的生产需要。

2. 无机缓释材料

无机缓释材料多为纳米尺寸，粒径在 10～1000nm，具有特殊的理化性质，环境友好，成本低，在药物缓释的应用中受到关注[55]。依据来源不同，可分为两类：一类是硅基介孔材料、碳纳米材料等非金属类材料[56-59]，另一类是金属粒子、纳米羟基磷灰石等金属类材料[60]。表 11.2 中总结了常用的无机缓释材料及应用。但是，在无机材料制备和生产过程中，部分材料需要通过高温烧结、冶炼、晶体培养等方法加工成型，涉及多种有机试剂的使用，在生产过程中加大了能源消耗和生产成本；而在实验室研究阶段的无机缓释剂型在放大生产中也面临不小的挑战。

表 11.2　常用无机缓释材料及应用

材料	特性	应用	文献
硅基介孔材料	独特的网状孔道结构，比表面积大，表面易功能化，毒性低，良好的生物相容性和稳定性	Vallet-Regi 等最早将商品化的分子筛 MCM-41 作为药物载体，用于布洛芬缓释；Hou 等使用多孔硅作为药物载体递送柔红霉素，用于视网膜疾病治疗，药效时间从几天延长到 3 个月	[61] [62]
碳纳米材料	比表面积大，良好的化学稳定性和力学性能，独特的固有结构(碳纳米管、石墨烯、富勒烯等)	Pandey 等使用甲醇修饰的纳米石墨烯负载硫酸庆大霉素，以延长药效时间	[63]
纳米羟基磷灰石	优良的生物相容性，与蛋白质分子具有高亲和性	孔桦等使用羟基磷灰石-磷酸三钙纳米复合材料装载庆大霉素用于骨髓炎治疗	[60]

11.3.4　靶向递送载体

传统抗肿瘤药物直接应用时，在体内缺乏靶向性，会杀死大量的正常组织细胞，产生严重的毒副作用。因此，研发靶向递送载体可以将药物更多地输送到肿瘤病灶，减少在正常组织的非特异积累，能够提高生物利用度和疗效，并且降低毒副作用。目前抗肿瘤靶向递送载体的主要策略包括以下几方面。

1. 被动靶向

正常组织的微血管内皮间隙致密、结构完整，大分子和颗粒不易透过血管壁；而实体瘤组织中血管丰富、血管壁间隙较宽且结构完整性差，淋巴回流缺失，造成大分子类物质和颗粒具有高通透性和滞留性，这种现象被称为实体瘤组织的高通透性和滞留效应，简称 EPR 效应。纳米载体具有较小的尺寸，可以利用上述 EPR 效应进入并积聚于肿瘤组织；如对纳米载体进行聚乙二醇等亲水性分子修饰，可以避免非特异性清除，延长药物在血液中的半衰期，进而增加利用 EPR 效应的概率，可进一步提高在肿瘤组织的被动富集效果。

2. 主动靶向

随着对肿瘤发生发展机制的充分了解，以及对多糖、无机材料及绿色可降解生物材料等特有结构和性质的发掘，先后发展出针对肿瘤组织的多种主动靶向策略[64, 65]，主要包括配体/受体靶向、环境敏感响应性靶向、光热/超声/磁场介导靶向等。

针对肿瘤细胞过度表达的特异性受体，可将对应的配体(抗体、适配体等)高效负载于脂质体、胶束、聚合物颗粒，利用二者之间的高效亲和力，递送抗肿瘤药物。例如，Wei 等[66]制备去唾液酸糖蛋白受体修饰 10-羟基喜树碱(HCPT)纳米晶，显著增加了纳米晶对肝癌细胞的靶向性，而且还解决了疏水抗癌药需要使用有机溶剂才能增溶给药或者无法给药的难题。He 等[67]用 siRNA 修饰的碳酸钙纳米颗粒表面可靶向肿瘤血管内皮生长因子 C，抑制血管生成和癌细胞的生长。Cao 等[68]选择使用 cy-apt 20 适体作为生物标志物，用于胃癌的靶向配体，cy-apt 20 与胃癌细胞可发生高度特异性结合，而且呈现剂量依赖性趋势。

针对肿瘤组织特殊微环境(低 pH、乏氧、还原特性、酶等)，可利用敏感响应材料构建智能型抗肿瘤靶向载体。例如，针对肿瘤微酸环境可以构建 pII 敏感靶向体系，其中最常用的方法是将"可电离的"化学基团(如胺、磷酸和羧酸等)引入聚合物结构中，使载体在低 pH 发生溶胀释放药物[69]。此外，利用酶的生物催化作用触发药物释放也是抗肿瘤靶向的潜在策略：Nazli 等[70]开发了涂覆有基质金属蛋白酶敏感的 PEG-水凝胶纳米粒子，在乳腺癌等高表达基质金属蛋白酶的组织中，颗粒与药物偶联的肽键能够发生蛋白水解降解，促进药物靶向释放。

与环境敏感响应相比，外界光热/超声/磁场介导的靶向可以更加智能精确可控。例如，Yue 等[71]构建 α-Fe_2O_3 纳米棒，通过借助 PEG 隐形作用避免内皮细胞非特异性摄取，同时借助磁靶向功能提升难溶性抗肿瘤药物的负载和输送。Lu 等[72]利用超顺磁性 Fe_3O_4 纳米团簇装载 PD-1 抗体及 TGF-β 抑制剂，在提高药物递送效率的同时，通过肿瘤微环境调控和铁死亡的联动杀伤肿瘤。此外，获得批准的纳米颗粒产品(ThermoDox、NanoTherm 和 MTC-DOX)[73]可通过外部热刺激肿瘤部位来放大阿霉素 Dox 药物的杀伤作用。

3. 仿生靶向

肿瘤的高度异质性和极端复杂性使得多数抗肿瘤剂型实际疗效与预期差异较大[74]。为了克服上述难题，需要更为精妙、新颖的抗肿瘤靶向策略。近年来，研究者提出了抗肿瘤仿生剂型工程的策略，将自然界中的蛋白/细菌/细胞的结构和功能系统融入载体设计中，通过借助生物体内特定的蛋白摄取、细胞功能、细菌侵染等固有转运途径，将药物等按照预期高效封装并安全递送至肿瘤组织。例如，Liu 等[75]利用天然铁蛋白的限域空腔封装抗癌药(5-氟尿嘧啶)等，并借助肿瘤细胞表面高表达的受体实现靶向，较商品化溶液制剂的肿瘤细胞杀伤效果提高超过 15 倍；Ni 等[76]通过精准调控菌体性质、结构(中空多孔)后，制备出杆状制剂，能够高效"负载危险信号"，以相对最小且稳定的空间位阻最大化降低跨膜能量壁垒，实现高效的免疫细胞摄取和递送，使肿瘤生长得到显著抑制，并消除肿瘤转移。Fu 等[77]在壳聚糖纳米球表面包覆红细胞膜延长药物血液循环时间，借助载体电荷和结构，实现化药/分子药共装载，并使药物递送至细胞质发挥药效。上述仿生载体的制备利用了体内的蛋白或者组分，避免了复杂的制备修饰过程，更加绿色和安全。

11.3.5　疫苗递送佐剂

传统疫苗多为经验性开发而非技术层面的不断更新。为提升安全性，疫苗抗原结构趋于简单，免疫原性减弱，免疫效果十分有限[78]。虽然添加佐剂可以在一定程度上提高免疫原的应答水平，但仍存在挑战：①免疫效果有待提升，需加入细胞因子、Toll 样受体激动剂等免疫刺激分子，成本显著增加；②由于缺乏优良的构建技术方案，疫苗经体内代谢、细胞吸收及胞内传输等诸多限制后，难以充分发挥免疫效果。递送系统旨在空间、时间及剂量上全面调控递送组分在生物体内分布，提高各组分的利用效率。递送佐剂的开发是全球生物医药领域的研究热点，也成为突破新型疫苗研发壁垒的重要潜能途径[79]。

作为一种典型的递送体系，纳微米颗粒因其独特的表面特性和粒径，可以模拟病原体天然的理化性质，成为疫苗递送佐剂的首要选择。例如，通过制备电荷、亲疏水性、结构(实心和"薄皮中空")及环境响应特性(pH 敏、温敏)各异的颗粒[80]，可实现免疫应答指标 3～10 倍的提升。上述颗粒体系的相关免疫作用机制包括：保护所携带免疫原和佐剂在体内的活性、提高抗原提呈细胞 APCs 对免疫原和佐剂的摄取、改变胞内运转方式并增强提呈效果(如 MHCI 交叉提呈)。凭借此类机制，合理设计的颗粒递送系统可具备多种潜在优势：①通过招募和激活抗原提呈细胞，快速提升抗原递送效率和免疫响应水平，缩短从疫苗接种到起效的时间窗口；②递送的同时兼具抗原的保护效果，通过调控抗原/佐剂的定位和可控释放，较长时间地刺激免疫系统，减少免疫次数或增加免疫保护时间；③在促进抗体有效产生的同时激活沉默的细胞毒性 T 细胞(CTL)，控制和清除感染细胞，使疫苗功能从传统防御拓展为免疫治疗。

马光辉团队在国内较早开展了疫苗递送佐剂的研究。该团队自 2001 年以来持续开展相关研究，发展了微孔膜乳化技术，以简单的方法和绿色的制造工艺，实现了规模化制备粒径均一可控的多种新型生物颗粒,成功用于免疫原和佐剂的智能递送,显著增强了疫苗的免疫效果。例如,Xia 等设计了能够模仿病原体表面并具备变形性的颗粒型乳液疫苗,针对流感、手足口病、疟疾、肿瘤多种抗原实现了高效的免疫应答水平[81];在此基础上,采用铝佐剂稳定的颗粒型乳液构建了针对 SARS-CoV-2 的新型疫苗递送系统,与商品化铝佐剂和油乳佐剂相比,显著提升了重组新冠疫苗的体液免疫和细胞免疫应答[82]。除此之外,均一生物颗粒的制备技术及研发平台已经产业化,可制备尺寸均一可控的纳微米生物颗粒(包括高分子颗粒、生物囊泡等),有效保证抗原活性及生物颗粒与抗原/生物机体相互作用的一致性[83]。需要特别注意的是,相关颗粒优选临床批准原料(生物可降解的聚乳酸高分子及角鲨烯等),以保证体内的安全性,同时也更具备开发潜力。

11.4　未来趋势及展望

随着生物技术产业的快速发展,市场需求将快速增长,对分离介质的性能和制备技术也提出了更高的需求和更大的挑战:对于高浓度、小粒径多糖微球的制备,由于体系黏度高,采用机械搅拌等方法难以制备,而微孔膜乳化技术在该领域具有独特优势;以琼脂糖为代表的多糖类"软胶"分离介质,通过开发高交联技术、提高琼脂糖浓度、采用复合基质等方式,可持续提升多糖微球的强度和流速;以聚苯乙烯等为代表的聚合物类分离介质,通过表面亲水修饰技术的革新,提升微球的亲水性、生物相容性,降低非特异性吸附;对于病毒样颗粒、外泌体等超大生物分子颗粒,常规的多孔微球类分离介质难以满足其传质进入微球内部孔道和吸附的要求,需要设计与其分子大小相匹配的超大孔分离介质成为一种必然和有效的选择;发展新型、高效的介质制备技术,简化制备过程和减少溶剂用量,通过溶剂回收再利用的方式进一步减少排放等措施,开发更加绿色、节能的分离介质生产工艺;另外,还需加强分离介质上下游产业链的合作,鼓励和支持分离介质应用单位与研发单位和生产厂家开展紧密的合作,将国产分离介质应用于更多生物技术产品的研发、中试和生产中,加速推进分离介质产品的大规模产业化应用和国产化替代。

组织工程生物材料领域属多学科交叉融合的前沿科技。为了对接临床治疗需求,可同时修复多种组织的多功能集成仿生材料成为必然选择,而 3D 打印及纳米技术的交叉融合则为此提供了有力支撑。在组织工程技术的推动下,类器官材料的出现使组织工程材料向器官再造修复又迈进了一步。细胞外基质与胞外囊泡作为天然活性材料,将给无细胞材料的研发带来新的契机。智能响应性材料已在微创治疗、药物控释及纳米机器人等多个方向崭露头角，在未来有望实现组织修复的个性化和智能化。在发展新型组织工程材料的同时，材料的介尺度生物学特性、组织界面互作、微环境调控及免疫效应，也成为近年来研究者们关注的新方向，阐明材料与机体间的相互作用对指导材料的个性化精准设计具有重要意义。

对于药物缓释剂型，需要解决当前国产缓释材料无法满足巨大研究和生产需求的问题，突破国外企业的市场垄断。近年来，越来越多的企业和科研单位重视将研发与生产紧密结合，鼓励研究开发材料新品种，同时鼓励发展专业化的辅料生产企业。企业与研发力量强的高校或者科研院所相结合，推动研发成果的落实，使缓释材料规格、品种更加多样，同时也推动新型化、智能化材料开发的重要举措；同时也要加强缓释辅料的质量管理，制定质量标准，从而使得国产缓释材料质量更加稳定，也在应用中更有竞争优势，努力实现材料品种丰富、质量稳定、规格齐全的新型药物缓释材料产业模式。今后缓释材料的发展趋势也将是生产专业化、品种系列化和应用科学化。

生物体内环境十分复杂，在将药物递送到肿瘤靶点过程中会面临多重挑战，造成递送效率低下。因此，靶向抗肿瘤载体的合理化设计尤为关键，也是研究者不断探索的重要方向。随着上述靶向递送尤其是绿色仿生剂型的发展，不仅可以对纳米颗粒剂型修饰、伪装，实现长循环及对肿瘤细胞的靶向输送，而且可显著提高、协同增强抗肿瘤疗效，并突破抗肿瘤药毒副作用大、生物利用度低甚至无法给药的瓶颈。基于当前抗肿瘤靶向材料的研究进展，可继续发掘具有独特优势或天然可降解的生物材料，开发新颖的绿色仿生设计理念，同时结合生物智造等方法高效、精准地调控载体性质，发展更巧妙的联合协同治疗模式和智能化药物释放模式。借助上述高效低毒策略，克服肿瘤机体内环境的层层障碍，推动靶向药物载体的临床应用转化。

未来疫苗应更加关注如何挖掘已批准的药用材料的免疫活化潜力，如聚乳酸-羟基乙酸共聚物、氧化铝、羟基磷灰石等，或来源于自体的细胞或材料，如细胞外囊泡、细胞膜等，减少成本高昂且制备困难的免疫刺激分子的加入，以简单的工艺，大批量、低成本、连续且稳定地快速构建疫苗剂型，以应对突发疫情(如SARS-CoV-2、埃博拉等)和个体化免疫治疗对高效、安全、绿色的疫苗递送系统的需求。同时，积极开发多种合理化递送策略，以进一步提高其免疫应答水平。具体而言，在宏观层面，在注射部位形成抗原储库或强化淋巴结组织归巢；在微观上，通过模拟尺寸、形貌、电荷、柔性等方面天然生物颗粒的侵染特性；同时，通过靶向配体修饰、共装载刺激剂、高分子环境敏感响应等手段，提升 APC 对抗原的摄取、活化及加工能力，进而激活特异性 T 细胞。

参 考 文 献

[1] Zhou Q Z, Wang L Y, Ma G H, et al. Preparation of uniform-sized agarose beads by microporous membrane emulsification technique [J]. Journal of Colloid and Interface Science, 2007, 311(1): 118-127.

[2] 国家市场监督管理总局、中国国家标准化管理委员会. 琼脂糖分离介质: GB/T 38170—2019[S]. 北京: 中国标准出版社, 2019.

[3] Chen X, Liu Y, Wang L, et al. Enhanced humoral and cell-mediated immune responses generated by cationic polymer-coated PLA microspheres with adsorbed HBsAg [J]. Molecular Pharmaceutics, 2014, 11(6): 1772-1784.

[4] Lycke N. Recent progress in mucosal vaccine development: Potential and limitations [J]. Nature Reviews Immunology, 2012, 12(8): 592-605.

[5] Rimaniol A C, Gras G, Verdier F, et al. Aluminum hydroxide adjuvant induces macrophage differentiation towards a specialized antigen-presenting cell type [J]. Vaccine, 2004, 22(23-24): 3127-3135.

[6] Vecchi S, Bufali S, Skibinski DA, et al. Aluminum adjuvant dose guidelines in vaccine formulation for preclinical evaluations [J]. Journal of Pharmaceutical Sciences, 2012, 101(1): 17-20.

[7] Ugelstad J, Mørk P C, Schmid R, et al. Preparation and biochemical and biomedical applications of new monosized polymer particles [J]. Polymer International, 1993, 30: 157-168.

[8] Shi Q H, Zhou X, Sun Y. A novel superporous agarose medium for high-speed protein chromatography [J]. Biotechnology and Bioengineering, 2005, 92: 643-651.

[9] Tiainen P, Gustavsson P E, Ljunglöf A, et al. Superporous agarose anion exchangers for plasmid isolation [J]. Journal of Chromatography A, 2007, 1138: 84-94.

[10] Zhou W Q, Gu T Y, Su Z G, et al. Synthesis of macroporous poly (styrene-divinyl benzene) microspheres by surfactant reverse micelles swelling method [J]. Polymer, 2007, 48(7): 1981-1988.

[11] Zhou W Q, Gu T Y, Su Z G, et al. Synthesis of macroporous poly (glycidyl methacrylate) microspheres by surfactant reverse micelles swelling method [J]. European Polymer Journal, 2007, 43(10): 4493-4502.

[12] Zhao X, Huang L, Wu J, et al. Fabrication of rigid and macroporous agarose microspheres by pre-cross-linking and surfactant micelles swelling method [J]. Colloids and Surfaces B, 2019, 182: 1-8.

[13] 赵岚, 黄永东, 李强, 等. 一种高流速多糖微球及其制备方法: CN 201610806733.3[P]. 2019-02-15.

[14] Yang Y B, Regnier F E. Coated hydrophilic polystyrene-based packing materials [J]. Journal of Chromatography A, 1991: 233-247.

[15] Rounds M A, Rounds W D, Regnier F E. Poly(styrene-divinylbenzene)-based strong anion-exchange packing material for high-performance liquid chromatography of proteins [J]. Journal of Chromatography A, 1987, 397(1): 25-38.

[16] Qu J B, Zhou W Q, Wei W, et al. An Effective way to hydrophilize gigaporous polystyrene microspheres as rapid chromatographic separation media for proteins [J]. Langmuir, 2008, 24(23): 13646-13652.

[17] Zhang R Y, Li Q, Li J, et al. Covalently coating dextran on macroporous polyglycidyl methacrylate microsphere enabled rapid protein chromatographic separation [J]. Materials Science and Engineering C, 2012, 32(8): 2628-2633.

[18] Yu M R, Zhang S P, Zhang Y, et al. Microcalorimetric study of adsorption and disassembling of virus-like particles on anion exchange chromatography media [J]. Journal of Chromatography A, 2015, 1388: 195-206.

[19] Prendergast M E, Burdick J A. Recent advances in enabling technologies in 3d printing for precision medicine [J]. Advanced Materials, 2019: e1902516.

[20] Koffler J, Zhu W, Qu X, et al. Biomimetic 3D-printed scaffolds for spinal cord injury repair[J]. Nature Medicine, 2019, 25(2): 263-269.

[21] Won J E, Lee Y S, Park J H, et al. Hierarchical microchanneled scaffolds modulate multiple tissue-regenerative processes of immune-responses, angiogenesis, and stem cell homing [J]. Biomaterials, 2020, 227: 119548.

[22] Cui Z K, Kim S, Baljon J J, et al. Microporous methacrylated glycol chitosan montmorillonite nanocomposite hydrogel for bone tissue engineering [J]. Nature Communications, 2019, 10: 1-10.

[23] Hu X X, Wang Y L, Tan Y N, et al. A difunctional regeneration scaffold for knee repair based on aptamer-directed cell recruitment [J]. Advanced Materials, 2017, 29(15): 1605235.

[24] Wang Y C, Newman M R, Ackun-Farmmer M, et al. Fracture-targeted delivery of β-catenin agonists via peptide-functionalized nanoparticles augments fracture healing [J]. ACS Nano, 2017, 11(9): 9445-9458.

[25] Luo L, Tang J, Nishi K, et al. Fabrication of synthetic mesenchymal stem cells for the treatment of acute myocardial infarction in mice [J]. Circulation Research, 2017, 120(11): 1768-1775.

[26] Yang H, Qin X, Wang H, et al. An in vivo miRNA delivery system for restoring infarcted myocardium [J]. ACS Nano, 2019, 13(9): 9880-9894.

[27] Wang S J, Jiang D, Zhang Z Z, et al. Biomimetic nanosilica-collagen scaffolds for in situ bone regeneration: Toward a cell-free, one-step surgery [J]. Advanced Materials, 2019, 31(49): e1904341.

[28] Lu J Y, Cheng C, He Y S, et al. Multilayered graphene hydrogel membranes for guided bone regeneration [J]. Advanced Materials, 2016, 28(21): 4025-4031.

[29] Zhou K, Yu P, Shi X, et al. Hierarchically porous hydroxyapatite hybrid scaffold incorporated with reduced graphene oxide for rapid bone ingrowth and repair [J]. ACS Nano, 2019, 13(8): 9595-9606.

[30] Qian Y, Zhao X, Han Q, et al. An integrated multi-layer 3D-fabrication of PDA/RGD coated graphene loaded PCL nanoscaffold for peripheral nerve restoration [J]. Nature Communications, 2018, 9(1): 323.

[31] Liang Y P, Zhao X, Hu T L, et al. Adhesive hemostatic conducting injectable composite hydrogels with sustained drug release and photothermal antibacterial activity to promote full-thickness skin regeneration during wound healing [J]. Small, 2019, 15(12): e1900046.

[32] Facklam A L, Volpatti L R, Anderson D G, et al. Biomaterials for personalized cell therapy [J]. Advanced Materials, 2019: e1902005.

[33] Clark A Y, Martin K E, García J R, et al. Integrin-specific hydrogels modulate transplanted human bone marrow-derived mesenchymal stem cell survival, engraftment, and reparative activities [J]. Nature Communications, 2020, 11(1): 114.

[34] Hall G N, Mendes L F, Gklava C, et al. Developmentally engineered callus organoid bioassemblies exhibit predictive *in vivo* long bone healing [J]. Advanced Science, 2019, 7(2): 1902295.

[35] Lai B Q, Feng B, Che M T, et al. A modular assembly of spinal cord-like tissue allows targeted tissue repair in the transected spinal cord [J]. Advanced Science, 2018, 5(9): 1800261.

[36] Chen P, Zheng L, Wang Y, et al. Desktop-stereolithography 3D printing of a radially oriented extracellular matrix/mesenchymal stem cell exosome bioink for osteochondral defect regeneration [J]. Theranostics, 2019, 9(9): 2439-2459.

[37] Wang M, Wang C, Chen M, et al. Efficient angiogenesis-based diabetic wound healing/skin reconstruction through bioactive antibacterial adhesive ultraviolet shielding nanodressing with exosome release [J]. ACS Nano, 2019, 13(9): 10279-10293.

[38] Wiklander O P B, Brennan M Á, Lötvall J, et al. Advances in therapeutic applications of extracellular vesicles [J]. Science Translational Medicine, 2019, 11: 492.

[39] Anjum F, Lienemann P S, Metzger S, et al. Enzyme responsive GAG-based natural-synthetic hybrid hydrogel for tunable growth factor delivery and stem cell differentiation [J]. Biomaterials, 2016, 87: 104-117.

[40] Qi C, Liu J, Jin Y, et al. Photo-crosslinkable, injectable sericin hydrogel as 3D biomimetic extracellular matrix for minimally invasive repairing cartilage [J]. Biomaterials, 2018, 163: 89-104.

[41] Madry H, Gao L, Rey-Rico A, et al. Thermosensitive hydrogel based on PEO-PPO-PEO poloxamers for a controlled *in situ* release of recombinant adeno-associated viral vectors for effective gene therapy of cartilage defects [J]. Advanced Materials, 2020, 32(2): e1906508.

[42] Zhang W J, Yang G Z, Wang X S, et al. Magnetically controlled growth-factor-immobilized multilayer cell sheets for complex tissue regeneration [J]. Advanced Materials, 2017, 29(43): 1703795.

[43] Go G, Jeong S G, Yoo A, et al. Human adipose-derived mesenchymal stem cell-based medical microrobot system for knee cartilage regeneration *in vivo* [J]. Science Robotics, 2020, 5(38): eaay6626.

[44] 金丽霞. 药物缓释载体材料在医药领域中的研究及应用 [J]. 中国组织工程研究与临床康复, 2011, 15(25): 4699-4702.

[45] 劳丽春. 药物缓释载体材料类型及其临床应用 [J]. 中国组织工程研究与临床康复, 2010, 14(47): 8865-8868.

[46] 王洪新. 药物控释载体材料的研究与应用 [J]. 中国组织工程研究与临床康复, 2011, 47: 15.

[47] Nair L S, Laurencin C T. Biodegradable polymers as biomaterials [J]. Progress in Polymer Science, 2007, 32(8-9): 762-798.

[48] Ulery B D, Nair L S, Laurencin C T. Biomedical applications of biodegradable polymers [J]. Journal of Polymer Science Part B: Polymer Physics, 2011, 49(12): 832-864.

[49] Madhavan N K, Nair N R, John R P. An overview of the recent developments in polylactide (PLA) research [J]. Bioresource Technology, 2010, 101(22): 8493-8501.

[50] Makadia H K, Siegel S J. Poly lactic-co-glycolic acid (PLGA) as biodegradable controlled drug delivery carrier [J]. Polymers, 2011, 3(3): 1377-1397.

[51] 王改娟, 周志平, 盛维琛. 药物缓释用生物降解性高分子载体材料的研究 [J]. 弹性体, 2008, 18(4): 63-66.

[52] Antony R, Arun T, Manickam S T D. A review on applications of chitosan-based Schiff bases [J]. International Journal of Biological Macromolecules, 2019, 129: 615-633.

[53] Dash M, Chiellini F, Ottenbrite R M, et al. Chitosan-A versatile semi-synthetic polymer in biomedical applications [J]. Progress in Polymer Science , 2011, 36(8): 981-1014.

[54] Kumari A, Yadav S K, Yadav S C. Biodegradable polymeric nanoparticles based drug delivery systems [J]. Colloids and Surfaces B: Biointerfaces, 2010, 75(1): 1-18.

[55] 李珺, 李晓桐, 赵明. 无机纳米材料及其在生物医学方面的应用研究 [J]. 医疗卫生装备, 2015, 36(7): 97-105.

[56] 詹世平, 苗宏雨, 王景昌, 等. 生物医用材料用于药物递送系统的研究进展[J]. 功能材料, 2019, 50(9): 7.

[57] Vallet-Regí M, Balas F, Arcos D. Mesoporous materials for drug delivery [J]. Angewandte Chemie International Edition, 2007, 46(40): 7548-7558.

[58] Yu Y J, Xu Q, He S, et al. Recent advances in delivery of photosensitive metal-based drugs[J]. Coordination Chemistry Reviews, 2019, 387: 154-179.

[59] Wang Y, Zhao Q, Han N, et al. Mesoporous silica nanoparticles in drug delivery and biomedical application [J]. Nanomedicine: Nanotechnology, Biology, and medicine, 2015, 11(2): 313-327.

[60] 孔桦, 孟洁, 郭小天, 等. 载药纳米羟基磷灰石材料的体外药物缓释研究 [J]. 透析与人工器官, 2005, 16 (3): 12-15.

[61] Vallet-Regi M, Rámila A, del Real R P, et al. A new property of MCM-41: Drug delivery system [J]. Chemistry of Materials, 2001, 13: 308-311.

[62] Hou H, Nieto A, Ma F, et al. Tunable sustained intravitreal drug delivery system for daunorubicin using oxidized porous silicon [J]. Journal of Controlled Release, 2014, 178: 46-54.

[63] Pandey H, Parashar V, Parashar R, et al. Controlled drug release characteristics and enhanced antibacterial effect of graphene nanosheets containing gentamicin sulfate [J]. Nanoscale, 2011, 3: 4104-4108.

[64] Mitra A K, Agrahari V, Mandal A, et al. Novel delivery approaches for cancer therapeutics [J]. Journal of Controlled Release, 2015, 219: 248-268.

[65] Rosenblum D, Joshi N, Tao W, et al. Progress and challenges towards targeted delivery of cancer therapeutics [J]. Nature Communications, 2018, 9(1): 1410.

[66] Wei W, Yue Z G, Qu J B, et al. Galactosylated nanocrystallites of insoluble anticancer drug for liver-targeting therapy: An *in vitro* evaluation [J]. Nanomedicine, 2010, 5(4): 589-596.

[67] He X W, Liu T, Chen Y X, et al. Calcium carbonate nanoparticle delivering vascular endothelial growth factor-C siRNA effectively inhibits lymphangiogenesis and growth of gastric cancer *in vivo* [J]. Cancer Gene Therapy, 2008, 15(3): 193-202.

[68] Cao H Y, Yuan A H, Chen W, et al. A DNA aptamer with high affinity and specificity for molecular recognition and targeting therapy of gastric cancer [J]. BMC Cancer, 2014, 14: 699.

[69] Stuart M A C, Huck W T S, Genzer J, et al. Emerging applications of stimuli-responsive polymer materials [J]. Nature Materials, 2010, 9(2): 101-113.

[70] Nazli C, Demirer G S, Yar Y, et al. Targeted delivery of doxorubicin into tumor cells via mmp-sensitive peg hydrogel-coated magnetic iron oxide nanoparticles (MIONPs) [J]. Colloids and Surfaces B, Biointerfaces, 2014, 122: 674-683.

[71] Yue Z G, Wei W, You Z X, et al. Iron oxide nanotubes for magnetically guided delivery and pH-activated release of insoluble anticancer drugs [J]. Advanced Functional Materials, 2011, 21(18): 3446-3453.

[72] Lu G H, Li F, Zhang F, et al. Amplifying nanoparticle targeting performance to tumor via Diels-Alder cycloaddition [J]. Advanced Functional Materials, 2018, 28(30): 1707596.

[73] Mura S, Nicolas J, Couvreur P. Stimuli-responsive nanocarriers for drug delivery [J]. Nature Materials, 2013, 12(11): 991-1003.

[74] Shi J J, Kantoff P W, Wooster R, et al. Cancer nanomedicine: Progress, challenges and opportunities [J]. Nature Reviews Cancer, 2017, 17(1): 20-37.

[75] Liu X Y, Wei W, Huang S J, et al. Bio-inspired protein-gold nanoconstruct with core-void-shell structure: Beyond a chemo drug carrier [J]. Journal of Materials Chemistry B, 2013, 1(25): 3136-3143.

[76] Ni D Z, Qing S, Ding H, et al. Biomimetically engineered demi-bacteria potentiate vaccination against cancer [J]. Advanced Science, 2017, 4(10): 1700083.

[77] Fu Q, Lv P P, Chen Z K, et al. Programmed co-delivery of paclitaxel and doxorubicin boosted by camouflaging with erythrocyte membrane [J]. Nanoscale, 2015, 7(9): 4020-4030.

[78] Xia Y F, Na X M, Wu J, et al. The horizon of the emulsion particulate strategy: Engineering hollow particles for biomedical applications [J]. Advanced Materials, 2019, 31(38): 1801159.

[79] Wang Z B, Xu J. Better adjuvants for better vaccines: Progress in adjuvant delivery systems, modifications, and adjuvant-antigen codelivery [J]. Vaccines, 2020, 1(8): 128.

[80] Wu J, Ma G H. Biomimic strategies for modulating the interaction between particle adjuvants and antigen-presenting cells [J]. Biomaterials Science, 2020, 8(9): 2366-2375.

[81] Xia Y F, Wu J, Wei W, et al. Exploiting the pliability and lateral mobility of Pickering emulsion for enhanced vaccination [J]. Nature Materials, 2018, 17: 187-194.

[82] Peng S, Cao F Q, Xia Y F, et al. Particulate alum via Pickering emulsion for an enhanced COVID-19 vaccine adjuvant [J]. Advanced Materials, 2020, 32: 2004210.

[83] Yue H, Ma G H. Applications of polymeric micro/nanoparticles in engineered vaccines [J]. Acta Polymerica Sinica, 2020, 2(51): 125-135.

第**12**章 资源循环：PET 循环回收技术发展

12.1 技术概要

聚对苯二甲酸乙二醇酯(polyethylene terephthalate，PET)，因其具有质量轻、强度大、气密性好、透明度高等特点而被广泛用于食品饮料包装、纤维、薄膜、片基材料等领域[1-5]。作为世界 PET 生产、消费的第一大国，我国每年消耗的 PET 多达数千万吨[6]，伴随而来的是大量废旧 PET 的产生，并引起严峻的环境和生态问题(图 12.1)。因此，PET 的高效回收利用成为我国社会面临的一大挑战。目前 PET 的回收方法主要有物理法和化学法，其中物理回收法在我国占比达 90%以上，但由于利用物理法回收再生的 PET 质量降级且回收次数有限，科学界普遍认为化学法才是废旧 PET 回收的首选方法。化学法能够将 PET 降解为单体，再重新聚合或合成高附加值的产品，从根本上实现"瓶到瓶"的 PET 永续循环。而在化学回收法中，乙二醇醇解法因其具有溶剂无毒、不易挥发、反应可常压进行、可连续生产等特点成为最具工业化应用前景的回收方法。目前，国内外乙二醇醇解技术尚不成熟，其原因一方面是废旧 PET 降解所用催化剂效率较低，降解产物较多，对苯二甲酸乙二醇酯 [bis(2-hydroxyethyl) terephthalate，BHET] 单体收率不高(60%~70%)；另一方面，为了提高降解率，增高反应温度(190℃)极易产生有色副产物，增大了后续单体纯化的难度。由此，开发温和条件下的高效催化剂成为 PET 化学降解技术的核心问题。

图 12.1　废弃 PET 引起严峻的环境和生态问题

12.2　重要意义及国内外现状

2008 年我国成为世界 PET 生产、消费的第一大国，PET 年产量占全球一半以上，2020 年我国 PET 产量达到 4510 万吨[7]。约 1/3 的 PET 聚酯被制成各类包装材料，如矿泉水瓶、包装膜、捆扎带等，这些产品多为一次性消费品，用后即变为废品；约有 2/3 被加工成各类纺织品，在使用数年后被废弃[6]。且据统计，在聚酯生产与加工过程中会产生 3%~5%的废料，因此，废旧 PET 的产生量十分巨大。目前我国的废弃 PET 聚酯每年产生量达千万吨级别，在"十三五"末，我国仅废旧化纤纺织品的产生量就可达近 2 亿吨。这些聚酯废料产生量大、质量轻、堆放空间大且自然分解困难，已对人类的生存环境造成了严重的污染和危害[8]。另外，PET 聚酯的原料主要为石油和天然气，均为不可再生资源，大量的使用和废弃会使资源枯竭提前到来[9,10]。按当前的废弃 PET 产生量计算，如能实现全部回收，则可节约石油 2.1 亿吨，节省汽油 400 亿升，减排二氧化碳 1 亿吨，折合约 310 亿千克标准煤。因此，废旧 PET 的回收利用无疑是国内外研究的一个热点问题，而 PET 的降解更是其中的重中之重。以 "PET degradation" 为主题在 Web of Science 上进行检索与分析，结果如图 12.2 所示。从图中可以看到，从 1990 年至 2020 年 8 月，与 PET 降解相关的报道稳步增加。这些报道来自在全球范围内的 95 个国家或地区，分布广泛，其中主要来源为美国(20%)和中国(15%)。可以看出，随着石化资源逐步消耗殆尽，越来越多的科研人员和企业将重点从废弃塑料的治理转移至废弃塑料循环回收。

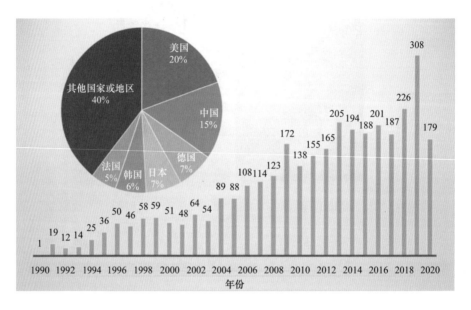

图 12.2 以"PET degradation"为主题在 Web of Science 上检索和分析的结果

除此之外，为应对这一巨大挑战，许多国家与地区出台了相应的政策、战略目标。欧盟计划在 2030 年时，所有的塑料包装都实现可回收或可再次利用，塑料包装的回收率预计达到 55%，到 2026 年时，塑料袋的人均消耗量将从 2019 年的 90 个降至 40 个。但由于技术、经济水平上的差距，目前不同欧盟国家之间的废旧塑料包装回收率差异较大，从低于 30%到高于 70%不等。且过去过半的废旧塑料会被运至海外循环处理，其中我国为主要的接受国家之一。因此在 2017 年我国开始禁止洋垃圾入境后，欧盟的塑料回收产业也遭受到巨大冲击，急需变革。我国虽然是世界第一大塑料生产和消耗大国，但废旧塑料的再生利用率仅为 20%左右。为应对这一难题，国务院发布了《禁止洋垃圾入境推进固体废物进口管理制度改革实施方案》，并且大力推动生活垃圾分类制度的实施，以提高塑料制品的回收利用率。同时，可口可乐、百事可乐等塑料制品消耗量巨大的公司也纷纷与相关的技术、生产企业达成合成意向，宣布在 2030 年时，至少有 50%的包装材料来源于再生塑料。BASF 公司也于 2018 年启动了 "ChemCycling" 计划，与其他工业界的公司共同合作，通过热解的方式将废旧塑料转化为液态的中间产物(统称为裂解油)，并用得到的裂解油取代原有的化石原料生产具有高附加值的化工产品。

在 2016 年，我国累计消耗超过 700 亿个 PET 瓶，而回收的废旧 PET 瓶大多被制成 PET 纤维，仅有极少数被再生成为食品级 PET 瓶，这与 PET 回收再生的工艺息息相关[11]。如图 12.3 所示，一般聚酯的再生方法可分为物理回收法和化学回收法，物理回收法是将废旧 PET 经分离、破碎、洗涤及干燥处理后再进行造粒或制片的方法，因其工艺简单且成本较低而被广泛应用于 PET 的回收再生。但由于回收料中含一定量的杂质，再生得到的产品往往只能降级使用，不宜再用于食品包装领域，因此，大部分废旧 PET 瓶被回收再生成为 PET 纤维而非食品级的 PET 瓶。化学回收法则是通过化学反应将废旧 PET 解聚，将其转化为较小的分子、中间原料或直接转化为单体。由此方法获得的单体可再次聚合生产 PET或其他产品。该方法不仅能够获得高质量产品，而且可实现废旧 PET 的多次循环，但目前化学回收法仍处于科研攻关阶段，大多数工艺仍停留在中试，甚至是小试阶段。传统的化学回收法有水解法、甲醇醇解法和乙二醇醇解法，由于这些方法自身存在许多缺点，目前尚未实现大规模工业应用[12]。而在我国，由于技术瓶颈的存在，应用化学回收法进行 PET 回收再生的企业更是寥寥无几。因此，PET 的化学回收再生成为国内外相关学者及工业科技公司研究的热点，科学界正着手于寻求新型的反应条件温和、具有商业化应用前景的 PET 降解绿色工艺。

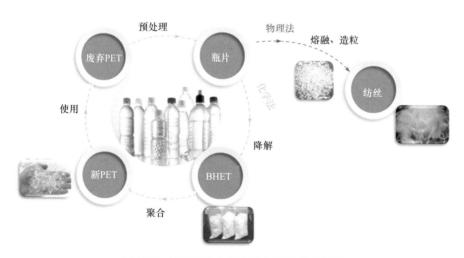

图 12.3　物理法和化学法回收 PET 简化流程

12.3　技术主要内容

12.3.1　物理回收法

　　物理回收法也可称为机械回收法，是一种将废旧 PET 经过分离、破碎、洗涤、干燥、熔融造粒获取 PET 再生料的方法，如图 12.4 所示。由于该方法工艺简单、成本低、投资少且对环境影响小，目前废旧 PET 的回收过程仍以物理回收为主[13]。但 PET 在物理回收过程中通常伴随着产品分子量降低、特性黏度降低、热分解等问题，导致物理回收法再生的 PET 质量降级，无法满足食品级等高性能产品的需求，从而极大地限制了再生产品的应用范围和回收价值[14]。

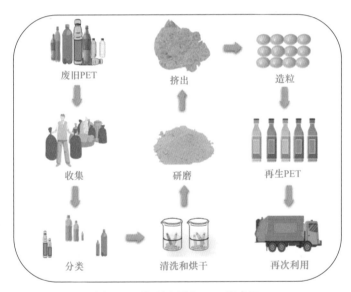

图 12.4　物理法回收 PET 示意图

12.3.2　化学回收法

　　化学回收法是 PET 合成的逆过程，是指通过化学反应将废旧 PET 完全解聚为单体，或部分解聚为低聚物和其他化学物质的过程。该方法不受 PET 原料的限制，对于 PET 合金或品质较低的原料均可回收，且得到的产品质量高、用途广，除了将产物用于 PET 再聚合外，还可用于生产其他高附加值产品如聚氨酯、不饱和聚酯等[15,16]。此外，相较物理回收法存在的再生 PET 质量降级、回收次数受限的问题，化学回收法不存在回收次数的限制，可实现废旧 PET 的永久循环，因此化学回收法更符合目前可持续发展的需求，更具有发展前景。目前，废旧 PET 的化学回收法主要有以下几种：甲醇醇解法、乙二醇醇解法、水解法、胺/氨解法和热解法。

1. 甲醇醇解法

甲醇醇解法[17,18]是指 PET 和甲醇发生酯交换反应生成对苯二甲酸二甲酯 (DMT)和乙二醇(EG)的方法。该过程在高温高压下进行，温度通常为180~280℃，压力范围为 2~4MPa，常用的催化剂为有机金属盐，如乙酸锌、乙酸锰、乙酸镁和离子液体等。由于该过程获得的产品 DMT 和 EG 可直接用作 PET 的生产原料，因此一些生产 PET 的知名公司，如杜邦、Eastman Kodak 和 Hoechst 等均设计出了与甲醇醇解法相关的商业化生产装置。但该方法也存在一些问题，如溶剂甲醇有毒且易挥发、反应条件苛刻、反应时间长和反应不彻底等，通过甲醇醇解法生产 DMT 的成本也几乎是其他传统生产方法成本的两倍[19]。

2. 乙二醇醇解法

乙二醇醇解法是指废旧 PET 与过量的乙二醇进行酯交换反应生成对苯二甲酸乙二醇酯(BHET)的方法。该过程在高温常压下进行，温度范围为180~240℃，常用的催化剂有金属乙酸盐、氧化锌、碳酸钠和离子液体等。与其他回收方法相比，乙二醇醇解法具有反应条件相对温和、溶剂不易挥发、可连续生产的特点。因此，它是目前所有 PET 化学回收方法中应用最为广泛的商业方法，已被杜邦、Goodyear、Hoechst 和 Celanese 等公司开发出商业化的工艺路线[20]。

3. 水解法

水解法是指在不同的酸碱介质中将废旧 PET 水解为对苯二甲酸(TPA)和乙二醇的方法。依据反应介质的不同，该过程可分为酸性水解法、碱性水解法和中性水解法。

1) 酸性水解法

酸性水解法[21]通常使用强酸如浓硫酸作为催化剂，水解过程可在常温常压下进行，产品经碱洗、过滤除杂和酸化一系列步骤最终可得到纯度大于99%的 TPA。但此方法的主要缺点是对设备的防腐蚀性要求高，反应后有大量含酸废水需要进行处理，对环境污染较大，且产生的乙二醇难以回收，因此酸性水解法在应用上存在很大的局限性。

2) 碱性水解法

碱性水解法[22]通常在浓度为 4%~20%的 NaOH 或 KOH 水溶液中进行，在压力为 1.4~2.0MPa，温度为 200~250℃的条件下反应生成 TPA。该方法可将 PET 彻底降解，产物纯净，可用于高度污染的废旧 PET 的降解。但与酸性水解法类似，碱性水解过程中产生的大量碱性废液需要进行恰当的处理，避免造成严重的环境污染。

3) 中性水解法

中性水解法[23]是指在中性环境下 PET 与水或水蒸气反应的方法。该过程通常在高温高压下进行，温度范围为 200~300℃，压力范围为 1~4MPa，常用的催化剂为金属乙酸盐。与酸性水解法和碱性水解法相比，中性水解法一般不会产生大量的无机盐和腐蚀设备，但通过该方法制得的 TPA 纯度较低，需要进一步纯化。而与甲醇醇解法和乙二醇醇解法相比，由于水的亲核能力比甲醇和乙二醇弱，中性水解法的降解速度也较慢。

4. 胺/氨解法

胺/氨解法[24]是指废旧 PET 与胺/氨反应的方法。由于胺基与 PET 的反应活性比醇类的羟基更高，因此胺/氨解过程可以避免醇解法和水解法中所需的高温高压，且降解得到的对苯二甲酸酰胺可用作环氧树脂固化剂、聚氨酯的合成原料或增塑剂。目前，因为胺/氨解法的工艺流程尚不成熟，所以该方法还没有被应用于工业生产，且胺解法更多地被应用于 PET 纤维的改性，通过在 PET 纤维的表面进行部分胺解反应从而改善纤维的着色质量和其他性能。

5. 热解法

热解法是指废旧 PET 在高温条件下发生断链降解的方法。由于 PET 中含大量的反应活性较高的酯基，在高温条件下容易发生分子链断裂从而生成小分子产物。PET 的热解产物通常取决于反应温度，在反应温度较低时会生成较多的醛类物质，而在反应温度较高时芳香类化合物会成为主产物[25]。断链产物在持续高温下还能进一步分解为各种小分子，如 CO、CO_2 和乙醛等[26]。与其他化学回收法不同，热解法难以直接获得纯度较高的单体材料，因此热解法生产的目标产物主要为苯等小分子化工原料。

综上所述，各种 PET 化学回收方法的优缺点被总结于表 12.1 中。

表 12.1　各种 PET 化学回收方法的优缺点

方法	优点	缺点
甲醇醇解法	所得产物 DMT 和 EG 均为 PET 聚合的原料，可实现 PET 的闭合循环	反应条件苛刻(高温高压)，溶剂易挥发且有毒
乙二醇醇解法	反应在常压下进行，溶剂不易挥发	降解产物组分复杂，纯化难度大
酸/碱性水解法	PET 降解较为彻底，所得产物 TPA 纯度很高	对设备的防腐蚀性能要求高，且反应过程中产生大量酸/碱性废水

续表

方法	优点	缺点
中性水解法	仅用水或水蒸气作为反应物，绿色环保，产生的"三废"易处理	反应条件苛刻，降解速度较慢，所得单体纯度较低
胺/氨解法	反应条件温和	工艺技术不成熟
热解法	通常情况下无需催化剂参与反应	无法获得纯度较高的单体产物

12.3.3　废旧 PET 回收过程中存在的主要问题及发展趋势

　　废旧 PET 的回收利用不仅能够解决大量 PET 废弃物造成的环境污染问题，还可以将废旧 PET 解聚为合成聚酯所需的单体或其他化工原料，延长资源的使用周期，契合当今世界追求的可持续发展的理念，具有广阔的开发应用前景。目前，工艺简单、成本较低的物理回收法仍是主流的 PET 回收方法，但因其具有再生 PET 品质降级、回收次数受限等问题，科学界、工业界已将研究开发重点转移至化学回收法。化学回收法的优势在于再生获得的聚酯产品质量不会降低，可以实现 PET 的永久循环，相较于物理回收法更符合目前可持续发展的目标。

　　目前，化学回收法已经取得了一定的进展，在工业上也出现了应用实例。例如，美国的 Loop Industry 公司利用其专利技术已成功实现在常温常压的条件下将废旧 PET 降解为对苯二甲酸盐和乙二醇，经酸化处理得到的对苯二甲酸可再次作为 PET 聚合的原料。目前该公司已与可口可乐、百事可乐、欧莱雅等公司达成合作意向以生产高标准的食品级再生塑料，并计划在美国南卡罗来纳州建设一个年处理量为 4 万吨的工厂，在 2022 年试运行。英国的 Plastic Energy 公司开发出热厌氧转化(thermal anaerobic conversion，TAC)技术，在无氧条件下将经预处理的塑料进行热解，随后经常压精馏塔分离出柴油、轻质油和合成气等。而英国的 Recycling Technologies 公司研发的 PT7000 则是通过无氧热裂解的方式将成分复杂甚至是污染严重的塑料制品降解为液态的烯烃类物质——Plaxx，并以此为原料生产高质量的再生塑料，于 2020 年在苏格兰建成处理量为 1000t/h 的商业化装置。法国的 Carbios 公司另辟蹊径，通过基因修饰等方式培育出具有较高活性的工程酶用于 PET 的降解，在温和的反应条件下将 PET 转化为单体物质，相关工作也发表在了顶级期刊 *Nature* 上并获得了业界的高度评价[27]。但酶解 PET 技术因工业酶易失活、获取成本高、反应时间长(通常需要 10h 以上)等难题仍停留在实验室规模，与 TechnipFMC 公司合作共同筹建中试基地。

　　虽然不少企业在 PET 循环回收技术的研究与发展上取得了一定的成果，但大部分技术仍不够成熟，实现商业化大规模推广应用的技术寥寥无几。降解产物的分离和"三废"的处理是 PET 醇解工业化的一大难题，即便是技术相对领先的

Loop Industry 公司，在酸化过程中产生的大量废酸、废渣也会使其生产成本大大升高，高品质再生塑料的制造成本仍高于原生塑料。同时，对于大部分希望通过化学降解法(醇解法、水解法、氨/胺解法)降解 PET 的企业，反应过程中用到的有机溶剂(如甲醇)易挥发，污染环境；反应条件苛刻，部分反应需要高温高压；反应速率低，后续分离过程复杂，即原料、产品和酸碱催化剂介质不易分离等问题都是其扩大生产规模的巨大障碍。因此，包括 BASF、Shell 等在内的众多化工巨头也在探索将 PET 热解产物用于生产高附加值化工产品的可能，但由于 PET 本身带有氧元素，即便是在无氧的条件下，其热解过程中涉及的反应仍十分复杂，最终也难以获得高纯度的单一产物。因此，目前更多企业倾向于将 PET 产物经简单的分离后用作燃料，但这无疑没有实现 PET 的闭环循环，无法解决 PET 循环回收的根本问题。对此，科学界正着手于寻求新的、低挥发的、反应条件温和的且成本较低的 PET 化学回收工艺。

12.3.4　离子液体在聚合物回收过程中的应用

离子液体(ionic liquid，IL)[28]是一种新兴的绿色溶剂与介质，仅由阴离子和阳离子组成，在室温或室温附近的温度下主要以液体形式存在。离子液体具有低蒸汽压、高稳定性、低可燃性和强传导性等特性，且具有高度的可设计性，即通过调整离子液体的组成及结构来调节其自身的性质，因此，离子液体已被广泛应用于气体吸收、催化、材料、能源等研究领域。国际离子液体科学的开拓者、英国皇家学会院士 Seddon[29]于 2000 年在国际一流刊物 *Green Chemistry* 上报道了将 1-乙基-3-甲基咪唑类离子液体[Emim][AlCl$_4$]用于裂解聚乙烯的研究，证明了离子液体在聚合物降解中的作用，揭开了离子液体用于塑料降解的新篇章。

在传统的 PET 化学回收法中，乙二醇醇解法因其较温和的反应条件被认为是最具发展潜力的 PET 化学回收方法，最有希望用于实现大规模的 PET 回收工业化应用，但其仍存在催化剂效率不高、降解单体提纯难度大等问题。为解决这一系列难题，离子液体这一绿色材料也被尝试用于乙二醇醇解工艺的优化。

2009 年，Wang 等[30]首先发现了咪唑类离子液体如[Bmin]Cl、[Bmin][AlCl$_4$]和[Bmin][CH$_3$COO]等能够溶解和降解 PET 颗粒，降解产物的平均分子量远小于 PET 原料，约为 777，但仍高于一般 PET 单体的平均分子量，说明此时 PET 的降解仍不彻底。同年，Wang 等[31]再次报道了将不同种类的离子液体用于催化 PET 乙二醇醇解的研究，指出碱性离子液体([3a-C$_3$P(C$_4$)$_3$][Gly]和[3a-C$_3$P(C$_4$)$_3$][Ala])和中性离子液体([Bmin]Cl 和[Bmin]Br)能够加速 PET 乙二醇醇解反应，而酸性离子液体([Bmin][H$_2$PO$_4$]和[Bmin][HSO$_4$])对该反应几乎没有催化活性。虽然在部分离子液体催化剂的催化作用下 PET 的转化率可达 100%，但仍存在反应时间过长(8h)

和 BHET 单体的选择性较低(<60%)的问题。除了乙二醇醇解外，离子液体也被应用于其他的 PET 化学回收法中，如甲醇醇解法、水解法、胺解法等，见表 12.2[32]。

表 12.2　用于 PET 降解的离子液体催化剂[32]

离子液体种类	反应物	反应温度/℃	反应时间/min	PET 转化率/%	单体收率/%
[3a-C₃P(C₄)₃][Ala]	EG	180	480	100	—
[3a-C₃P(C₄)₃][Gly]	EG	180	480	100	—
[Bmin]Cl	EG	180	480	44.7	—
[Bmin]Br	EG	180	480	98.7	—
[Bmin][FeCl₄]	EG	178	240	100	59.2
[Bmin][HCO₃]	EG	190	120	82.8	14.1
[Bmin][OH]	EG	190	120	100	71.2
[N₂₂₂₂][Ala]	EG	170	50	100	74.3
[N₂₂₂₂][Asp]	EG	170	60	100	72.5
[N₁₁₁₁][Ala]	EG	170	50	100	74.6
[N₂₂₂₂][Ser]	EG	170	120	100	71.4
[N₁₁₁₁][Asp]	EG	170	60	100	72.7
[Deim][Co(OAc)₃]	EG	180	90	100	56.6
[Deim][Zn(OAc)₃]	EG	180	90	100	67.1
[Deim][Mn(OAc)₃]	EG	180	225	100	51.3
[Deim][Ni(OAc)₃]	EG	180	105	100	54.1
[Deim][Cu(OAc)₃]	EG	180	120	100	58.6
[Amin][CuCl₃]	EG	175	180	100	8.3
[Amin]Cl	EG	175	90	100	74.6
[Amin][CoCl₃]	EG	175	75	100	79.5
[Amin][ZnCl₃]	EG	175	75	100	80.1
[Amin][FeCl₄]	EG	175	180	100	71.4
[Bmin][CrCl₄]	EG	170	240	1.7	0.1
[Bmin][MnCl₃]	EG	170	240	86.7	62.5
[Bmin][FeCl₄]	EG	170	240	94.7	55.8
[Bmin]₂[CoCl₄]	EG	170	240	100	77.8
[Bmin]₂[NiCl₄]	EG	170	240	45.0	28.9
[Bmin]₂[ZnCl₄]	EG	170	240	99.6	77.1
[Bmin][OAc]	EG	190	180	100	59.2
[HSO₃-pmin][HSO₄]	H₂O	170	270	100	88.7
[Bmin][PF₆]	EA	—	60	—	60
[Bmin][HSO₄]	EA	—	60	—	84

离子液体种类	反应物	反应温度/℃	反应时间/min	PET 转化率/%	单体收率/%
[Bmin][TfO]	EA	—	60	—	89
[Bmin]Cl	EA	—	60	—	66
[Bmin][BF$_4$]	EA	—	60	—	53
[Bmin][BF$_6$]	HH	—	60	—	44
[Bmin][HSO$_4$]	HH	—	60	—	79
[Bmin][TfO]	HH	—	60	—	84
[Bmin]Cl	HH	—	60	—	54
[Bmin][BF$_4$]	HH	—	60	—	46

　　重金属乙酸盐,如 Zn、Mn、Co 的乙酸盐,是传统的 PET 醇解催化剂,其中乙酸锌表现出最佳的催化性能。与非金属催化剂相比,金属催化剂往往有着更为出色的 PET 醇解催化性能,但金属催化剂较高的生产成本和后续高昂的处理成本使 PET 循环回收的成本居高不下,生产的高品质再生塑料的价格远高于同品质的原生塑料,该循环回收技术难以大规模推广应用。为此,设计并开发出绿色、高效的非金属醇解催化剂是目前一个较热门且具有重要现实意义的研究课题。传统的非金属盐结构单一,在 PET 醇解过程中难以起到催化的作用,而离子液体的出现,给非金属催化剂的设计提供了大量新的机遇。

　　(2-羟乙基)三甲基铵(俗称“胆碱”)因其具有更低廉的价格、较高的生物相容性和可生物降解性,被认为是能够替代传统咪唑阳离子的绿色阳离子,如[Ch][OAc]可替代[Emin][OAc]对生物质进行预处理[33]。此外,由于胆碱阳离子结构和乙醇极易形成氢键作用,使其有望促进 PET 在乙二醇中的解聚,从而实现绿色、高效的 PET 醇解。Liu 等[34]通过设计合成了一系列非金属胆碱类离子液体催化剂并将其应用在 PET 乙二醇醇解反应中,发现离子液体中阳离子和阴离子的协同作用使乙二醇中的氧原子更容易攻击 PET 中的羰基碳,从而促使酯键的断裂、PET 断链。其中[Ch][OAc]催化性能最佳,在 180℃下,0.25g 催化剂,5.0g PET 和 20.0g 乙二醇,反应 4h 后 BHET 的收率高达 85.2%,其效果不逊于金属催化剂,揭示了在 PET 醇解反应中非金属催化剂取代金属催化剂的可能性。此外,有机强碱,如 1,5-二氮杂双环[4.3.0]-5-壬烯(DBN)和 1,8-二氮杂二环[5.4.0]十一碳-7-烯(DBU)在催化领域也有着广泛应用,且已被证实对 PET 醇解具有良好的催化活性[35]。但有机碱易挥发、难回收的缺点限制了其在催化 PET 醇解中的应用。刘博[36]通过将 DBN 和 DBU 与酸进行中和形成离子液体,有效避免了其易挥发的缺点,且通过控制使用的酸的酸性,可以让离子液体保持 Lewis 碱性,从而有效保留了其对 PET 醇解的催化活性。

12.4　未来趋势及展望

无论是从环境保护还是资源利用的角度考虑，废旧 PET 的有效回收利用有望在十年内取得阶段性的进展，特别是回收再生方式的转型，从由物理回收法主导逐渐转变为由化学回收法主导。如今我国外卖产业呈现出爆发式增长，仅截至 2017 年底，我国外卖市场的规模已经突破 300 亿元人民币，较上年同期增长了 110%[37]，随之而来的是大量一次性塑料餐盒废弃物，而这些塑料餐盒大多为 PET 材质。因此，如何将废弃的食品级 PET 通过一定的回收、制造工艺再生为可再次使用的食品级 PET，这是目前 PET 循环回收面临的挑战之一。在现有的 PET 化学回收的工艺中，乙二醇醇解法因其反应条件相对温和、溶剂挥发性较差等特点，逐渐展示出其广泛的应用前景和可观的研究价值。对于该方法，虽然已有研究报道和示范装置建成，但距离其实现大规模的工业化应用推广仍有一定差距。

在 PET 降解方面，常用的醇解催化剂中通常含有过渡金属元素(如锌和锰)，这些催化剂固然有着较高的催化活性，但相比于非金属催化剂，金属催化剂往往需要更高的生产成本，不可避免地会提高再生塑料的生产成本。再者，金属元素的后续处理也相对烦琐，废液、废渣处理成本较高，若这些废弃物没有得到妥善的处理，金属元素将在土壤、水甚至大气中迁移、储存，最终不可避免地会危及环境和人类健康。但目前大部分非金属催化剂的催化活性仍较差，所需的反应时间长(>3h)，单体产率低(<80%)。因此，设计、开发出新型高效的非金属催化剂对 PET 循环回收具有重要的现实意义。

而在 PET 单体纯化方面，由于被降解的 PET 产品中大多添加了染料、增塑剂等添加剂，在降解过程中几乎都是以均相状态存在，会滞留在降解产品中，使降解得到的产物成分非常复杂，其中包含催化剂、PET 单体、低聚物、残留的 PET 和添加剂等。由于用于合成聚酯的单体的纯度要求极高，降解后的产物往往要通过多次过滤、结晶、吸附后才能获得少量的纯度达标的 PET 单体。因此，PET 单体纯化工段的设计也具有重要的现实意义。通过合理的设计将不同的分离纯化单元组织在一起，优化各个单元的操作及操作条件，从而实现 PET 单体的高效、深度纯化。值得一提的是，现有的商业吸附剂(如活性炭、树脂等)在吸附过程中往往会产生大量的固体废弃物，增加后续处理费用且造成环境污染。由于废旧 PET 降解所用催化剂效率较低，降解产物较多，BHET 单体收率不高(60%~70%)，为了提高降解率，通常在较高温度(高于 190℃)下进行降解反应，极易产生有色副产物，增大了分离难度。将化学回收法制得的单体 BHET 重新聚合后，再生 PET 的颜色一般都比原生 PET 要深，难以用于高级别食品包装材料、光学膜等领域。

因此，开发出高效、绿色的 PET 降解催化剂和 PET 纯化工艺是 PET 循环回收的核心难题。纵使现在已经有相当数量的报道与 PET 降解催化剂的研发直接相关，但这些报道往往只用降解时间、PET 的转化率和单体的选择性来评估降解的效果，并未充分考虑降解得到的产物组成是否过于复杂，单体的纯化与脱色是否存在困难等问题，难以解决 PET 回收再生工业化难的问题。针对不同的降解体系，所用的反应助剂、催化剂等均有所不同，因此，对应的 PET 单体纯化的工艺自然也不会是一成不变的。同时，考虑到单体聚合生产 PET 这一过程已有很多成熟的工艺可供选择，而不同的聚合工艺对单体的纯度等性质也有不同的要求。因此，从废旧 PET 的降解到 PET 单体的纯化、再聚合应一气呵成，专注于其中某一环节的研究而忽视了与其他环节的连接，都会让这个研究流于表面，难以与实际生产应用联系起来。

参 考 文 献

[1] Sorrentino L, di Maio E, Iannace S. Poly(ethylene terephthalate) foams: Correlation between the polymer properties and the foaming process [J]. Journal of Applied Polymer Science, 2010, 116(1): 27-35.

[2] Huck W T S. Materials chemistry polymer networks take a bow [J]. Nature, 2011, 472(7344): 425-426.

[3] Rostami A, Wei C J, Guérin G, et al. Anion detection by a fluorescent poly(squaramide): Self-assembly of anion-binding sites by polymer aggregation [J]. Angewandte Chemie International Edition, 2011, 50(9): 2059-2062.

[4] Garcia J M, Robertson M L. The future of plastics recycling chemical advances are increasing the proportion of polymer waste that can be recycled [J]. Science, 2017, 358(6365): 870-872.

[5] Diaz-Silvarrey L S, McMahon A, Phan A N. Benzoic acid recovery via waste poly(ethylene terephthalate) (PET) catalytic pyrolysis using sulphated zirconia catalyst [J]. Journal of Analytical and Applied Pyrolysis, 2018, 134: 621-631.

[6] 郑宁来. 2020 年世界 PET 产销情况 [J]. 聚酯工业, 2017, 30(2): 4.

[7] 产业调研网. 2020 年中国 PET 行业现状研究分析及未来走势预测报告[R]. https://www.cir.cn/DiaoYan/2012-09/hangyexianzhuangyanjiufenxijiweilais.html.[2021-11-10].

[8] Leng Z, Padhan R K, Sreeram A. Production of a sustainable paving material through chemical recycling of waste PET into crumb rubber modified asphalt [J]. Journal of Cleaner Production, 2018, 180: 682-688.

[9] 朱兴松, 何胜君, 曹正俊, 等. 再生 PET 瓶用聚酯的合成及性能探索研究 [J]. 合成技术及应用, 2019, 34(3): 1-5, 16.

[10] 钱伯章. 公司组成联盟来处理 PET 塑料垃圾 [J]. 聚酯工业, 2020, 33(1): 58.

[11] Gu Y F, Zhou G L, Wu Y F, et al. Environmental performance analysis on resource multiple life-cycle recycling system: Evidence from waste pet bottles in China [J]. Resources Conservation and Recycling, 2020, 158: 104821.

[12] Ragaert K, Delva L, van Geem K. Mechanical and chemical recycling of solid plastic waste [J]. Waste Management, 2017, 69: 24-58.

[13] 章耀, 林军, 郑妙娟, 等. 废聚酯瓶的回收和再生利用 [J]. 化工环保, 2010, 30(4): 311-313.

[14] 谷艾婷, 王震. 再生 PET 生产环节品质下降原因及政策建议 [J]. 环境科学与技术, 2015, 38(S1): 503-507.

[15] Rusmirović J D, Radoman T, Džunuzović E S, et al. Effect of the modified silica nanofiller on the mechanical properties of unsaturated polyester resins based on recycled polyethylene terephthalate [J]. Polymer Composites, 2017, 38(3): 538-554.

[16] Zhou X, Fang C Q, Yu Q, et al. Synthesis and characterization of waterborne polyurethane dispersion from glycolyzed products of waste polyethylene terephthalate used as soft and hard segment [J]. International Journal of Adhesion and Adhesives, 2017, 74: 49-56.

[17] Kurokawa H, Ohshima M A, Sugiyama K, et al. Methanolysis of polyethylene terephthalate (PET) in the presence of aluminium tiisopropoxide catalyst to form dimethyl terephthalate and ethylene glycol [J]. Polymer Degradation and Stability, 2003, 79(3): 529-533.

[18] Liu Q L, Li R S, Fang T. Investigating and modeling PET methanolysis under supercritical conditions by response surface methodology approach [J]. Chemical Engineering Journal, 2015, 270: 535-541.

[19] Siddiqui M N, Redhwi H H, Achilias D S. Recycling of poly(ethylene terephthalate) waste through methanolic pyrolysis in a microwave reactor [J]. Journal of Analytical and Applied Pyrolysis, 2012, 98: 214-220.

[20] 马玉刚, 杨勇, 徐元源, 等. PET 聚酯化学解聚进展 [J]. 化工进展, 2000, 19(1): 32-35, 2.

[21] de Carvalho G M, Muniz E C, Rubira A F. Hydrolysis of post-consume poly(ethylene terephthalate) with sulfuric acid and product characterization by WAXD, ^{13}C NMR and DSC [J]. Polymer Degradation and Stability, 2006, 91(6): 1326-1332.

[22] Robert D A, Krishna B, Gregory B, et al. Methods and materials for depolymerizing polyesters: US9914816B2 [P]. 2018-03-13.

[23] Mandoki J W. Depolymerization of condensation polymers: US4605762A [P]. 1986-08-12.

[24] Shukla S R, Harad A M. Aminolysis of polyethylene terephthalate waste [J]. Polymer Degradatíón and Stability, 2006, 91(8): 1850-1854.

[25] Martín-Gullón I, Esperanza M, Font R. Kinetic model for the pyrolysis and combustion of poly-(ethylene terephthalate) (PET) [J]. Journal of Analytical and Applied Pyrolysis, 2001, 58: 635-650.

[26] 李秀华, 王自瑛. PET 降解研究进展 [J]. 塑料科技, 2011, 39(4): 110-114.

[27] Tournier V, Topham C M, Gilles A, et al. An engineered PET depolymerase to break down and recycle plastic bottles [J]. Nature, 2020, 580(7802): 216-219.

[28] Earle M J, Seddon K R. Ionic liquids. Green solvents for the future [J]. Pure and Applied Chemistry, 2000, 72(7): 1391-1398.

[29] Adams C , Earle M J, Seddon K R. Catalytic cracking reactions of polyethylene to light alkanes in ionic liquids [J]. Green Chemistry, 2000, 2(1): 21-24.

[30] Wang H, Li Z X, Liu Y Q, et al. Degradation of poly(ethylene terephthalate) using ionic liquids [J]. Green Chemistry, 2009, 11(10): 1568-1575.

[31] Wang H, Liu Y Q, Li Z X, et al. Glycolysis of poly(ethylene terephthalate) catalyzed by ionic liquids [J]. European Polymer Journal, 2009, 45(5): 1535-1544.

[32] 刘亚婵. 非金属离子液体催化醇解 PET [D]. 北京: 中国科学院大学(中国科学院过程工程研究所), 2020.

[33] Asakawa A, Oka T, Sasaki C, et al. Cholinium ionic liquid/cosolvent pretreatment for enhancing enzymatic saccharification of sugarcane bagasse [J]. Industrial Crops and Products, 2016, 86: 113-119.

[34] Liu Y C, Yao X Q, Yao H Y, et al. Degradation of poly(ethylene terephthalate) catalyzed by metal-free choline-based ionic liquids [J]. Green Chemistry, 2020, 22(10): 3122-3131.

[35] Fukushima K, Coady D J, Jones G O, et al. Unexpected efficiency of cyclic amidine catalysts in depolymerizing poly(ethylene terephthalate) [J]. Journal of Polymer Science Part A: Polymer Chemistry, 2013, 51(7): 1606-1611.

[36] 刘博. 离子液体及低共熔溶剂催化醇解 PET 的应用基础研究 [D]. 北京: 中国科学院大学(中国科学院过程工程研究所), 2019.

[37] 敬小玲. "互联网+"背景下外卖行业发展分析 [J]. 市场研究, 2018, 1: 10-12.

第13章　资源循环：电池回收

13.1　技术概要

基于国家可持续发展战略和能源安全的迫切需求，近年来我国大力推进新能源汽车的发展。随着我国电动汽车行业的快速崛起，动力电池退役量将逐年增加。退役动力电池具有显著的资源特性，含有 Li、Co、Ni、Mn 和 F 等元素，对其回收再利用具有显著的经济效益和环保价值。电池电芯的制造工艺直接影响着废旧电池拆解工艺，目前主要采用卷绕(roll-to-roll)或叠片(layer)方式，即极片涂覆→电芯卷绕或叠片→入壳→电解液，因此拆解工艺为壳体剥离→电解液回收→极片拆分→材料回收，即与制造工艺形成"逆过程"。若从"逆过程"角度对电池结构乃至整个制造工艺进行逆向设计，有利于废旧电池拆解回收，有效降低电池制造-使用-循环再生的综合成本，减少资源消耗和环境污染。

13.2　重要意义及国内外现状

能源安全和能源结构调整是实现国家可持续发展的根本保障[1]，能源危机及全球气候变暖给各个国家带来威胁，节能减排和环境保护迫切需要各个国家将发展新能源汽车放在重要位置。在减税、补贴等一系列优惠措施和政策的支持下，中国新能源汽车产业进入快速发展期，2014 年 7 月，国务院办公厅在《关于加快新能源汽车推广应用的指导意见》中指出"贯彻落实发展新能源汽车的国家战略，以纯电驱动为新能源汽车发展的主要战略取向"。《"十三五"国家战略性新兴产业发展规划》强调，中国新能源汽车 2020 年的产销量将达到 200 万辆，累计产销量超过 500 万辆。在智能出行和能源革命的双重推动下，未来新能源汽车产业仍会激发出巨大潜能。世界各国也纷纷出台政策推动新能源汽车的发展，电动汽车替代燃油汽车已经成为全球共识，发展电动汽车将是大势所趋。

新能源汽车动力电池使用寿命为 5～8 年[2]，电池退役后未经妥善处置会带来众多问题，一方面退役动力电池含有大量的战略元素和重金属、有机物电解液/质及塑料，如果处置不当会给社会带来环境问题和安全隐患[3]，也会造成有价值资源的浪费[4]。退役动力锂电池是一座宝贵的"城市矿山"，金属含量远高于矿石，将 Li、Co、Ni 等有价金属回收再利用，可有效地提高资源利用率，降低金属元素的对外依存度，保障国家资源战略安全。

根据观研天下发布的《2019 年中国动力电池回收行业分析报告——行业现状与发展前景评估》数据测算和分析，预计 2025 年动力电池报废量为 111.70GWh，其中磷酸铁锂电池报废量为 10.30GWh，三元锂电池报废量为 101.40GWh(图 13.1)。

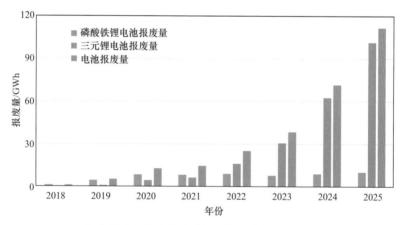

图 13.1　2018～2025 年中国动力电池产品退役量情况(数据来源：商务部，观研天下整理)

动力电池回收蕴藏着巨大商机，2018 年动力电池回收市场规模为 4.32 亿元，预计到 2025 年，电池回收市场规模将达到 203.71 亿元，其中磷酸铁锂梯次利用价值为 25.75 亿元，三元锂电池回收拆解价值为 177.96 亿元(图 13.2)。

为了加强新能源汽车动力蓄电池回收利用管理，规范行业发展，推进资源综合利用，世界各国都已制定了相关法律和规范。美国针对退役电池的生产、收集、运输和储存等过程提出技术规范，采用生产者责任延伸和押金制度，加大公众宣传教育力度，提高公众环保意识，引导公众自发回收退役电池[5]；日本在回收处理废电池方面一直走在世界前列，建立了"蓄电池生产-销售-回收-再生处理"的

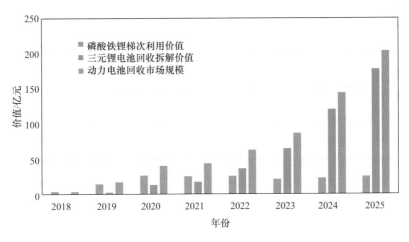

图 13.2　2018～2025 年中国动力电池产品回收价值情况(数据来源：观研天下)

回收利用体系；欧盟建立生产者承担回收费用的强制回收制度；德国在建立的回收利用法律中规定：电池生产和进口商必须在政府登记，经销商要构建回收机制，告知消费者免费回收电池的地点，消费者有义务将退役电池交给指定机构进行回收。

国外的动力电池回收体系完善且各具特色，并取得较好的成效，形成了由电池生产企业承担主要责任的生产者责任衍生制，政策体系比较完善。在动力电池回收技术方面，Toxco、AEA Technology、Inmetco、SNAM、TERUME 及住友金属等企业均具备规模化回收处理动力锂电池的能力和技术，表 13.1 为世界上主要国家废旧电池回收利用工艺路线。

表 13.1　世界主要国家废旧电池回收利用工艺路线

国家	公司名称	主要工艺过程	参考文献
英国	AEA Technology	低温破碎、分离出钢壳后，用乙腈提取电池中的电解液，N-甲基吡咯烷酮(NMP)提取黏合剂(PVDF)，材料分选得到 Cu、Al 和塑料，电沉积 CoO 回收 Co	[6,7]
法国	Recupyl	在惰性气体保护下对电池进行破碎、磁选分离后用硫酸浸出，后加入 Na_2CO_3 得到 Cu 等沉淀物，过滤后向滤液中加入 NaClO，得到 $Co(OH)_3$ 沉淀和 Li_2SO_4 的溶液，溶液中通入二氧化碳得到 Li_2CO_3	[8]
日本	Mitsubishi	对液氮冷冻的废旧电池进行拆解、分选、破碎、磁选、水洗得到钢铁、铜箔，将剩余的颗粒燃烧得到 $LiCoO_2$，废气用 $Ca(OH)_2$ 吸收	[9]
德国	IME	将电极材料加热至 250℃使电解液挥发后冷凝回收，粉末经破碎、磁选等工序将大颗粒(主要含 Fe 和 Ni)和小颗粒(主要含 Al 和电极材料)分离。电弧炉熔解小颗粒制得钴合金，湿法溶解烟道灰和炉渣制得 Li_2CO_3	[8,10]

中国动力电池回收在产业、市场和政策方面也在逐步完善，已基本形成梯次利用-再生利用的商业模式。2012 年发布的《节能与新能源汽车产业发展规划(2012~2020 年)》中，明确地将动力电池回收利用列入其中；2017 年先后出台相关的技术标准，使动力电池回收和梯次利用的无序状态得到改变；2018 年七部委联合发布了《关于做好新能源汽车动力蓄电池回收利用试点工作的通知》，确定在众多试点城市开展动力电池回收利用工作。在市场需求和政策的引导下，动力电池回收行业正逐步规范，发展前景良好。

国内电池企业均在积极布局废旧电池再生利用，第三方资源回收企业也有涉及，上下游合作将持续加强，实现电池全产业链回收利用，锂离子电池从生产到回收的闭路循环如图 13.3 所示。目前深圳格林美股份有限公司、浙江华友钴业股份有限公司、广东邦普循环科技有限公司和赣州市豪鹏科技有限公司四家公司规模化回收的电池比重超过中国市场的 90%。

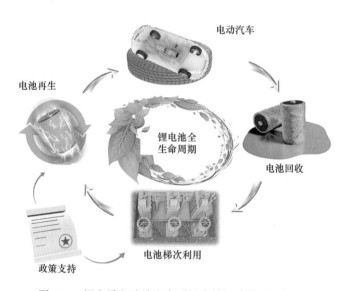

图 13.3　锂离子电池从生产到回收的闭路循环示意图[11]

13.3　技术主要内容

电池回收技术分为两类：材料修复再生技术和材料提取回收技术，目的是最大限度地将电池废物转化为有用的材料，了解锂离子电池的失效机理是推动废旧电池安全、有效回收的关键。

13.3.1　锂离子电池的失效机理

锂离子电池在使用过程中存在膨胀、短路和漏液等问题而导致其寿命有限，主要从负极、正极、电解液、隔膜四个方面进行失效机理分析，如图 13.4 所示。

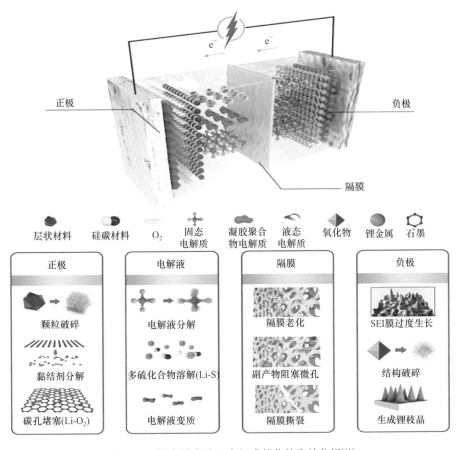

图 13.4　锂离子电池四个组成部分的失效分析[11]

锂离子电池失效的原因很多，正极主要为材料结构破坏和颗粒破碎，Li-O$_2$ 电池充放电副产物 Li$_2$O$_2$ 等堵塞多孔电极[12]；电解液中六氟磷酸锂稳定性差，易与溶剂中痕量水反应生成 HF[13]，锂硫电池生成的可溶性中间体 Li$_2$S$_n$(3$\leqslant n \leqslant$6)溶于电解液[12]；隔膜在充放电过程中会发生老化、撕裂和微孔堵塞等；负极石墨表面与电解液反应生成 SEI 膜，SEI 膜的过度生长导致电池内部缺锂，锂枝晶是锂金属电池失效的关键，可导致电池短路或爆炸、不良反应加剧、产生死锂、增加极化等[14]。

电极材料容量衰减主要是由循环过程中结构变化引起的，可根据材料的使用状态选择合适的回收方法，最大限度地回收和利用电极材料。对于未损坏的电极材料，采用简单的物理分离来回收利用；对于结构破坏不严重的正极材料，可通过加入金属离子和热处理等方法进行修复再生；对于正极材料损坏严重的情况，可通过湿法冶金、火法冶金和火法-湿法联合等方法对金属元素进行提取和回收利用。

13.3.2　废旧电池的预处理

退役锂离子电池在存放或机械处理时，由于电池尚存残余电量，存在火灾、爆炸等潜在的安全隐患，安全高效地分离是预处理过程的主要目标。预处理主要包括失活、拆解和分离。为了尽可能降低电池高压产生的风险，先将电池进行失活处理，包括放电[15-17]、液氮冷冻[18]或惰性气体保护中处理电池，工业上应用较多的是后两种处理方法。但这些方法忽略了电池在储存运输过程中的风险，为安全起见，电池在储存运输前应完全放电。

拆解和分离分为手工拆解和机械处理两类。实验室主要采用手工拆解，手动工具对电池拆解后将不同组件分别回收，拆解时需佩戴护目镜、面罩和手套等防护用品，以确保安全。正极材料黏附在铝箔上，常用溶剂溶解法[19]、碱溶解法[20]、超声辅助分离法[21]和热处理[22,23]等方法对其进行处理。手动拆卸可最大限度地减少杂质对材料的影响，但拆解效率低，限制其在工业中的应用。

机械处理效率远高于手工拆解，通过破碎、筛分、重力分离和浮选[16,24-28]将其分离。重力分离的原理是根据混合物的密度和粒径的不同在一定的分离介质中有不同的运动轨迹从而实现物质的分离。正极和负极材料由于润湿性不同(负极疏水、正极亲水)，可通过浮选工艺分离。

13.3.3　技术一：晶体结构修复技术

晶体结构修复技术是一种非破坏性修复，是指不经过浸出，直接修复材料晶体结构的技术，具有成本低、回收率高等特点，可实现材料的闭环利用。正极材料修复常用的方法有热处理、锂化与热处理相结合。对于缺锂引起的不可逆相变，可通过补锂的方法来修复。钴酸锂、磷酸铁锂和镍钴锰酸锂废料的元素组成简单，可添加 Li_2CO_3 或 $LiOH \cdot H_2O$ 直接高温煅烧修复晶体结构，或补充 Li 源后水热法重新合成镍钴锰(NCM)[29-31]。

Meng[32]通过表面包覆 V_2O_5 来改善正极材料的性能，Shi 等[33]系统地研究了 NCM 颗粒的失效机理，多次循环后，NCM523 颗粒表面出现岩盐相和尖晶石相，补锂并热处理后恢复层状结构。该团队还利用 Li 熔融盐低温合成 NCM523[34]，这为研究其他离子材料打下了基础，为开发环境友好、经济可行的合成方法提供了新思路。

电池级石墨负极的纯度高于 99.9%，电池循环后石墨结构改变和 SEI 膜生成，增加了石墨再生利用技术的复杂性。Sabisch 等[35]用回收再生石墨与未使用石墨作为电池负极进行对比发现两者容量差别不大。Zhang 等[36]通过热处理的方法回收再生石墨，其初始放电比容量为 343.2mA·h/g，50 周循环后容量保持率为 98.76%。Rothermel 等[37]对比了电解液蒸发法、亚临界 CO_2 和乙腈为萃取剂萃取、超临界 CO_2 萃取三种处理方法对提取石墨的影响，研究表明，亚临界 CO_2 和乙腈萃取电解液是最佳回收方法，回收石墨的性能最佳。

13.3.4　技术二：材料提取回收技术

1. 正极材料

正极材料常用的处理方法是火法冶金和湿法浸取再生。火法冶金是高温处理后用物理或化学方法回收提炼有价值的金属。早期火法冶金在 1000℃左右生成钴铁镍合金，锂元素在渣相中，须进一步提取。目前的火法冶金有两种：还原焙烧和盐焙烧。还原焙烧是在真空或惰性气氛下，将高价金属化合物转化为低价金属化合物后进行分离和回收，金属化合物转化为金属氧化物、纯金属和可溶性锂盐，这种方式近年来受到广泛关注[38-41]。Li 等[39]提出一种无氧焙烧和湿磁分离相结合的方法，先将混合材料在 1000℃的 N_2 气氛下煅烧 30min，后利用湿法磁选技术从废 LCO/石墨电池中原位回收 Li_2CO_3、Co 和石墨。为进一步降低煅烧温度，该团队又开发了真空冶金法回收废 LMO 电池中的金属，将 $LiMn_2O_4$ 和石墨的混合材料在 800℃真空下焙烧 45min，得到 Li_2CO_3 和 MnO[42]。

盐焙烧处理废旧锂离子电池[43,44]可降低煅烧温度和提高回收率。盐焙烧是金属氧化物在助熔剂的作用下焙烧成可溶于水的熔融盐，使正极材料的结构在较低温度下被破坏，主要有硫酸盐焙烧、氯化焙烧和苏打焙烧，该工艺在工业应用中潜力巨大。Wang 等[43]用硫酸盐焙烧回收 Li 和 Co，将 LCO 与 $NaHSO_4·H_2O$ 在 600℃下焙烧 0.5h，Li 以 $LiNa(SO_4)$ 形式存在，Co 的存在形式与 $NaHSO_4·H_2O$ 在混合物中的比例密切相关，随 $NaHSO_4·H_2O$ 含量增加，Co 存在形式为：$LiCoO_2 \rightarrow Co_3O_4 \rightarrow Na_6Co(SO_4)_4 \rightarrow Na_2Co(SO_4)_2$，焙烧产物经水浸和化学沉淀后进一步分离回收。

浸出是将金属溶解到溶液中待进一步的分离和回收。浸出过程可分为三种类型：酸浸、碱浸和生物浸出，酸浸因其浸出效率高、成本低而备受关注。无机强酸试剂，如 HCl[45]、H_2SO_4[23,46,47]和 HNO_3[48,49]几乎可以溶解所有金属，但使用过程中会产生有毒气体和酸性废水。为解决无机酸浸出的环境问题，开发出更环保的有机酸浸出剂，有机酸具有良好的生物相容性和降解性，可减少有毒气体排放，有效缓解对环境的影响。有机酸的浸出效率与无机酸相似，浸出效率主要由酸度决定，酸度由有机酸的酸解常数(pK_a)和有机酸的官能团决定[50-52]。此外，有机酸螯合配位特性为后续的回收利用提供了便利，如柠檬酸[20]、乳酸和马来酸[53]等有机酸可作为浸出剂或螯合剂，重新制备正极材料；抗坏血酸[54]既作为浸出剂溶解金属，也作为还原剂还原高价金属；草酸具有强酸性和还原性，可根据草酸盐溶解度的不同作为选择性浸出剂使用。

为保证浸出效率，在浸出过程中通常会使用过量的高浓度酸，产生大量的酸性废水。为减少酸的用量，缩短循环过程，提高浸出效率，提出了选择性浸出[55]、机械方法[56]、超声处理和电化学方法等[57]回收处理废锂电池。LCO 和 LFP 中 Li 常用的选择性浸出试剂有草酸[58,59]、磷酸[60]、硫酸和乙酸[55]。加入螯合剂机械球磨后，用水或无机酸浸出，金属离子被浸出，螯合剂如乙二胺四乙酸(EDTA)[61]和聚氯乙烯(PVC)[56,62]，固体基团如氧化铝[63]、铁[64]和有机酸，这是由于在机械力作用下，颗粒变小、局部温度升高有助于破坏晶体结构，促进反应进行，提高浸出效率。

碱浸不同于酸浸，不能将所有的金属溶解到溶液中，而是基于铵离子和金属离子间的螯合作用，目前碱浸中的碱包括氨(NH_3)[65]、碳酸铵[$(NH_4)_2CO_3$][66]、硫酸铵[$(NH_4)_2SO_4$][67]和氯化铵(NH_4Cl)。除直接酸浸、碱浸外，生物法浸出是利用微生物代谢产生的酸将不溶性金属氧化物转化为可溶性金属离子。细菌产生无机酸和真菌产生的有机酸可促进浸出过程[68-73]。氧化亚铁硫杆菌[72]是一种嗜酸性的细菌，以硫和 Fe^{2+} 为能量来源，产生 H_2SO_4 和 Fe^{3+}。真菌黑曲霉[69]产生的有机酸(包括草酸、柠檬酸、酒石酸和苹果酸)溶解废碱液中的金属。与直接酸浸相比，生物浸出在节能环保方面有较大优势，但浸出效率低，且微生物培养较慢，限制了其工业应用。

纯化和分离：废旧锂电池在预处理和浸出过程中会引入铝、铜、铁等杂质，为了提高回收产品的纯度，需对浸出液进行纯化。一般情况下，杂质金属离子在低 pH 时形成沉淀，主元素在高 pH 下形成沉淀，为降低金属离子对过渡金属的影响，可先除杂，采用萃取法使杂质降至较低水平，萃取机理是金属或金属化合物在有机相和水相中分配系数不同。

除杂后 NCM 浸出液中含有的金属离子为 Li^+、Ni^{2+}、Co^{2+}、Mn^{2+}，LFP 浸出液中金属离子为 Li^+、Fe^{2+}、PO_4^{3-}，可用化学沉淀法和溶剂萃取法提取金属离子。化学沉淀法是根据 Li^+ 和过渡金属离子的性质不同，先析出过渡金属离子，再析出 Li^+。过渡金属离子最常用的沉淀剂是氢氧化钠(NaOH)[74]、草酸($H_2C_2O_4$)[75,76]、草酸铵[$(NH_4)_2C_2O_4$][77]、硫化钠(Na_2S)[78]和碳酸钠(Na_2CO_3)[79]，形成过渡金属氢氧化物、草酸盐、硫化物或碳酸盐等不溶性沉淀物，Li^+沉淀剂是碳酸钠(Na_2CO_3)[80,81]、磷酸盐(H_3PO_4)[82]和磷酸钠(Na_3PO_4)[83,84]，形成碳酸锂、磷酸盐。过渡金属离子的化学性质相似，很难在不形成共沉淀物情况下通过普通沉淀法进行分离，选择性沉淀可解决这一问题，如 Co^{2+} 先被次氯酸钠(NaClO)氧化为 Co^{3+} 生成 $Co_2O_3 \cdot H_2O$ 沉淀[85]，Mn^{2+} 被高锰酸钾($KMnO_4$)氧化成 Mn^{4+}，生成 MnO_2 沉淀[45]，Ni^{2+} 可选择性形成丁二酮肟镍的螯合物，实现 Ni、Co、Mn 中的分离[45]。

另一种方法是分级萃取金属离子。萃取 Co/Mn/Ni 常用萃取剂有 2-乙基己基磷酸单体(PC-88A)[86,87]、二(2,4,4-三甲基戊基)次膦酸(Cyanex 272)[47,75,88-90]和二(2-乙基己基)磷酸(D2EHPA)[91-93]，萃取剂在不同萃取条件下提取的物质不同。pH、萃取剂浓度、O/A 比、温度、时间和萃取体系等萃取条件[87,93,94]均会影响萃取效率。萃取剂协同萃取可提高复杂体系的选择性和萃取效率。与化学沉淀法相比，萃取法可在酸性条件下进行，具有萃取时间短，能耗低、碱用量少等特点，但也存在一些如操作过程复杂、溶剂成本高等问题。

除化学沉淀和溶剂萃取外，吸附、离子交换、电沉积等方法也常被用于金属分离。尖晶石锂锰氧化物经酸处理和表面包覆改性，锂吸附能力得到提高，以 γ-Al_2O_3 为吸收剂，在 3.05×10^{-8}mol/L 的低浓度下，可选择性提取 Co^{2+}，吸附能力为 196mg/g Co^{2+}，该吸附剂可重复使用[95]。电沉积依靠两个电极提供的额外能量诱导金属离子发生氧化还原反应[49,96,97]，但电能消耗高，尚未在电池回收中规模使用。

重新合成：与从浸出液中回收金属的方法相比，材料再合成是一种更有效的方法，此方法可通过生产高附加值的产品降低锂电池的生产成本。损耗性浸出再生是指用溶胶-凝胶或共沉淀法从浸出液中重新合成正极材料，常用的浸出试剂有有机酸和无机酸，溶胶-凝胶中有机酸既是浸出剂，也是螯合剂，常用的酸是柠檬酸、乳酸和苹果酸。有机酸的络合作用会改变金属离子的析出性质，使其难以在体系中析出。Li 等[20]用柠檬酸浸出正极材料后，调整浸出液中 Li：Ni：Co：Mn 的摩尔比和总金属离子与螯合剂的摩尔比分别为 3.15：1：1：1 和 2：1，溶胶凝胶后热处理合成 NCM，铝掺杂形成的强铝氧键可提高材料的结构稳定性。

非有机酸可用于溶胶-凝胶法和共沉淀法合成正极材料，但溶胶-凝胶法需加入螯合剂，不适合大规模应用，共沉淀法可实现过渡金属原子级别混合，工业上应用广泛。NCM 浸出液共沉淀的 pH 为 10～12，过渡金属离子浓度为 2mol/L，微量 Cu 和 Mg 掺杂可以提高电化学性能，这是由于 Cu 占据 Mn 位，Mg 占据 Co 位，锂离子在脱嵌过程中晶格变化较小[98]。

除了制备正极材料，研究者还研究了其他高附加值产品的合成，如金属有机骨架(MOF)[99]、催化剂 Co_3O_4[100]和 Co 铁氧体前体($CoFe_2O_4$)[101]。Perez 等[99]从模拟电池废水中合成金属有机骨架，在 DMF 溶剂中用 1,3,5-苯三膦酸(BTP)为配体，150℃下 2 天即可将 95%的 Mn 沉淀为 Mn-MOF，溶液中剩下 Co 和 Ni，这是废电池中金属回收的一种新思路。

2. 负极材料

由于废旧锂电池数量巨大，回收负极材料也具有较大的经济效益。负极片的主要有价成分为铜箔、石墨材料和含锂化合物，含锂化合物是电池在充放电过程生成的 SEI 膜，SEI 膜主要成分是 Li_2O、$ROCO_2Li$、LiF、Li_2CO_3、CH_3OLi 等[102]。石墨与铜箔的结合力较弱，经过破碎、筛选等方法铜箔很容易分离[103]。Guo 等[102]用 HCl 浸取负极中的 Li，浸出率达 99.4%，这是由于 Li_2O、$ROCO_2Li$ 和 CH_3OLi 溶于水中，而其他物质几乎不溶于水；Natarajan 等[104]以水为浸出剂，可回收 99.9%的 Li 元素。

由于碳材料的导电性和吸附性，改性的石墨可作为吸附剂、催化剂、超级电容器和石墨烯[105-112]。Zhang 等[105]将改性的碳用于重金属污染废水处理中，研究表明其对 Pb^{2+}、Cd^{2+} 和 Ag^+ 的去除率分别为 99.9%、79.7%和 99.8%[107]。

从废弃材料中合成高价值产品虽然具有挑战性，但其潜力巨大。Chen 等[109]用超声辅助液相剥离法制备石墨烯，剥离效率是天然石墨的 3～11 倍；Natarajan 等[113]以 Al 或不锈钢(SS)为还原剂，将石墨转化为氧化还原石墨烯(rGO)，该团队还提出了一种最大化回收利用石墨合成石墨复合薄膜聚合物的新方法[114]，研究聚乙烯(PE)、聚丙烯(PP)、石墨复合薄膜(PE/GR_x，PP/GR_x)的合成。结果显示，与纯 PP 和 PE 相比，PP/GR_x 的抗拉强度由 3.4MPa 提高至 33.9MPa，PE/GR_x 抗拉强度由 3.0MPa 提高至 38.1 MPa，电导率比纯聚合物薄膜高 5～6 个数量级。

3. 电解液

目前电池回收多集中在正极和负极材料上，忽视了电解液的回收利用。商业电解液由有机溶剂和 $LiPF_6$ 组成，退役后需要妥善处理。电池循环后电解液不以液态存在，而是吸附在电极上，加大了提取和收集的难度；电解液具有挥发性、易燃性和毒性，加剧了回收复杂性。尽管存在这些困难，电解液回收在实验室和工业上也取得了一些进展，AEA 公司用溶剂萃取电解液[115]。

萃取法是回收电解液最有前途的方法之一。乙腈、碳酸丙烯酯是常用的溶剂，超临界 CO_2 萃取可避免引入杂质和有害气体排放且操作环境温和，适合提含 $LiPF_6$ 的热敏感物质。Grützke 等[116]用超临界二氧化碳法提取电解质，气相色谱分析主要成分为 EC、DMC 和 EMC 等，也能检测出碳酸二乙酯(DEC)、二甲基-2,5-二氧杂环己烷二羧酸酯(DMDOHC)、乙基-2,5-二氧杂环己烷二羧酸酯(EMDOHC)和二乙基-2,5-二氧杂环己烷二羧酸酯(DEDOHC)等电解液老化成分。该团队进一步研究了夹带剂对超临界 CO_2 提取废电池电解质的影响，加入夹带剂可改善电解质提取效率。

Dai 等[117]利用响应面法优化超临界流体萃取(SFE)的操作条件对碳酸酯类电解质的萃取率的影响，表明萃取压力是影响萃取率最主要的因素，极性是影响碳酸酯提取的主要因素，在一定范围内，提高压力或降低温度可增强超临界 CO_2 的极性。为了实现电解液的闭环回收，Liu 等[118]开发了一种超临界 CO_2 萃取、分子筛纯化和组分补充重新制备锂离子电池电解液的工艺，新制备的电解液在 20℃ 的电导率为 0.19mS/cm，将其用于 $LiCoO_2/C$ 电池中，0.2C 下 100 次循环保持率为 66%。有研究者对电池破碎和加热时的电解液溶剂进行研究，通过冷凝和蒸馏的方式对电解液溶剂进行回收利用。

13.3.5　废旧电池回收工业化应用技术

面对大量的退役电池，汽车公司、ESS 企业和回收企业出现了新的合作契机。2018 年宝马宣布与 Umicore 公司和 Northvolt 公司建立联合技术联盟，以促进欧洲电动汽车动力电池的可持续使用；同年，奥迪宣布完成了与 Umicore 公司在电池回收战略上第一阶段的合作，开发了一种重复使用的锂电池闭环系统；中国铁塔与包括一汽、东风和比亚迪在内的 11 家新能源汽车制造商签署了建设动力电池回收系统的意向书，这一合作有助于建立一个动力电池追溯管理平台，加速退役电池梯级利用和闭环回收。

图 13.5 总结了目前工业回收技术和处理工艺，下面详细讨论典型的回收过程。

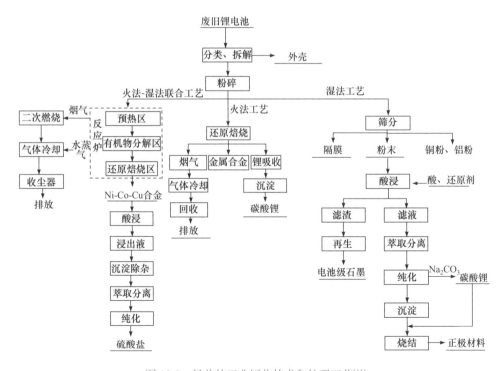

图 13.5　目前的工业回收技术和处理工艺[11]

Accurec 公司在火法冶金的基础上开发出真空热解技术，这项技术根据金属熔点和溶剂沸点不同，可处理镍铬、镍氢、锂离子电池等不同类型的电池，处理规模为 7000t/a。有机溶剂在 250℃或更低温度真空提取后冷凝回收，铜铝箔等材料通过物理方法分离，真空蒸发浓缩回收锂。

Umicore 公司结合火法和湿法两种技术回收废电池，可处理不同类型的电池，实现材料到电池的闭环。具体过程如下：电池直接放入竖炉中煅烧，材料温度变化区间分为三部分：300℃左右电解液蒸发，700℃隔膜热解，1200～1450℃时其他成分反应。加热过程配有气体净化系统，确保有毒二恶英和有机化合物的零排放。含镍钴的合金通过湿法冶金过程(包括酸浸、溶剂萃取和沉淀)进一步精炼并转化为电池正极的原材料，由于锂价格的持续上涨，Umicore 公司也考虑通过增加湿法冶金过程进一步回收锂元素。

Retriev Technology 公司根据不同电池的结构特点，开发了完整的回收技术，确保每一种电池都能被有效回收。首先采用器械方式将电池拆成单体，单体在液氮中破碎，后通过湿法冶金回收处理。

13.4 未来趋势及展望

人类社会的发展离不开能源，能源和环境问题是困扰人类可持续发展的一个重要因素。随着新能源汽车的快速发展，我国动力电池退役量将成规模增长，动力电池退役后，如果不进行必要的回收和处理，不仅造成资源浪费，也会对环境造成污染。政府、企业及消费者应该积极发挥联动机制，共同推动动力电池回收和再利用产业的发展。对废旧动力电池的研究需考虑效率、成本、环境效益和安全四大因素，基础研究应探究创新环境友好的工艺和处理方法，工业领域应建立锂离子电池回收处理和利用的完整产业链，真正实现废旧电池的绿色处理和循环利用。

1. 关键技术攻关

废旧电池拆解、重组、测试和寿命预测等关键技术直接制约着电池回收产业链的发展，需加大攻关力度，提高梯次利用的利用率，提高电池拆解的技术水平和自动化程度，提高冶金的回收率，使动力电池回收、材料再利用具有经济可行性和安全性。

安全高效的自动化拆解是提高效率和安全的核心。退役动力电池具有很高的复杂度，包括电池制造和设计工艺的复杂性、串并联成组形式、应用车型和使用工况的多样性，如电池有方形、圆柱形等不同形状，有叠片和卷绕两种形式，成组后电池包差异大，这些复杂性因素增加了电池回收再利用或拆解的难度。各科研单位和企业应深度开发智能制造，将动力电池拆解从自动化走向智能化。

针对不同类型的退役锂电池，创造能高效浸出和回收有价元素的先进工艺和设备，实现有价金属高效回收和利用，同时控制回收过程的二次污染，避免对环境和健康造成威胁。

2. 回收成本与环境

经济效益是企业生存和发展的根本，降低成本、增加产品附加值是提高经济效益的主要方式。为确保最大的回收经济效益，需针对不同体系、不同类型的电池采取不同的回收技术，减少回收过程产生的"三废"量，节能减排，促进废旧电池的高效清洁循环利用，保障新能源汽车产业的健康、可持续地发展。

3. 标准化与溯源管理

动力电池的多样化增加了其回收再利用过程中拆解和检测等设备的复杂度，因此有必要对动力电池的结构、连接方式、工艺技术及集成等方面进行标准化的研究和设计。

实施动力锂电池全生命周期的溯源管理，通过信息采集与管理等方式，实现动力锂电池产品全生命周期的监管，达到来源可查、去向可追、节点可控、责任可究的目的，从而有效监管电池的每个环节。相关企业应充分发挥各自职能，形成合力，共同推动锂电池全生命周期的溯源管理的落地和发展。

4. 健全回收网络

构建新能源汽车、动力电池、消费者共同参与的回收利用网络体系建设。支持以新能源汽车牵头建设回收服务网，依据新能源汽车对电池实时监控及汽车销售网络平台，构建覆盖全国的电池回收网点，推进动力蓄电池梯次利用、再生利用等，拓宽动力蓄电池梯次利用方式和渠道，健全回收机制；加强协调协作，有效整合资源，加快发展以新能源汽车企业、电池回收企业和拆解企业三方为主体的回收网络建设。

我国动力电池回收利用体系建设已取得一定进展，但电池回收利用仍存在产业化技术不成熟、回收模式不完善、管理措施不健全、支持政策不到位且商业模式创新匮乏等问题，尚不能满足大批量动力电池回收利用的需求。为落实汽车强国战略，加快汽车产业转型升级和实现新能源汽车产业可持续发展，我国有必要从战略高度布局动力电池回收利用体系，保障大批量动力电池回收利用。

参 考 文 献

[1] Wu N, Wu H, Kim J K, et al. Restoration of degraded nickel-rich cathode materials for long-life lithium-ion batteries[J]. ChemElectroChem, 2018, 5(1): 78-83.

[2] Zhang X X, Li L, Fan E, et al. Toward sustainable and systematic recycling of spent rechargeable batteries[J]. Chemical Society Reviews, 2018, 47(19): 7239-7302.

[3] Wang M, Zhang C, Zhang F. An environmental benign process for cobalt and lithium recovery from spent lithium-ion batteries by mechanochemical approach [J]. Waste Management, 2016, 51: 239-244.

[4] Yu Y J, Wang X, Wang D, et al. Environmental characteristics comparison of Li-ion batteries and Ni-MH batteries under the uncertainty of cycle performance[J]. Journal of hazardous materials, 2012, 229: 455-460.

[5] Wang X, Gaustad G, Babbitt C W, et al. Economic and environmental characterization of an evolving Li-ion battery waste stream[J]. Journal of Environmental Management, 2014, 135: 126-134.

[6] Lain M J. Recycling of galvanic cells: US Patent 6447669[P]. 2002-09-10.

[7] Lain M J. Recycling of lithium ion cells and batteries [J]. Fuel and Energy Abstracts, 2002, 43: 295-296.

[8] Georgi-Maschler T, Friedrich B, Weyhe R, et al. Development of a recycling process for Li-ion batteries[J]. Journal of power Sources, 2012, 207: 173-182.

[9] Tanii T, Tsuzuki S, Honmura S, et al. Method for crushing cell: US Patent 6524737[P]. 2003-02-25.

[10] Müller D I T, Metallurgy I M E P. Development of a new metallurgical process for closed-loop recycling of discarded nickel-metalhydride-batteries[C]//Proceedings of EMC. 2003: 1.

[11] Fan E, Li L, Wang Z, et al. Sustainable recycling technology for Li-ion batteries and beyond: Challenges and future prospects[J]. Chemical Reviews, 2020, 120(14): 7020-7063.

[12] Bruce P G, Freunberger S A, Hardwick L J, et al. Li-O_2 and Li-S batteries with high energy storage[J]. Nature Materials, 2012, 11(1): 19-29.

[13] Liao Z H, Zhang S, Zhao Y K, et al. Experimental evaluation of thermolysis-driven gas emissions from $LiPF_6$-carbonate electrolyte used in lithium-ion batteries[J]. Journal of Energy Chemistry, 2020, 49: 124-135.

[14] Cheng X B, Zhang R, Zhao C Z, et al. Toward safe lithium metal anode in rechargeable batteries: A review[J]. Chemical Reviews, 2017, 117(15): 10403-10473.

[15] Ojanen S, Lundström M, Santasalo-Aarnio A, et al. Challenging the concept of electrochemical discharge using salt solutions for lithium-ion batteries recycling[J]. Waste Management, 2018, 76: 242-249.

[16] Yu J D, He Y Q, Ge Z Z, et al. A promising physical method for recovery of $LiCoO_2$ and graphite from spent lithium-ion batteries: Grinding flotation[J]. Separation and Purification Technology, 2018, 190: 45-52.

[17] Wang F F, Zhang T, He Y Q, et al. Recovery of valuable materials from spent lithium-ion batteries by mechanical separation and thermal treatment[J]. Journal of Cleaner Production, 2018, 185: 646-652.

[18] Wang X, Gaustad G, Babbitt C W. Targeting high value metals in lithium-ion battery recycling via shredding and size-based separation[J]. Waste Management, 2016, 51: 204-213.

[19] Li L, Ge J, Chen R J, et al. Environmental friendly leaching reagent for cobalt and lithium recovery from spent lithium-ion batteries[J]. Waste Management, 2010, 30(12): 2615-2621.

[20] Li L, Bian Y F, Zhang X X, et al. Process for recycling mixed-cathode materials from spent lithium-ion batteries and kinetics of leaching[J]. Waste Management, 2018, 71: 362-371.

[21] He L P, Sun S Y, Song X F, et al. Recovery of cathode materials and Al from spent lithium-ion batteries by ultrasonic cleaning[J]. Waste Management, 2015, 46: 523-528.

[22] Yang Y, Huang G Y, Xu S M, et al. Thermal treatment process for the recovery of valuable metals from spent lithium-ion batteries[J]. Hydrometallurgy, 2016, 165: 390-396.

[23] Sun L, Qiu K. Vacuum pyrolysis and hydrometallurgical process for the recovery of valuable metals from spent lithium-ion batteries[J]. Journal of Hazardous Materials, 2011, 194: 378-384.

[24] Zhang T, He Y Q, Wang F F, et al. Surface analysis of cobalt-enriched crushed products of spent lithium-ion batteries by X-ray photoelectron spectroscopy[J]. Separation and Purification Technology, 2014, 138: 21-27.

[25] Yu J D, He Y Q, Li H, et al. Effect of the secondary product of semi-solid phase Fenton on the flotability of electrode material from spent lithium-ion battery[J]. Powder Technology, 2017, 315: 139-146.

[26] Pagnanelli F, Moscardini E, Altimari P, et al. Leaching of electrodic powders from lithium ion batteries: Optimization of operating conditions and effect of physical pretreatment for waste fraction retrieval[J]. Waste Management, 2017, 60: 706-715.

[27] Marinos D, Mishra B. An approach to processing of lithium-ion batteries for the zero-waste recovery of materials[J]. Journal of Sustainable Metallurgy, 2015, 1(4): 263-274.

[28] He Y Q, Zhang T, Wang F F, et al. Recovery of $LiCoO_2$ and graphite from spent lithium-ion batteries by Fenton reagent-assisted flotation[J]. Journal of Cleaner Production, 2017, 143: 319-325.

[29] Nie H H, Xu L, Song D W, et al. $LiCoO_2$: Recycling from spent batteries and regeneration with solid state synthesis[J]. Green Chemistry, 2015, 17(2): 1276-1280.

[30] Li X L, Zhang J, Song D W, et al. Direct regeneration of recycled cathode material mixture from scrapped $LiFePO_4$ batteries[J]. Journal of Power Sources, 2017, 345: 78-84.

[31] Song D W, Wang X Q, Zhou E L, et al. Recovery and heat treatment of the Li $(Ni_{1/3}Co_{1/3}Mn_{1/3})$ O_2 cathode scrap material for lithium ion battery[J]. Journal of Power Sources, 2013, 232: 348-352.

[32] Meng X, Cao H, Hao J, et al. Sustainable Preparation of $LiNi_{1/3}Co_{1/3}Mn_{1/3}O_2$-$V_2O_5$ cathode materials by recycling waste materials of spent lithium-ion battery and vanadium-bearing slag [J]. ACS Sustainable Chemistry & Engineering, 2018, 6: 5797-5805.

[33] Shi Y, Chen G, Liu F, et al. Resolving the compositional and structural defects of degraded LiNi$_x$Co$_y$Mn$_z$O$_2$ particles to directly regenerate high-performance lithium-ion battery cathodes [J]. ACS Energy Letters, 2018, 3(7): 1683-1692.

[34] Shi Y, Zhang M, Meng Y, et al. Ambient-pressure relithiation of degraded Li$_x$Ni$_{0.5}$Co$_{0.2}$Mn$_{0.3}$O$_2$ ($0 < x < 1$) via eutectic solutions for direct regeneration of lithium-ionbattery cathodes [J]. Advanced Energy Materials, 2019, 9(20): 1900454.

[35] Sabisch J E C, Anapolsky A, Liu G, et al. Evaluation of using pre-lithiated graphite from recycled Li-ion batteries for new LiB anodes[J]. Resources, Conservation and Recycling, 2018, 129: 129-134.

[36] Zhang J, Li X L, Song D W, et al. Effective regeneration of anode material recycled from scrapped Li-ion batteries[J]. Journal of Power Sources, 2018, 390: 38-44.

[37] Rothermel S, Evertz M, Kasnatscheew J, et al. Graphite recycling from spent lithium-ion batteries[J]. ChemSusChem, 2016, 9(24): 3473-3484.

[38] Xiao J F, Li J, Xu Z M. Recycling metals from lithium ion battery by mechanical separation and vacuum metallurgy[J]. Journal of Hazardous Materials, 2017, 338: 124-131.

[39] Li J, Wang G X, Xu Z M. Environmentally-friendly oxygen-free roasting/wet magnetic separation technology for *in situ* recycling cobalt, lithium carbonate and graphite from spent LiCoO$_2$/graphite lithium batteries[J]. Journal of Hazardous Materials, 2016, 302: 97-104.

[40] Li J Y, Xu X L, Liu W Q. Thiourea leaching gold and silver from the printed circuit boards of waste mobile phones[J]. Waste Management, 2012, 32(6): 1209-1212.

[41] Yang Y, Sun W, Bu Y J, et al. Recovering valuable metals from spent lithium ion battery via a combination of reduction thermal treatment and facile acid leaching[J]. ACS Sustainable Chemistry & Engineering, 2018, 6(8): 10445-10453.

[42] Xiao J, Li J, Xu Z. Novel approach for in situ recovery of lithium carbonate from spent lithium ion batteries using vacuum metallurgy[J]. Environmental Science & Technology, 2017, 51(20): 11960-11966.

[43] Zhu P, Chen Y, Wang L Y, et al. Dissolution of brominated epoxy resins by dimethyl sulfoxide to separate waste printed circuit boards[J]. Environmental Science & Technology, 2013, 47(6): 2654-2660.

[44] Fan E S, Li L, Lin J, et al. Low-temperature molten-salt-assisted recovery of valuable metals from spent lithium-ion batteries[J]. ACS Sustainable Chemistry & Engineering, 2019, 7(19): 16144-16150.

[45] Wang R C, Lin Y C, Wu S H. A novel recovery process of metal values from the cathode active materials of the lithium-ion secondary batteries[J]. Hydrometallurgy, 2009, 99(3-4): 194-201.

[46] Nan J M, Han D M, Zuo X X. Recovery of metal values from spent lithium-ion batteries with chemical deposition and solvent extraction[J]. Journal of Power Sources, 2005, 152: 278-284.

[47] Kang J G, Senanayake G, Sohn J, et al. Recovery of cobalt sulfate from spent lithium ion batteries by reductive leaching and solvent extraction with Cyanex 272[J]. Hydrometallurgy, 2010, 100(3-4): 168-171.

[48] Lee C K, Rhee K I. Preparation of LiCoO$_2$ from spent lithium-ion batteries[J]. Journal of Power Sources, 2002, 109(1): 17-21.

[49] Barbieri E M S, Lima E P C, Lelis M F F, et al. Recycling of cobalt from spent Li-ion batteries as β-Co(OH)$_2$ and the application of Co$_3$O$_4$ as a pseudocapacitor[J]. Journal of Power Sources, 2014, 270: 158-165.

[50] Li L, Qu W J, Zhang X X, et al. Succinic acid-based leaching system: a sustainable process for recovery of valuable metals from spent Li-ion batteries[J]. Journal of Power Sources, 2015, 282: 544-551.

[51] Nayaka G P, Pai K V, Manjanna J, et al. Use of mild organic acid reagents to recover the Co and Li from spent Li-ion batteries[J]. Waste Management, 2016, 51: 234-238.

[52] 张锁江，柴丰涛，李晶晶, 等. 一种退役动力三元锂电池回收示范工艺方法: CN110783658A [P]. 2021-01-29.

[53] Li L, Bian Y F, Zhang X X, et al. Economical recycling process for spent lithium-ion batteries and macro- and micro-scale mechanistic study[J]. Journal of Power Sources, 2018, 377: 70-79.

[54] Li L, Lu J, Ren Y, et al. Ascorbic-acid-assisted recovery of cobalt and lithium from spent Li-ion batteries[J]. Journal of Power Sources, 2012, 218: 21-27.

[55] Yang Y X, Meng X Q, Cao H B, et al. Selective recovery of lithium from spent lithium iron phosphate batteries: A sustainable process[J]. Green Chemistry, 2018, 20(13): 3121-3133.

[56] Saeki S, Lee J, Zhang Q W, et al. Co-grinding LiCoO$_2$ with PVC and water leaching of metal chlorides formed in ground product[J]. International Journal of Mineral Processing, 2004, 74: S373-S378.

[57] Meng Q, Zhang Y J, Dong P. Use of electrochemical cathode-reduction method for leaching of cobalt from spent lithium-ion batteries[J]. Journal of Cleaner Production, 2018, 180: 64-70.

[58] Li L, Lu J, Zhai L Y, et al. A facile recovery process for cathodes from spent lithium iron phosphate batteries by using oxalic acid[J]. CSEE Journal of Power and Energy Systems, 2018, 4(2): 219-225.

[59] Zeng X L, Li J H, Shen B Y. Novel approach to recover cobalt and lithium from spent lithium-ion battery using oxalic acid[J]. Journal of Hazardous Materials, 2015, 295: 112-118.

[60] Chen X P, Ma H R, Luo C B, et al. Recovery of valuable metals from waste cathode materials of spent lithium-ion batteries using mild phosphoric acid[J]. Journal of Hazardous Materials, 2017, 326: 77-86.

[61] Wang M M, Zhang C C, Zhang F S. An environmental benign process for cobalt and lithium recovery from spent lithium-ion batteries by mechanochemical approach[J]. Waste Management, 2016, 51: 239-244.

[62] Wang M M, Zhang C C, Zhang F S. Recycling of spent lithium-ion battery with polyvinyl chloride by mechanochemical process[J]. Waste Management, 2017, 67: 232-239.

[63] Zhang Q W, Lu J F, Saito F, et al. Room temperature acid extraction of Co from LiCo$_{0.2}$Ni$_{0.8}$O$_2$ scrap by a mechanochemical treatment[J]. Advanced Powder Technology, 2000, 11(3): 353-359.

[64] Guan J, Li Y G, Guo Y G, et al. Mechanochemical process enhanced cobalt and lithium recycling from wasted lithium-ion batteries[J]. ACS Sustainable Chemistry & Engineering, 2017, 5(1): 1026-1032.

[65] Zheng X H, Gao W F, Zhang X H, et al. Spent lithium-ion battery recycling-reductive ammonia leaching of metals from cathode scrap by sodium sulphite[J]. Waste Management, 2017, 60: 680-688.

[66] Ku H, Jung Y, Jo M, et al. Recycling of spent lithium-ion battery cathode materials by ammoniacal leaching[J]. Journal of Hazardous Materials, 2016, 313: 138-146.

[67] Chen Y M, Liu N N, Hu F, et al. Thermal treatment and ammoniacal leaching for the recovery of valuable metals from spent lithium-ion batteries[J]. Waste Management, 2018, 75: 469-476.

[68] Wang J, Tian B Y, Bao Y H, et al. Functional exploration of extracellular polymeric substances (EPS) in the bioleaching of obsolete electric vehicle $LiNi_xCo_yMn_{1-x-y}O_2$ Li-ion batteries[J]. Journal of Hazardous Materials, 2018, 354: 250-257.

[69] Bahaloo-Horeh N, Mousavi S M. Enhanced recovery of valuable metals from spent lithium-ion batteries through optimization of organic acids produced by Aspergillus Niger[J]. Waste Management, 2017, 60: 666-679.

[70] Willner J, Kadukova J, Fornalczyk A, et al. Biohydrometallurgical methods for metals recovery from waste materials[J]. Metalurgija, 2015, 54(1): 255-258.

[71] Li L, Zeng G S, Luo S L, et al. Influences of solution pH and redox potential on the bioleaching of $LiCoO_2$ from spent lithium-ion batteries[J]. Journal of the Korean Society for Applied Biological Chemistry, 2013, 56(2): 187-192.

[72] Zeng G S, Deng X R, Luo S L, et al. A copper-catalyzed bioleaching process for enhancement of cobalt dissolution from spent lithium-ion batteries[J]. Journal of Hazardous Materials, 2012, 199: 164-169.

[73] Mishra D, Kim D J, Ralph D E, et al. Bioleaching of metals from spent lithium ion secondary batteries using acidithiobacillus ferrooxidans[J]. Waste Management, 2008, 28(2): 333-338.

[74] Cai G Q, Fung K Y, Ng K M, et al. Process development for the recycle of spent lithium ion batteries by chemical precipitation[J]. Industrial & Engineering Chemistry Research, 2014, 53(47): 18245-18259.

[75] Nayaka G P, Manjanna J, Pai K V, et al. Recovery of valuable metal ions from the spent lithium-ion battery using aqueous mixture of mild organic acids as alternative to mineral acids[J]. Hydrometallurgy, 2015, 151: 73-77.

[76] Wang F, Sun R, Xu J, et al. Recovery of cobalt from spent lithium ion batteries using sulphuric acid leaching followed by solid-liquid separation and solvent extraction[J]. RSC Advances, 2016, 6(88): 85303-85311.

[77] Chen L, Tang X C, Zhang Y, et al. Process for the recovery of cobalt oxalate from spent lithium-ion batteries[J]. Hydrometallurgy, 2011, 108(1-2): 80-86.

[78] Kang J G, Sohn J, Chang H, et al. Preparation of cobalt oxide from concentrated cathode material of spent lithium ion batteries by hydrometallurgical method[J]. Advanced Powder Technology, 2010, 21(2): 175-179.

[79] Barik S P, Prabaharan G, Kumar L. Leaching and separation of Co and Mn from electrode materials of spent lithium-ion batteries using hydrochloric acid: Laboratory and pilot scale study[J]. Journal of Cleaner Production, 2017, 147: 37-43.

[80] Zheng R J, Zhao L, Wang W H, et al. Optimized Li and Fe recovery from spent lithium-ion batteries via a solution-precipitation method[J]. RSC Advances, 2016, 6(49): 43613-43625.

[81] Gao W, Zhang X, Zheng X, et al. Lithium carbonate recovery from cathode scrap of spent lithium-ion battery: A closed-loop process[J]. Environmental Science & Technology, 2017, 51(3): 1662-1669.

[82] Chen X P, Luo C B, Zhang J X, et al. Sustainable recovery of metals from spent lithium-ion batteries: A green process[J]. ACS Sustainable Chemistry & Engineering, 2015, 3(12): 3104-3113.

[83] Huang Y F, Han G H, Liu J T, et al. A stepwise recovery of metals from hybrid cathodes of spent Li-ion batteries with leaching-flotation-precipitation process[J]. Journal of Power Sources, 2016, 325: 555-564.

[84] Guo X Y, Cao X, Huang G Y, et al. Recovery of lithium from the effluent obtained in the process of spent lithium-ion batteries recycling[J]. Journal of Environmental Management, 2017, 198: 84-89.

[85] Joulié M, Laucournet R, Billy E. Hydrometallurgical process for the recovery of high value metals from spent lithium nickel cobalt aluminum oxide based lithium-ion batteries[J]. Journal of Power Sources, 2014, 247: 551-555.

[86] Zhao J M, Shen X Y, Deng F L, et al. Synergistic extraction and separation of valuable metals from waste cathodic material of lithium ion batteries using Cyanex272 and PC-88A[J]. Separation and Purification Technology, 2011, 78(3): 345-351.

[87] Wang F C, He F H, Zhao J M, et al. Extraction and separation of cobalt (II), copper (II) and manganese (II) by Cyanex272, PC-88A and their mixtures[J]. Separation and Purification Technology, 2012, 93: 8-14.

[88] Dorella G, Mansur M B. A study of the separation of cobalt from spent Li-ion battery residues[J]. Journal of Power Sources, 2007, 170(1): 210-215.

[89] Swain B, Jeong J, Lee J C, et al. Development of process flow sheet for recovery of high pure cobalt from sulfate leach liquor of LIB industry waste: A mathematical model correlation to predict optimum operational conditions[J]. Separation and Purification Technology, 2008, 63(2): 360-369.

[90] Dutta D, Kumari A, Panda R, et al. Close loop separation process for the recovery of Co, Cu, Mn, Fe and Li from spent lithium-ion batteries[J]. Separation and Purification Technology, 2018, 200: 327-334.

[91] Granata G, Pagnanelli F, Moscardini E, et al. Simultaneous recycling of nickel metal hydride, lithium ion and primary lithium batteries: Accomplishment of European Guidelines by optimizing mechanical pre-treatment and solvent extraction operations[J]. Journal of Power Sources, 2012, 212: 205-211.

[92] Chen X P, Ma H R, Luo C B, et al. Recovery of valuable metals from waste cathode materials of spent lithium-ion batteries using mild phosphoric acid[J]. Journal of Hazardous Materials, 2017, 326: 77-86.

[93] Joo S H, Shin D, Oh C H, et al. Extraction of manganese by alkyl monocarboxylic acid in a mixed extractant from a leaching solution of spent lithium-ion battery ternary cathodic material[J]. Journal of Power Sources, 2016, 305: 175-181.

[94] Pranolo Y, Zhang W, Cheng C Y. Recovery of metals from spent lithium-ion battery leach solutions with a mixed solvent extractant system[J]. Hydrometallurgy, 2010, 102(1-4): 37-42.

[95] Gomaa H, Shenashen M A, Yamaguchi H, et al. Extraction and recovery of Co^{2+} ions from spent lithium-ion batteries using hierarchical mesosponge γ-Al_2O_3 monolith extractors[J]. Green Chemistry, 2018, 20(8): 1841-1857.

[96] Lupi C, Pasquali M, Dell'Era A. Nickel and cobalt recycling from lithium-ion batteries by electrochemical processes[J]. Waste Management, 2005, 25(2): 215-220.

[97] Garcia E M, Santos J S, Pereira E C, et al. Electrodeposition of cobalt from spent Li-ion battery cathodes by the electrochemistry quartz crystal microbalance technique[J]. Journal of Power Sources, 2008, 185(1): 549-553.

[98] Weng Y Q, Xu S M, Huang G Y, et al. Synthesis and performance of $Li[(Ni_{1/3}Co_{1/3}Mn_{1/3})_{1-x}Mg_x]O_2$ prepared from spent lithium ion batteries[J]. Journal of Hazardous Materials, 2013, 246: 163-172.

[99] Perez E, Andre M L, Amador R N, et al. Recovery of metals from simulant spent lithium-ion battery as organophosphonate coordination polymers in aqueous media[J]. Journal of Hazardous Materials, 2016, 317: 617-621.

[100] Garcia E M, Vanessa de Freitas C L, Tarôco H A, et al. The anode environmentally friendly for water electrolysis based in $LiCoO_2$ recycled from spent lithium-ion batteries[J]. International Journal of Hydrogen Energy, 2012, 37(22): 16795-16799.

[101] Moura M N, Barrada R V, Almeida J R, et al. Synthesis, characterization and photocatalytic properties of nanostructured $CoFe_2O_4$ recycled from spent Li-ion batteries[J]. Chemosphere, 2017, 182: 339-347.

[102] Guo Y, Li F, Zhu H C, et al. Leaching lithium from the anode electrode materials of spent lithium-ion batteries by hydrochloric acid (HCl)[J]. Waste Management, 2016, 51: 227-233.

[103] Zhu S G, He W Z, Li G M, et al. Recovering copper from spent lithium ion battery by a mechanical separation process[C]//2011 International Conference on Materials for Renewable Energy & Environment. IEEE, 2011, 1: 1008-1012.

[104] Natarajan S, Boricha A B, Bajaj H C. Recovery of value-added products from cathode and anode material of spent lithium-ion batteries[J]. Waste Management, 2018, 77: 455-465.

[105] Zhang Y, Guo X M, Wu F, et al. Mesocarbon microbead carbon-supported magnesium hydroxide nanoparticles: Turning spent Li-ion battery anode into a highly efficient phosphate adsorbent for wastewater treatment[J]. ACS Applied Materials & Interfaces, 2016, 8(33): 21315-21325.

[106] Zhang Y, Guo X, Yao Y, et al. Mg-enriched engineered carbon from lithium-ion battery anode for phosphate removal[J]. ACS Applied Materials & Interfaces, 2016, 8(5): 2905-2909.

[107] Zhao T, Yao Y, Wang M L, et al. Preparation of MnO$_2$-modified graphite sorbents from spent Li-ion batteries for the treatment of water contaminated by lead, cadmium, and silver[J]. ACS Applied Materials & Interfaces, 2017, 9(30): 25369-25376.

[108] Jiao Q, Zhu X, Xiao X, et al. Carbon nano-fragments derived from the lithium-intercalated graphite[J]. ECS Electrochemistry Letters, 2013, 2(8): H27-H29.

[109] Chen X F, Zhu Y Z, Peng W C, et al. Direct exfoliation of the anode graphite of used Li-ion batteries into few-layer graphene sheets: A green and high yield route to high-quality graphene preparation[J]. Journal of Materials Chemistry A, 2017, 5(12): 5880-5885.

[110] Chen H Y, Zhu X F, Chang Y, et al. 3D flower-like CoS hierarchitectures recycled from spent LiCoO$_2$ batteries and its application in electrochemical capacitor[J]. Materials Letters, 2018, 218: 40-43.

[111] Zhang Y, Song N, He J, et al. Lithiation-aided conversion of end-of-life lithium-ion battery anodes to high-quality graphene and graphene oxide[J]. Nano Letters, 2018, 19(1): 512-519.

[112] Gao W F, Liu C M, Cao H B, et al. Comprehensive evaluation on effective leaching of critical metals from spent lithium-ion batteries[J]. Waste Management, 2018, 75: 477-485.

[113] Natarajan S, Ede S R, Bajaj H C, et al. Environmental benign synthesis of reduced graphene oxide (rGO) from spent lithium-ion batteries (LIBs) graphite and its application in supercapacitor[J]. Colloids and Surfaces A: Physicochemical and Engineering Aspects, 2018, 543: 98-108.

[114] Natarajan S, Lakshmi D S, Bajaj H C, et al. Recovery and utilization of graphite and polymer materials from spent lithium-ion batteries for synthesizing polymer-graphite nanocomposite thin films[J]. Journal of Environmental Chemical Engineering, 2015, 3(4): 2538-2545.

[115] Lain M J. Recycling of lithium ion cells and batteries[J]. Journal of Power Sources, 2001, 97: 736-738.

[116] Grützke M, Kraft V, Weber W, et al. Supercritical carbon dioxide extraction of lithium-ion battery electrolytes[J]. The Journal of Supercritical Fluids, 2014, 94: 216-222.

[117] Liu Y L, Mu D Y, Zheng R J, et al. Supercritical CO$_2$ extraction of organic carbonate-based electrolytes of lithium-ion batteries[J]. RSC Advances, 2014, 4(97): 54525-54531.

[118] Liu Y L, Mu D Y, Li R H, et al. Purification and characterization of reclaimed electrolytes from spent lithium-ion batteries[J]. The Journal of Physical Chemistry C, 2017, 121(8): 4181-4187.